生态恢复理论与宁夏盐池植被恢复技术

何兴东　尤万学　余　殿　编著

南开大学出版社
天　津

图书在版编目(CIP)数据

生态恢复理论与宁夏盐池植被恢复技术 / 何兴东，尤万学，余殿编著. —天津：南开大学出版社，2016.5
ISBN 978-7-310-05082-6

Ⅰ. ①生… Ⅱ. ①何… ②尤… ③余… Ⅲ. ①植被-生态恢复-研究-盐池县 Ⅳ. ①Q948.524.34

中国版本图书馆 CIP 数据核字(2016)第 070340 号

南开大学出版社出版发行
出版人:孙克强
地址:天津市南开区卫津路 94 号　　邮政编码:300071
营销部电话:(022)23508339　23500755
营销部传真:(022)23508542　　邮购部电话:(022)23502200
*
天津泰宇印务有限公司印刷
全国各地新华书店经销
*
2016 年 5 月第 1 版　　2016 年 5 月第 1 次印刷
260×185 毫米　16 开本　13 印张　305 千字
定价:98.00 元

如遇图书印装质量问题,请与本社营销部联系调换,电话:(022)23507125

《生态恢复理论与宁夏盐池植被恢复技术》

编辑委员会

编写人员：何兴东　尤万学　余　殿　古　松　蔡　莉　王建峰
张　辽

本书编辑出版得到了全球环境基金（GEF）的资助，谨此致以衷心感谢！

前　言

宁夏盐池县地处 106°03'～107°47' E、37°04'～38°10' N，总面积 8661 km^2，属吴忠市管辖；辖高沙窝、花马池、惠安堡、大水坑 4 镇以及王乐井、冯记沟、青山、麻黄山 4 乡，有 11 个居委会和 98 个村委会。气候属半干旱区，年均气温 7.7℃，极端最高气温 38.1℃，极端最低气温-29.6℃，≥10℃积温 2944.9℃，年均降水量 296.5 mm，年均蒸发量 2131.7 mm，年均风速 2.8 m/s。地貌属鄂尔多斯台地与黄土高原的过渡地带，地势南高北低，平均海拔 1600 m，南为黄土丘陵区，沟壑纵横，形成丘陵、梁、峁、沟、畔相间的特殊地貌，北为鄂尔多斯缓坡丘陵区，其间地势平缓起伏，有侵蚀高丘陵、缓坡丘陵、沙丘地、湖泊等地貌单元组成。土壤类型以灰钙土为主，其次为黑垆土和风沙土，此外还有盐土、白浆土、潮土和新积土。主要的植被类型有灌丛、草原、草甸和荒漠。

根据中国植被区划，盐池县植被属温带草原区域、东部草原亚区域、温带草原地带、温带南部草原亚地带、黄土高原西部荒漠草原区。由于地貌上盐池从南到北由黄土高原向鄂尔多斯台地过渡，更重要的是盐池境内降水量等值线包含 200 mm、250 mm、300 mm、350 mm 和 400 mm 等雨量线，而 250 mm 等雨量线是荒漠和草原的分界线，400 mm 等雨量线是森林分布的最低分界线，由此，盐池境内生态系统镶嵌分布、错综复杂，但植被主体仍是草原植被。由于人口激增，环境负荷加重，各类植被均存在不同程度地退化，亟待恢复。我们撰写了这本《生态恢复理论与宁夏盐池植被恢复技术》，旨在促进盐池生物多样性的保护和地方经济的可持续发展。

目　录

1 生态系统的退化和生态恢复的目标

1.1 生态系统的退化

生态系统是指一定空间中共同栖居的生物与其环境之间由于不断进行物质循环和能量流动而形成的整体（李博，2001）。生态系统包括陆地生态系统和水域生态系统，陆地生态系统包括森林生态系统、草原生态系统、荒漠生态系统和农田生态系统以及城市生态系统等，水域生态系统包括河流生态系统、湖泊生态系统和近海生态系统等。这些生态系统的生物组成各有特点，物质循环和能量流动也各有特征。

自然生态系统基本上都属于开放的生态系统，而开放的的生态系统都具有调节生态系统功能的反馈机制，这种反馈机制包括正反馈和负反馈，正反馈不能维持生态系统的稳态，要使生态系统维持稳态，就需要负反馈调节。由于正反馈和负反馈的共同作用，在通常情况下，生态系统会保持自身的生态平衡。生态平衡是指生态系统结构、功能和能量的输入和输出处于相对稳定的状态。当生态系统处于生态平衡这一状态时，生态系统内生物之间和生物与环境之间相互高度适应，种群结构和数量比例长久保持相对稳定，生产与消费和分解之间相互协调，系统能量和物质的输入与输出之间接近平衡，这时生态系统能够自我调节和维持自己的正常功能，并能克服和消除外来干扰，保持自身的稳定。然而，当生态系统遇到干扰时，比如：放牧、开垦、樵采、火山爆发、地震、泥石流、洪水、雷电火灾等，生态系统的生物组分及其生境不同程度地遭受破坏，生态系统的结构以及物质和能量的流动受到了影响，这时的生态系统就变为退化的生态系统。

退化生态系统是受损的生态系统，在自然因素和人为因素的作用下，生态系统的组分及其环境整体出现了退化，生态系统的结构和功能与原有的平衡状态发生了位移，导致生态系统内生物多样性减低、群落生产力下降以及生态服务功能损失。

受损生态系统是生态系统在物质和能量匹配上的某一环节存在不协调或达到临界点后发生了退变，此时生态系统处于一种不稳定或失衡状态，表现为对自然或人为干扰的抵抗性或抗逆能力较低，而较弱的缓冲能力以及较强的敏感性和脆弱性，使生态系统逐渐演变为另一种与之相适应的低水平状态的过程。在退化过程中，通过生态系统的结构和功能的不良变化可以表达出丰富的内在退化信息。由于生态系统是人类赖以生存和发展的物质基础，生态系统退化不仅带来了本身的生态问题，亦对人类的生存和经济社会的可持续发展带来了严重的威胁，并诱发出一系列其他严重的环境问题。

一般来说，生态退化包括以下几层涵义（章家恩和徐棋，1997）：（1）生态退化具有一定的地域性，不同的地理位置、地质结构和地貌形态决定着物质和能量输入途径、数量和速率，形成不同的生物地球化学循环类型，进而决定着基本的生态发育过程、生态联系、生态演替方向及景观生态类型，表现出明显的生态景观地域分异特征；（2）生态退化具有阶段性，在不同的时间阶段，生态退化具有不同的发展过程、特点、退化速率、强度及恢复过程与恢复时间；（3）自然因素和人为因素是生态退化的两大触发因子，自然要素是潜在的、缓慢的、低频的，而人为干扰则是显著的、高频的、持续的，对生态退化往往起着最主要的贡献作用；（4）生态退化和物体运动一样，也需要有一定的参照系；（5）生态退化既是一个过程，又是一种结果，从运动的角度来讲，生态退化是一个随时间而变化的过程和趋势，是一种运动形式；（6）生态退化具有相对性，生态退化的地域性和时空性决定了生态退化的相对性，其变化是通过时间与空间、数量与质量具体表现的；（7）生态退化在某些情况下是一个动态平衡，但对于某些远离初始态的生态退化往往是一个不可逆过程，很难或不可能自然地或人为地恢复到原有状态，这时，生态退化就不能用一个动态平衡来表示；（8）生态退化包括生态要素退化和生态系统退化，生态要素包括土壤、水体、大气、植物、动物；（9）荒漠化、沙漠化、石质化是生态退化的顶级形式；（10）生态退化最基本的诊断特征是生态系统的固有功能的破坏或丧失，稳定性和生产力降低，抗逆能力减弱；（11）任何生态要素或生态系统皆有适度的规模或量的限定性，即“生态阈限”，超过或低于这个适度量的规定性，无论是过大还是过小的量变，都可导致不利的质变，进而导致生态退化的发生。

据 2005 年联合国《千年生态系统评估报告》的研究，全球约有 43%的陆地生态系统发生了退化，仅荒漠化造成的损失就超过 400 亿美元/年，且在未来 50 年内，全球生态系统可能还将继续退化。我国退化生态系统面积已占国土面积的 45%以上。统计表明，我国农田总面积为 140×10^6 hm^2，退化面积为 28×10^6 hm^2；草地面积 400×10^6 hm^2，退化面积为 132×10^6 hm^2；森林总面积 165×10^6 hm^2，退化面积 31×10^6 hm^2；淡水面积 0.743×10^6 hm^2，退化面积 0.245×10^6 hm^2；废矿地 2×10^6 hm^2（彭少林，2001）。尤其是在我国经济欠发达的西部地区，普遍存在着低效益、高破坏性的发展模式（陡坡开垦、过度放牧、围湖造田等），更加重了生态系统的退化过程。

自 1972 年在斯德哥尔摩第一次召开“联合国人类与环境大会”后的 30 年里，全球生态环境每况愈下（UNEP, 2002），直观地体现于土地退化、森林毁坏、物种濒危和绝灭以及淡水短缺（何兴东等, 2007）。

1.1.1 土地退化

土地退化是指由于一种过程或数种过程结合使旱作农地、灌溉农地、牧场和林地生物生产力的下降或丧失（UNEP, 1992）。按照联合国的统计口径，陆地生态系统的退化，即农田、森林、草地和山地生态系统的退化均属土地退化，也就是说，沙漠化、盐渍化、水土流失和农田化学物理污染等均属土地退化。引起土地退化的因素包括人类活动和自然灾害，人类活动引起的土地退化包括不合理的农业土地利用和对土壤与水资源缺乏管理、森林砍伐、自然植被破坏、过度使用重型机械、过度放牧、以及不合理的粮食轮作与农业灌溉等，自然灾害引起的土地退化包括干旱、洪涝和滑坡。

据 UNEP（2002），全球大约 20 亿 hm^2 的土地（占陆地面积的 15%）因人类活动而退化。各洲土地退化情况是，非洲 17%、亚洲 18%、欧洲 23%、北美 17%、南美 14%。土地退化的主要类型依次是水蚀（56%）、风蚀（28%）、化学退化（12%）和物理退化（4%）。土地退化的原因依次是过牧（35%）、毁林（30%）、农业活动（27%）、过度樵采（7%）和工业活动（1%）。而在 1990 年以前，退化的土地约 9 亿 hm^2 属于中度退化；3.05 亿 hm^2 属于强度退化（Oldeman 等，1990），退化速度惊人。

据 FAO（1996），全球由于毁林引起土地退化的面积为 5.8 亿 hm^2，其中 1975～1990 年间 2.2 亿 hm^2 热带森林被砍伐转为农地；由于过牧引起土地退化的面积为 6.8 亿 hm^2，约 20%的草场被破坏，尤其在非洲和亚洲；由于薪材消耗引起土地退化的面积为 1.37 亿 hm^2，全球每年从森林和植被中砍伐大约 17.3 亿 m^3 的薪材；由于农作的不善管理引起土地退化的面积为 5.5 亿 hm^2，每年因水蚀引起土壤流失 250 亿吨，土壤盐碱化和水涝引起 4000 万 hm^2 的土地退化；由于城市化、道路建设和采矿等等工业活动引起土地退化的面积为 1950 万 hm^2。据估计，有 23%的可利用耕地（不包括山地和荒漠）因土地退化而减产。

1972 年以来，导致土地资源紧张的主要驱动力是食物生产的不断增长。1985～1995 年间，世界上许多地区呈现出了人口增长速度超过粮食增长速度的局面，2002 年全球需要养活的人口比 1972 年多出 22.2 亿，由此而引起的一些政策失误和不良的农作管理加大了土地压力。许多国家政府通过补贴资助农民增大灌溉、使用化肥和杀虫剂，化肥和其他化学产品的过量施用加重了土地退化。1972～1988 年间，全球化肥施用量以年均 3.5%的速度、年均超过 400 万吨的施用量增加（FAO, 2001a）。据 FAO 的调查，38 个发展中国家的 26 个资助农民施用化肥（FAO, 1999）；非洲和近东地区 49 个国家 1000 个调查点使用超过 16500 吨有损健康或禁止使用的杀虫剂（FAO, 1995a）。据 UNEP（2005），在过去的 20 年里，土壤中固体废物特征已经从与农业有关的有机质废物转化为由工业生产的且不易生物降解的废物。另一方面，尽管灌溉有助于提高产量，但由于不善的灌溉设计和灌溉制度造成了农田的水涝、土壤的盐渍化和碱化。据 FAO（1995b），全球 2.55 亿 hm^2 的灌溉土地中的 2500～3000 万 hm^2 耕地由于盐分积累而严重退化，另外的 8000 万 hm^2 耕地受盐渍化和水涝影响。不善的田间管理导致了世界灌溉土地的 20%发生发生盐渍化，每年影响 150 万 hm^2 农田（CSD, 1997a），显著地降低了作物的产量。在 1980 年代，据估计每年有 1000 万 hm^2 的灌溉土地被废弃（WCED, 1987）。1992 年地球峰会将关注土地资源问题向前推进了一步。它要求每个国家必须履行《21 世纪议程》，这为制定土地资源政策奠定了基础。此外，联合国千年首脑会议上又重申了土地问题的重要性，并且强调土地资源问题的日益严重将会威胁到未来全球的事物安全。

土地荒漠化是土地退化的一种重要类型。1994 年 10 月在巴黎签署的《联合国荒漠化防治国际公约》中定义：荒漠化是指由气候变化和人类活动引起的干旱、半干旱和半湿润地区的土地退化。据 UNEP（1992），全球荒漠化土地有 36 亿 hm^2，占全球干旱地（包括极端干旱荒漠）的 70%，占世界陆地面积的 1/4，影响到全球 100 多个国家大约 9 亿人口。从 1984 年到 1991 年，全球荒漠化土地从 34.75 亿 hm^2 增加到 35.92 亿 hm^2，增加了 3.4%，其结果不仅使荒漠化地区人民生活普遍贫困，还使总面积为 33 亿 hm^2 的草场退化、占旱地面积 47%的旱作农地土壤肥力下降和占旱地面积 30%的灌溉农地退化。据 UNCCFD（2000a），荒漠化土地中轻度为 12.23 亿 hm^2，中度为 12.67 亿 hm^2，重度为 10 亿 hm^2，极度为 0.72 亿 hm^2。因此，土地荒漠化已成为脆弱生态系统管理中的一个重要的项目，许多国家政府都采取行动加强荒漠化防治。众所周知，土地荒漠化在亚洲和非洲尤为突出，研究表明，非洲 46%的土地受荒漠化影响，其中 55%属于中度或严重荒漠化土地，影响 4.85 亿人（Reich 等, 2001）；在亚洲，干旱地 19.77 亿 hm^2 中的多一半受荒漠化影响（UNCCD,

1998），中亚 60%以上的土地受荒漠化的影响，南亚 50%以上的土地受荒漠化的影响，东北亚约 30%的土地受荒漠化的影响。荒漠化的一个后果就是促使沙尘暴的频繁发生。东北亚目前沙尘暴的发生频率是 1950 年代的近 5 倍（UNEP, 2004）。在 2002 年 4 月，韩国首都首尔空气中沙尘超过 2000 μg/m^3，两倍于对人体健康造成危害的水平。

1.1.2 森林毁坏

在过去的 30 年里，森林砍伐趋势仍在延续。全球已经损失了 4 亿 hm^2 的原始森林，其中 40%以上分布在拉丁美洲和加勒比地区（UNEP, 2002）。造成森林减少与退化的直接原因为农业用地的不断扩大、工业用材、薪材与其他森林产品的过度采伐以及过度放牧等，潜在原因为贫困、人口增长、森林产品的市场化和贸易及宏观经济政策等，此外自然因素也会导致森林破坏，如虫害、疾病、火灾与极端气候事件等。

联合国粮农组织全球森林资源评估 2000 课题组给森林所下的定义（FAO, 2001b）为：树冠盖度大于 10%且面积不小于 0.5 公顷的林地。按照此定义，全球森林总面积约为 38.66 亿 hm^2，相当于陆地面积的 1/3，其中 95%是天然林，5%是人工林；按照地域，17%在非洲，19%在亚太，27%在欧洲，12%在北美，25%在拉丁美洲和加勒比地区；按照气候带，47%在热带，9%在亚热带，11%在温带，33%为北方森林。

1990 年代，全球每年采伐森林 1460 万 hm^2，重新造林 520 万 hm^2，期间森林面积净减少 9400 万 hm^2，相当于全部森林面积的 2.4%。在 1990 年代，近 70%的森林砍伐地区变成了农业用地，其中主要是永久性农业用地，天然林的损失（毁林加上天然林转化为人工林）每年为 1610 万 hm^2，其中 1520 万 hm^2 是在热带，热带森林的采伐率约为每年 1%；同期每年造林 3100 万 hm^2，近一半是在非林地上造林，其余一半为天然林中迹地造林。据 FAO（FAO, 2001b），1990～2000 年间，非洲林地减少 5.26 千万 hm^2，年均减少 0.7%；拉丁美洲和加勒比地区林地减少 4.67 千万 hm^2，年均减少 0.5%；亚太地区林地减少 0.77 千万 hm^2，年均减少 0.1%；只有欧洲和北美林地面积有所增加，期间欧洲林地增加 0.93 千万 hm^2，年均增加 0.1%；北美林地增加 0.39 千万 hm^2，年均增加 0.1%；西亚林地没有变化。

亚马逊河流域为世界最大的热带雨林区，森林面积为 3 亿 hm^2，占世界现存热带雨林的 1/3，其中 87%在巴西境内，而亚马逊地区雨林每年遭到破坏的面积达 23 万 hm^2，在过去 30 年中，这一世界上最大的雨林区的 1/6 已遭到严重破坏，同 400 年前相比，巴西的雨林面积整整减少了一半（UNEP, 2002）。目前，巴西的 Cerrado 林（一种干性森林）仅存 43%（196 万 km^2），大西洋雨林仅存 8%（110 万 km^2），也就是说，巴西 57%的 Cerrado 林和 92%的大西洋雨林已不复存在，而保留的森林许多以各种大小的斑块状存在。

1.1.3 生物多样性损失

据 UNEP-WCMC（2001），全球已知生物有 175 万种，包括未知的物种可能有 1400 万种，其中，细菌 4000 种，原生物（藻类和原生动物等）8 万种，脊椎动物 5.2 万种，无脊椎动物 127.2 万种，真菌 7.2 万种，植物 27 万种。由于土地转化、气候变化、污染、不可持续地自然资源开发以及不断引进外来物种等（Sala 等, 2000），全球的生物多样性正以比自然灭绝快得多的速度减少（Pimm 等, 1995）。尤其热带森林地区的土地转化、北半球温带地区大城市附近空气氮的大量沉积和外来种的引入加速了生物多样性的损失，当然人口增长、不可持续的消费模式、垃圾与污染物的大量排放、城市发展与国际武装冲突等都是造成生物多样性减少的深层原因。

过去的 30 年里，物种减少与灭绝已经成为生态退化的严重后果之一。尽管还没有足够的信息来准确测定在过去的30年里到底有多少个物种灭绝，但从20世纪70年代以来，有记录的58种鱼和1种哺乳动物（CREO, 2001）以及9种鸟（BirdLife International, 2000）已经绝灭，同时IUCN红色名单指出，大约有24%（1130种）的哺乳动物和12%（1183种）的鸟类被认为濒危（Hilton-Taylor, 2000）。事实上，目前的物种绝灭率呈量级的高于“背景绝灭率”。基于化石分析，对于哺乳动物和鸟类而言，背景绝灭率为500～1000年损失一个物种（May等, 1995）。自从1996年公布红色名单以来，极度濒危物种中哺乳动物从169种增加到180种，鸟类从168种增加到182种（Hilton-Taylor, 2000）。分析表明，未来100年中，脊椎动物绝灭率将可能达到15%～20%（Mace, 1995）。据Hilton-Taylor（2000）和UNEP-WCMC（2001），全球各区域面临威胁、濒危和极度濒危的物种，非洲为723种，亚太地区为1469种，欧洲为260种，拉美和加勒比地区为873种，北美洲为269种，西亚为71种，极地为14种。据IUCN（2004），2004年全球濒危物种，哺乳动物1101种（占哺乳动物的20%），鸟1213种（占鸟的12%），爬行动物304种（占爬行动物的4%），两栖动物1770种（占两栖动物的31%），鱼800种（占鱼的3%），昆虫559种（占昆虫的0.06%），软体动物974种（占软体动物的1%），甲壳类动物429种（占甲壳类动物的1%），植物8321种（占植物的2.9%）。应该指出，物种多样性内含物种数、个体数和均匀度的多样性，20世纪末30年生态退化不但导致了物种数的减少，而且导致了物种个体数的减少。

1.1.4 水域生态退化与淡水短缺

30多年来，水域是地球上最受污染和被过量开发的生态系统（UNEP, 2005）。由于人口激增，为了满足粮食需求和电力供给，许多国家在河流上建了很多大坝（UNEP, 2005; WCD, 2000），使得流域内湖泊和湿地面积萎缩，淡水补给区缩小，引起了流域生态退化；同时，大量人口的淡水消耗及其生活废物以及工业废物等对河流、湖泊、湿地等淡水水源的污染，又减少了淡水的可利用量，可见水质退化是水域生态退化的现象，淡水短缺是水域生态退化的结果。

大坝截流已成为一个引起生态退化的重要问题（WCD, 2000）。目前，全世界150个国家的4500个大坝在运行，另1500个大坝在建；在过去的50年里，世界上因修大坝移民4000～8000万人（WCD, 2000），世界上最大的227条河流的59%被大坝分隔成段（Nilsson等, 2005）。据WWF（2004），在全球21条严重退化的河流及其流域中，排名第一的是中国长江，河上有水坝46座，生态风险类型是人口对流域的压力和濒危鸟类生境的丧失以及长江河豚濒危；排名第二位的是南美洲的拉普拉塔河流域，河上有水坝27座，生态风险类型是流域较高的生物多样性降低和Pantanal湿地和其他国际性重要湿地受威胁；排在第三位的是底格里斯河——幼发拉底河流域，26座水坝中的大多数都在土耳其境内，生态风险类型是流域变干以及土耳其和下游国家之间存在潜在的取水冲突。千年生态系统评估（FAO, 2001b）指出，从1960年以来，大坝蓄水增加了4倍，水库蓄水比自然河流多3～6倍，淡水生态系统的濒危物种比例大幅增高，大坝的效应已不再是居地化的问题。毫无疑问，修建大坝能够扩大灌溉面积、增加粮食产量和增加水利发电，但建大坝也引起生态退化，尤其是近 10 年来淡水生物多样性的下降、许多湿地干涸、鱼种消亡（WWF, 2004）。首先，大坝截流使一些河流不能入海；其次，大坝将河流和它的泛滥平原及其湿地分开，降低了河流中的水流速度，它们影响了鱼的迁移模式和诸如瀑布、急流、河岸和湿地等泛滥流域生境（Dynesius 和 Nilsson, 1994）；第三，阻止泥沙入海、减少养分流入农田、增加沿海侵蚀率；第四，减少了对地下水的补给；第五，造成生物多样性的丧失和土地退化。在一些地区，大型河流流量降低，湖泊水量不能补给，各种野生动物不能繁殖甚至死亡（CSD, 1997a）。同样，在中国西北，塔里木河、和田河和黑河上由于修建了很多大坝，导致下游植被死亡、土地沙漠化和风沙肆虐。

湖泊历来是人类修生养性、赖以生存的源地。由于建大坝、过量的淡水利用、围湖造地和湖水污染，当今地球上的湖泊已今非昔比。据 ILEC（2003），由于过量取水和围湖造地，中国湖北省武汉市的湖泊数量从 1950 年代的 1066 个减少到 1981 年的 309，且目前湖泊水体富营养化、水质退化；直到 1979 年中期，肯尼亚 Baringo 湖的生物多样性还非常丰富，由于人口激增、畜牧超载、流域破坏、滥砍滥伐和偷猎成风，Baringo 湖的物种丰富度明显降低。在 2004 年 7 月，UNDP（2004）警告，哈萨克斯坦东南部的巴尔喀什湖（中国古称夷播海）可能干涸，将会引起当地的环境危机。另一方面，湖泊生态系统是可恢复的。由于湖水污染给当地居民卫生健康带来影响并影响自然景观美丽，加拿大和美国于 1987 年开展“修复行动计划”清洁五大湖中 43 个受关注的点，现在水质已恢复（UNEP, 2002）。

湿地是一个重要的淡水生态系统，它不仅影响物种分布和生物多样性，而且影响人类定居和活动。据估计，全球湿地面积为 1280 万 km^2，20 世纪由于人类活动已有 50%的湿地不复存在（Finlayson 等, 1999），而保留下来的湿地继续是最受威胁的生态系统（UNEP-WCMC, 2000）。湿地不但孕育丰富的生物多样性，而且具有观赏美。在 1996 年，IUCN 的“自然遗产保护计划”中，湿地在各种生态系统报告中名列第二，其中有 39 处世界自然遗产地点含有一类湿地，还有 38 处有二类湿地（UNEP-WCMC, 2000）。但在 20 世纪，湿地和沼泽消失以及工业和生活废物污染水质对现存湿地的影响，其生态服务功能降低甚至丧失（UNEP, 2002）。

另一方面，工业和农业以及生活垃圾直接污染近海水域、河流和湖泊水域，导致水质退化。污染源包括未处理的废物、化学排放、石油泄露和外溢、倾倒的尾矿以及从农田淋洗的化学物质。由于水体过载养分（磷和氮），加速了水体富营养化，加速了藻类和水生植物生长到有害水平（比如藻类茂长和水草漂浮）。

在过去的 30 年里，海岸带的污水排放量急剧增加（GESAMP, 2001）。在 1972 年的斯德哥尔摩会议上，人们关心的是近海受 POP（持久性有机污染物）、重金属和原油的污染问题，而目前人们更关心的是近海中氮的急剧积累和富营养化问题（UNEP, 2002; 2005）。据估计，每年有 1800 吨杀虫剂流入孟加拉湾（Holmgren, 1994）；拉美和加勒比地区 98%的污水未加任何处理直接排进太平洋东北部，90%进入了加勒比海（UNEP, 2001）；在北美，过去 30 年里，由于大量使用石油、污物输入、畜产品的增加和肥料的施用，输入近海的养分（氮和磷）急剧增加（EC, 2000）。由于向海洋排放的氮过多，海洋和海岸带都出现了富营养化，在封闭的和半封闭的海域如黑海地区已经出现了严重的富营养化（UNEP, 2002）。自斯德哥尔摩会议以后，人类活动已经导致沉积物的自然流动发生了变化，并对海岸带地区的栖息地产生了威胁。城市化和工业化的发展导致居住区和工业基础设施建设不断加快，这些本身都会改变沉积物的流动。目前越来越多的证据表明有毒的或不受欢迎的浮游生物出现的频率越来越高，其强度和地理分布面积也越来越大。近些年近海赤潮的频繁发生就是水质退化的一个直接反映。近海水质退化的直接反映就是生物生产力的下降和生态系统服务功能的损失。比如，1991～1992 年的赤潮使韩国渔业养殖损失 1.33 亿美元，1996 年的赤潮使美国得克萨斯的牡蛎养殖损失 2400 万美元，1998 年的赤潮使香港的渔业养殖损失 3200 万美元（Worldwatch Institute, 1999）。

农业所用淡水的 70%以上取自湖泊、河流和地下水。在过去的 30 年里，灌溉面积（FAO, 2001c）由 2 亿 hm^2 增加到 2.7 亿 hm^2；同期全球取水量（Shiklomanov, 1993）从 2500 km^3 上升到 3500 km^3。随着化肥和农药的大量使用和土壤的盐渍化，化学物质和盐分被灌溉水淋洗后又回流到河流，造成河流的污染；更重要的是工业外排污水和生活垃圾污染河流，造成河流水质退化。据 World Commission on Water（1999），全球主要河流的一多半被污染，退化和中毒的水域生态系统日益威胁着依赖它们而生存的人们。

无论是近海，还是河流和湖泊，水质退化的一个特征是水中 BOD（生化需氧量）含量增高。BOD 是淡水中有机质含量的指征，含量高意味着水体更容易受大肠型细菌和其他致病菌污染，人类不适宜利用。典型的未受污染的水中 BOD 含量为 2 mg/L O_2 或更少，而受污染的水中 BOD 含量为 10 mg/L O_2 或更多（UNESCO 等, 1996）。据 UNEPL（2005），1979～1990 年间和 1991～1999 年间，水中 BOD 含量，非洲分别为 4.81 和 5.95 mg/L O_2，北美分别为 2.54 和 2.19 mg/L O_2，拉美和加勒比地区分别为 8.31 和 12.69 mg/L O_2，欧洲分别为 4.46 和 3.94 mg/L O_2，亚太分别为 2.88 和 3.15 mg/L O_2。可以看到，北美和欧洲的水质在恢复，而非洲、拉美和加勒比地区以及亚太地区的水质在退化，尤其拉美和加勒比地区的水质已严重退化。

正由于此，在 1990 年代中期以前，大约 80 个国家、占世界上 40%的人口遭受严重的淡水短缺（CSD, 1997a）。据 UNEP（2002），全世界约有 1/3 的人生活在中度和高度缺水地区，在这些地区的淡水消费量超过可更新水资源总量的 10%；对于世界上贫困人口而言，持续饮用未经处理的水仍是最大环境威胁之一，尽管使用处理水的人口从 1990 年的 79%（41 亿人）增加到 2000 年的 82%（49 亿人），但仍有 11 亿人缺乏安全的饮用水，24 亿人缺少足够的卫生设施，这些人口大部分居住在非洲和亚洲；缺乏安全的水供给和卫生设施导致了上亿人患上与水有关疾病，每年造成 500 万人死亡。在非洲，1990 年至少有 13 个国家遭受水威胁或水资源短缺（分别为 1700 m^3/人·年和 1000 m^3/人·年），而这一情况在 2025 年将翻倍（PAI, 1995）。据预测，在 2020 年前，世界人口的 2/3 将生活在缺水国家（CSD, 1997b）。

1.1.5 全球各区域生态退化特点

根据 UNEP（UNEP, 2002; 2005），全球各大洲生态退化的特点简述如下：

在非洲，越来越多的国家面临着水资源不足的压力，土地退化是主要的环境问题，农业扩展到边缘地区以及开发森林与湿地等自然栖息地成为土地退化的主要驱动因素，生物多样性的损失意味着未来经济与商业发展潜力会受到损害。

在亚洲和太平洋，人口过多、贫困和缺少强有力的政策使得这个地区的许多地方环境问题复杂。生物资源越来越多地被开发用于贸易，保护区只占总面积的 5%，孤岛上大约

3/4 的已知或未知物种即将绝灭，超过 60%的亚洲红树林地区变成了农业用地，由于大规模砍伐森林引起的河流与水库淤积已经造成了重大的经济损失。城市化、工业化、旅游以及海岸地区人口的大量增加危及到了许多滨海地区，污水及其它废物的排放严重污染了淡水资源。

在北美，自然资源消费和废弃物生产比世界上其他任何地区都大得多，资源保护远没有污染治理那样成功。但 1972 年以后，北美在控制水污染的某些方面已经取得很大进展；1990 年代北美自由贸易加强了加拿大和美国之间应对生态退化方面的合作，如两国对氮氧化物（NO_x）排放物的控制、湿地生境的保护和对生物多样性的保护。

在拉丁美洲和加勒比地区，过去的 30 年因人口的不断增长和收入不平等使得生态退化加剧。目前已经有 3 亿 hm^2 土地退化，加勒比地区 30%的珊瑚礁处在危险之中，有 1.6 亿 hm^3 的原始森林已经被毁坏而转化为农地。城市环境问题，尤其是空气污染、水污染和废物处理不善严重影响了生活在城市里的人们（占总人口的 75%）的健康。

在欧洲，过去 30 年大气状况得到了较大的改善，保护自然区域和生物多样性取得了一定的成效，而淡水资源和一些沿海与海洋地区则发生了较为明显的退化。从空间上看，西欧地区生态退化状况得到了较大的改善，中欧与东欧地区生态退化现象比较突出。

在极地，同温层臭氧层的耗竭、空气污染的远距离运输和全球气候变化有关的变暖、鸟类、哺乳动物和鱼类的减少以及主要河流的污染等是主要的生态退化问题。在北极，变暖的趋势减少了栖息在冰地里的北极熊和海象；在南极，南部大洋中海豹和鲸鱼数量大量减少；此外，斯堪迪纳维亚一些湖泊面临富营养化的问题。

总之，在 20 世纪末的 30 年里，全球的人文和生态环境条件都发生了巨大变化。因政策分化，一些国家的生态退化明显得到遏制，而一些国家生态退化更加严重；因环境分化，欧洲和北美生态环境状况比较稳定并得到不断改善，而发展中国家生态环境趋于恶化；因脆弱性分化，强势群体基本不受生态退化威胁，而弱势群体受生态退化威胁的程度越来越大，进而影响全球的可持续发展。

事实上，人类社会发展与进步的历史本身也是一部生态退化的历史，许多文明古国或古文明的消亡与衰退都证明了这一点，如，古罗马帝国因风沙化毁掉了北非的粮仓，西亚巴比仑王国的毁灭起因于沙漠化，中美洲玛雅文明因统治者过于追求眼前利益、掠夺水土资源而衰亡。尤其是 20 世纪，20 世纪 20～30 年代，美国在大平原的开荒；20 世纪 50～60 年代，前苏联在北哈萨克斯坦草原上的开荒；20 世纪 60～70 年代，中国三北地区的开荒；20 世纪 70 年代后，非洲的撒哈拉荒漠的开荒等等，这些不当的生产活动造成了严重的生态退化。生态系统的严重退化引起了全球学者和政府的高度关注。1971 年联合国教科文组织规划实施了"人与生物圈计划（MAB）"；1972 年联合国在斯德哥尔摩召开了"人类环境会议"；1980 年公布了一部纲领性的文件《自然资源保护大纲》；1983 年成立了联合国世界环境与发展委员会；1987 年世界环境与发展委员会发表了布伦特兰报告《我们共同的未来》；1992 年巴西的里约热内卢召开的联合国环境与发展大会上，一致通过了《里约环境与发展宣言》、《21 世纪议程》、《关于森林问题的原则声明》三个重要的文件，并签署了《气候变化框架公约》和《生物多样性公约》，退化生态系统的恢复与重建问题的认识已经提高到了一个新的高度，退化生态系统的响应机制、受损过程及恢复与重建研究已成为当今生态学研究的热点问题。

1.1.6 宁夏盐池的生态退化

宁夏盐池的生态退化与全国类似。20 世纪 60～80 年代，宁夏盐池因滥垦、滥牧、滥樵，生态系统退化严重。1983 年草场调查表明，盐池以中、低等草场为主，其中 3 等 7 级（单位面积青草产量 750～1500 kg / hm^2）占全县草场总面积的 52%，草场总面积由于耕地扩大、沙化面积扩大自 1961 年下降约 13.3 hm^2，每个羊单位占有的草场面积、产草量均有下降，使草场处于超载状态。盐池县 1989 年以前区域荒漠化呈急剧扩大趋势，各类沙丘地面积由 1961 年的 1006.11 km^2 增加到 1989 年的 2366.67 km^2，年平均扩大 46.92 km^2，各类沙丘地平均年增长率 4.66%（周铁军和赵廷宁, 2005）。研究结果表明，过度放牧和草地开垦是导致草原退化的首要原因，过度放牧使得植被覆盖度、生物量下降，使得可食性牧草减少进而引起植物结构组成发生改变，随之引起土壤的退化（地表土壤丧失、理化性质改变等）以及微生物群落的变化，最终生物和环境多种因素相互作用，造成草地生态系统功能上的退化（朱震达, 1985; 王涛和赵哈林, 2005; 薛娴等, 2005）。

目前，生态系统的退化机制和因素还有很多待研究的问题。因此，也亟待政府、社会和广大学者对退化生态系统进行更深入、广泛的研究。

1.2 生态恢复的基本原则

章家恩和徐棋（1999）在论述退化生态系统的恢复与重建时指出，生态恢复的 3 个原则为：（1）地域性原则，不同区域生态环境背景不同，如气候、地貌和水文等，地域性的差异要求我们应在长期定位试验的基础上，获取成功模式，然后示范推广。（2）生态学与系统学原则，生态学原则包括生态演替、食物链网、生态位等相关理论，生态学原则要求我们根据生态系统自身的演替规律分步骤分阶段进行，循序渐进，力求达到土壤、植被、生物同步和谐演进。（3）最小风险原则与效益最大原则，由于生态系统的复杂性以及某些环境要素的突变性，人们不可能对生态恢复与重建的后果以及生态最终演替方向进行准确地估计和把握，因此，退化生态系统的恢复与重建具有一定的风险性，这就要求我们要认真地透彻地研究被恢复对象，综合分析评价、论证，将风险降到最低限度。同时，生态恢复往往又是一个高投入工程，因此，考虑经济承受能力也是生态恢复与重建成功不可或缺的因素。

Dale 等（2000）在美国生态学会报告中总结美国管理土地利用的生态原则和方针时指出，确保生态系统可持续的 5 个原则为：（1）时间原则，生态系统随时间发生改变，生态过程在不同时间尺度表现不同。（2）物种原则，具体物种和种间作用有关键的、大尺度生态系统水平的效应。（3）地点原则，当地气候、水文、土壤和地貌以及生物因子强烈地影响生态过程和物种的多度与分布。（4）干扰原则，干扰的类型、强度和持久性影响种群、群落和生态系统的特征。（5）景观原则，土地覆盖类型的大小、形状和空间关系影响种群、群落和生态系统的动态。

我们认为，生态恢复的原则应主要考虑以下两个方面：（1）自然原则，包括地理学原则、生态学和系统学原则，地理学原则要求充分考虑地域上的差别，如气候、地貌、土壤、水文和植被类型，尤其是限制因子和干扰因子，如干旱、沙漠化或风沙化、水土流失以及过牧、开矿等，充分考虑生态恢复的自然本底特征；生态学原则要求考虑顶级植被与演替阶段、食物链与食物网、生态位以及植被历史分布，避免前顶级植被侵占当地植被，避免建群种被跨生态位营建植被；系统学原则要求考虑生态系统内生物之间的共生、互惠、竞争等关系以及生物与环境之间的相互筛选，掌握群落结构和组分特征，使生态系统物质循环和能量转化处于最优循环状态，力求达到土壤、植被和其他生物的同步和谐恢复。保留自然地，保留自然生态系统是核心。（2）社会经济技术原则，包括经济原则和技术原则，经济原则要求根据资金规模确定生态恢复的规模，切忌贪大求功，确保干一块成一块，逐年有成绩；技术原则要求尽可能采用当下成熟的技术，通过生物、生态和工程技术方法的结合，保证技术上的可操作性和社会的可接受程度，使风险最小化，实现社会可持续发展。

1.3 生态恢复的步骤和模式

生态系统的恢复包括非生物和生物系统的恢复，一般可分为以下几个步骤：①确定受损生态系统系统边界，明确被恢复的对象，判定恢复对象的层次与级别。②生态系统本底特征调查，调查分析退化生态系统所处区域的气候、土壤、水文、植被以及社会经济基本状况。③诊断生态系统的退化级别，判明导致生态系统退化的主导因子（包括自然和人为干扰因子），判断受损生态系统所处的退化过程与阶段。④确定生态恢复目标，包括生态恢复最终目标和阶段目标以及恢复或重建的生态系统的结构和功能目标。⑤制定生态恢复方案，方案应得到专家与政府部门的认同，对恢复技术的可行性进行分析，并进行生态经济风险和效益评估。⑥生态恢复方案的实施，采用合适的恢复技术，选取有资质且有能力的实施单位，做好事中监管。⑦生态恢复中进行生态监测，适当的监测与评价是生态恢复不可或缺的一环。⑧生态恢复示范推广，在小范围成功的技术或模式的实践技术尽可能得到推广，使生态恢复成果尽快在全社会得到应用。

退化生态系统恢复的模式一般可归纳为两种基本模式：①退化生态系统处于可逆状态的恢复模式，当生态系统退化程度较轻时，生态系统处于可逆状态，这时只要排除干扰因素，生态系统就会自然地恢复到健康状态，维持系统的功能。这种模式的本质就是解除干扰因子，保护自然生态系统。②退化生态系统处于不可逆状态的恢复模式，当生态系统退化达到非常严重的程度时，生态系统处于不可逆状态，即使排除干扰系统因素系统也无法自然地恢复到以前的状态，只能通过人工作用促使退化生态系统逐渐恢复到健康状态。这种模式的本质就是部分重建或全部重建。

因此，退化生态系统恢复时，应该先判定干扰因子，是风营力造成的风蚀和沙化，还是水营力造成的水土流失，还是人为因素造成的开矿，还是过牧造成的草原退化，还是滥垦导致的农田土地沙化，然后，再对退化生态系统进行评价，判别其属于哪一种恢复模式，因地制宜，争取最佳恢复效果。

1.4 生态恢复的目标

生态恢复主要考虑以下 4 个方面内容：一是生态系统结构与功能的恢复；二是生物种

群或群落的恢复；三是生态环境的恢复；四是景观的恢复。

对于生态恢复的目标，国际恢复生态学会建议比较受损生态系统与参照系统的生物多样性、群落结构、生态系统功能、干扰体系、以及非生物的生态服务功能（Hobbs 和 Norton, 1996）。也有人提出使用生态系统 23 个重要的特征来帮助量化整个生态系统随时间在结构、组成及功能复杂性方面的变化（Ren 等, 2000）。Cairns 认为，恢复至少包括被公众社会感觉到的，并被确认恢复到可用程度，恢复到初始的结构和功能条件（尽管组成这个结构的元素可能与初始状态明显不同）（Cairns, 1977）。Bradsaw 提出可用如下 5 个标准判断生态恢复：①可持续性（可自然更新），②不可入侵性（像自然群落一样能抵制入侵），③生产力（与自然群落一样高），④营养保持力，⑤具生物间相互作用（植物、动物、微生物）（Lugo, 1988）。上述思想是通过排除干扰、加速生物组分的变化和启动演替过程使退化的生态系统恢复到某种理想的状态（任海, 2004）。

一般地，生态恢复的具体目标应包括：①实现生态系统的地表基底稳定性，地表基底（地质地貌）是生态系统发育与存在的载体，基底不稳定，就不可能保证生态系统的持续演替与发展。②受损生态系统的物种应尽量在最大程度上接近当地物种组成，可为当地物种或迁徙鸟类等提供栖息地。③恢复后的生态系统应是稳定的、可持续发展的，具有必要的功能群，其生态系统功能得以正常化。④物理环境得以恢复，为群落中建群种和常见种的定居、繁殖和发展提供稳定的环境条件。⑤恢复的生态系统可以通过物质、能量和信息交流，与周围环境整合为一个大的景观，且周边环境中威胁生态系统健康的因素已基本消除。⑥恢复植被和土壤，保证一定的植被覆盖率和土壤肥力，恢复的生态系统具有一定抗干扰能力，可耐受环境、生物因子的一些周期性波动变化和一些阈值以下的干扰事件。⑦增加种类组成和生物多样性，实现生物群落的恢复，提高生态系统的生产力和自我维持能力。⑧恢复的生态系统可以履行生态系统为社会服务的公能，减少或控制环境污染，增加视觉和美学享受，满足人们休闲、娱乐、景观欣赏的需求。

我们认为，对于过牧引起的草场退化，生态恢复目标就是顶级群落；对于沙漠化或风沙化造成的植被退化，生态恢复目标就是沙丘固定，植被盖度达到 30%以上，沙地植被处于生草化阶段。

然而，生态恢复是一项长期工程，应遵循生态系统演替规律，在生态恢复实施的过程中，由于技术、经济等原因，往往对上述恢复目标不能完全实现，这就要求生态恢复的设计人员应注意因地制宜，根据退化生态系统的类型及功能，确定相应的生态恢复目标。事实上，受损生态系统的恢复目标与群落退化阶段与现实需求密切相关。对于自然保护价值一般的退化生态系统，可向生态和经济效益双效协同的方向发展，生态恢复的目标是提高其生物生产力（如低产林改造、退化牧场改造等）。在考虑预期目标的同时，应将长期目标与短期目标相结合，尽可能先实现短期目标。

总之，受损生态系统的生态恢复具有复杂性，这在于：（1）虽然生态恢复与重建的基本概念和理论较为一致，但没有形成明确统一的认识，不同学科理论的整合与实践应用是生态恢复与重建研究面临的最主要问题。（2）生态系统退化的原因是复杂和多方面的，对退化生态系统的诊断缺乏有效和准确的定量方法，在制定生态恢复与重建的目标时仍显得说服力不足，进而影响生态系统的恢复。（3）生态恢复的最终目标之一是使恢复后的系统呈自我持续性状态，然而生态系统是动态发展变化的，目前对生态系统缺乏系统的、连续的、动态的定量研究与管理，缺乏对生态系统及生态恢复与重建具有可操行作性的生态监测。（4）生态系统服务价值是生态系统的核心，也是相关研究的基础，缺乏对生态系统及生态恢复与重建后可操行作性的具体评价指标，从而影响恢复效果的评价和管理技术的选择。（5）生态恢复与重建研究中，对于涉及人地关系协调的社会学的研究如生态恢复与重建的国家政策的研究如生态补偿，生态产业等亟待加强。

承上所述，生态系统的退化即生态退化包括植被退化、土壤退化、大气质量退化和水质量退化，在这里，宁夏盐池的生态退化主要是指植被退化和土壤退化。

2 生态恢复理论

2.1 生态恢复的一般理论

生态恢复是针对受损生态系统而言，受损可以理解为由于人为或自然因素的影响，引起生态系统的结构发生变化、系统内各组分间的关系受到破坏、造成系统资源短缺和某些生态学过程或生态链的断裂，系统功能退化或丧失。因此，生态恢复就是通过一定的生物、物理、化学、生态或工程技术方法，人为地改变和切断生态系统退化的主导因子或过程，调整、配置和优化系统内部及其与外界的物质、能量和信息的流动过程及其时空秩序，使生态系统恢复到合理的结构、高效的功能和协调的关系。生态恢复的一般理论包括群落演替理论、限制因子理论、生态位理论、生物多样性理论等。

（1）限制因子理论

德国学者李比希（J. V. Liebig）1840 年出版了《化学在农业和擅物生理学中的应用》，指出土壤中矿物质是一切植物唯一的养料，这种观点当时被称为“植物矿物质营养学说”，同时李比希又创立“最小因子定律”，即在各种生长因子中，如有一个生长因子含量最少，其他生长因子就是很丰富，也难以提高作物产量，因此，作物产量受最小养分支配。

生物的生存和繁殖依赖于各种生态因子的综合作用，其中限制生物生存和繁殖的关键性因子就是限制因子。任何一种生态因子只要接近或超过生物的忍受范围，它就会成为这种生物的限制因子，生态系统的限制因子强烈地制约着系统的发展。在生物生长发育过程中，每个生态因子都不能孤立存在，同等重要，缺一不可，任何一个生态因子在数量上或质量上的不足或过多，会使该生物衰退或不能生存。当一个生态系统被破坏之后，要进行恢复会遇到许多因子的制约，生态恢复就是从多方面进行设计与改造生态环境和生物种群，但在进行生态恢复时必须找出该系统的关键因子，找准切入点。

（2）生态系统结构理论

生态系统是由生物组分与环境组分组合而成的结构有序的系统。所谓生态系统的结构系指生态系统中的组成成分及其在时间、空间上的分布和各组分间能量、物质、信息流的方式与特点。具体来说，生态系统的结构包括三个方面：①物种结构，又称为组分结构，是指生态系统由哪些生物种群所组成，以及它们之间的量比关系，如农业生态系统中粮、果、猪、羊的量的物种构成及数量关系。②时空结构，生态系统中各生物种群在空间上的配置和在时间上的分布，构成了生态系统形态结构上的特征。大多数自然生态系统的形态结构都具有水平空间上的镶嵌性，垂直空间上的层次性和时间分布上的发展演替特征，是组建合理恢复生态工程结构的借鉴。③营养结构，生态系统中由生产者、消费者、分解者三大功能类群以食物营养关系所组成的食物链、食物网是生态系统的营养结构。它是生态系统中物质循环、能量流动和信息传递的主要路径。

建立合理的生态系统结构有利开提高系统的功能。生态结构是否合理体现在生物群体与环境资源组合之间的相互适应，充分发挥资源的优势，并保护资源的持续利用。从时空结构的角度，应充分利用光、热、水、土资源，提高光能的利用率。从营养结构的角度，应实现生物物质和能量的多级利用与转化，形成一个高效的系统。从物种结构上，提倡物种多样性，有利于系统的稳定和持续发展。生态恢复工程中应采用多种生物物种，如沙丘地的生态恢复应林、灌、草相结合。

（3）生态位理论

美国学者 J. Grinell（1917）最早在生态学中使用生态位的概念，用以表示划分环境的空间位和一个物种在环境中的地位，他认为生态位是一个物种所占有的微环境，他强调的是空间生态位的概念。英国生态学家 C. Elton（1927）把生态位看做是“物种在生物群落中的地位与功能作用”。英国生态学家 G. E. Hutchinson（1957）发展了生态位概念，提出 n 维生态位，他以物种在多维空间中的适合性来确定生态位边界，他的生态位概念目前已被广泛接受。

生态位可表述为生物完成其正常生命周期所表现的对特定生态因子的综合位置。生态位是生态学一个重要概念，它是指以生物对生态因子的综合适应性为指标构成的超几何空间，能够反映一个种群在时间、空间上的位置及其与相关种群之间的功能关系。

（4）生态适宜性理论

物种在长期进化中，对光、热、温、水、土及养分产生了各自的适应性，有些植物是喜光植物，有些植物是喜阴植物，有些植物只能在酸性土壤中才能生长，有些水生植物只能在水中才能生长，因此，在生态恢复工程设计时要先调查恢复区的自然生态条件，如土壤性状、光照特性、温度等，根据生态环境因子来选择适当的生物种类，使得生物种类与环境生态条件相适宜。在实践中，生态适宜性理论最重要的应用就是“适地适树”，如，沙生植物应种植在沙丘地，黄土丘陵地区的一些潮湿的地区可种植中生植物，在干旱的梁地只能种植旱生植物。

（5）群落演替理论

群落演替就是一个群落代替另一个群落的过程。在裸地发生的演替称为原生演替，如沙丘地演替；在起因于火灾、污染、洪水等使得原先存在的植被遭到破坏的那些地区的演替为次生演替。无论原生演替还是次生演替，都可以通过人为手段加以调控，从而改变演替速度或改变演替方向。例如，在云杉林的火烧迹地上直接种植云杉，从而缩短演替时间。

群落演替理论是生态系统恢复最重要的理论，为生态恢复提供指导依据。生态系统退化实际是在干扰下进行逆行演替的动态过程，在排除干扰后，向原系统恢复的过程中，需按生态演替规律分阶段促进系统向顺行演替发展。植物群落随时间依次替代最后达到相对稳定，依次替代的顺序是先锋物种侵入、定居和繁殖，改善退化生态系统的生态环境，使适宜物种生存并不断取代低级的物种，直至群落恢复到原来的外貌和物种成分。生态恢复主要是通过恢复措施控制待恢复系统的演替过程和发展方向，恢复其结构和功能，使系统达到自我平衡状态。

（6）生物多样性理论

植物多样性是生态系统稳定的基石，可优化生态系统功能。生境多样性构成了生物多样性的基础，生物多样性的增加可使网状食物链结构趋于复杂，使平衡的群落容量增加，提高生态系统的抗干扰能力以及资源利用效率。在生态恢复中，应该避免植物种植单一化，要利用不同物种相互影响、相互制约的特点，改善环境、从而保证生态系统的稳定性。

恢复生物多样性会增加生态系统功能过程的稳定性：①高的多样性增加了具有高生产力的种类出现的机会；②多样性高的生态系统内，营养的相互关系更加多样化，为能量流动提供可选择的多种途径，各营养水平间的能量流动趋于稳定；③高的多样性会增强生态系统被干扰后对来自系统外其他物种入侵的抵抗能力；④多样性高增加了系统内某一个种所有个体间的距离，降低了植物病体的扩散；⑤多样性高的生态系统内，各个种类充分占据已分化的生态位，从而提高系统对资源利用的效率。

生态恢复工程中应最大限度地采取技术措施，通过引进新的物种，配置好初始种类组成，加快恢复与地带性生态系统（结构和功能）相似的生态系统，同时利用就地保护的方法，保护生物多样性，有利于人类对资源的可持续利用。

（7）景观生态学理论

主要指缀块—廊道—基底理论。缀块、廊道和基底是景观的三大组分。缀块是一个具体的生态系统，指与周围环境在外貌和性质上截然不同的生态系统，是具一定内部均质性的空间单元，可以是森林、湖泊、草原、农田或居民区等；廊道指景观中与相邻两边环境不同的线状或带状结构，常见的有防风林带、河流、道路、峡谷、输电线路等；基底指景观中分布最广、连续性最大的背景植被或地域，常见的有森林基底、草原基底、农田基底、城市用地基底等。

景观生态学的理论能广泛地应用于恢复生态工程中。对生态系统的恢复在大、中尺度上，必须考虑土地利用的整体规划，考虑生境的破碎化，恢复与保持景观的多样性和完整性，在保护区的规划设计时，应用岛屿生物地理学理论，在物种保护时考虑它们所生存的生态系统和景观的多样性和完整性。

（8）自我设计与人为设计理论

这是唯一从恢复生态学中产生的理论。自我设计理论认为，只要有足够的时间，随着时间的进程，退化生态系统将根据环境条件合理地组织自己并最终改变其组分。人为设计理论则认为，通过工程手段和植物重建可直接恢复退化生态系统，但恢复的类型可能是多样的。二者区别在于：自我设计理论把恢复放在系统层次上，是以自然演替为理论基础，恢复完全由环境因素决定；人为设计理论则把恢复放在了个体或种群层次上，通过调整物种生活史的方法来加快植被的恢复。

（9）参考生态系统理论

参考生态系统是首先制定一个生态恢复计划的原型，用来作为生态规划、恢复和评价的参考系统。选定的参考系统可以是生态系统发展过程中的任何状态，这种状态在生态恢复中是可以被接受的，它是生态系统发展过程中随机事件的综合反映。然而，简单的参考系统是不能充分反应恢复系统发展过程中的各种潜在状态。因此，参考系统最好是多种参考地点的集合，这有利于给生态恢复计划提供更多的实际参考依据。参考系统的信息来源包括：生态学描述、物种名录、被恢复系统受损前的状况（如航拍照片）、恢复地遗迹资料、标本记录、熟知恢复系统退化之前状况的个人口述资料，以及一些古生态证据（如花粉化石、植物化石等）。然而，对参考系统的描述比较复杂，参考系统通常是由于其生物多样性保护的较好而被选定，而被恢复系统所体现的却是演替阶段的特征，二者并不同步，因此，应尽可能增加一些参考系统早期阶段的信息。另外参考系统或多或少都受到了人类干扰的影响，几乎不可能排除人为因素的影响，因此，对参考系统的描述需谨慎判断。

（10）集合规则理论

集合规则理论是指群落的结构和功能及其影响因子的一个定量描述，它不仅对群落结构和格局进行观测性描述，而且说明群落集合特征的形成过程与关键影响因素，可作为建立一个新群落（即生态恢复）的理论框架和技术指南。集合规则强调从种内和种间的关系、动物和植物的关系，以及功能群等水平和层次定量分析群落结构的异同，重点说明其成因和过程。集合规则实际上是生态系统各部件的组装合成过程，是生态恢复的技术基础。从目前看，对生态系统结构的恢复难度远高于对生态系统功能的恢复。研究群落的集合规则是恢复生态学的一个重要方面。

当然，生态系统是很难完全恢复的，因为它有太多的组分，而且组分间存在非常复杂的相互作用，需要更好地了解生物与非生物因子间、不同生物种类之间的因果关系。如果能全面理解恢复地点的条件和控制变量，就能预测恢复的效果。

2.2 生态稳定性的内涵与干扰稳定性理论

2.2.1 生态稳定性的内涵

生态稳定性的概念可以归纳为 3 个基本类型（Holling, 1973; Sennhauser, 1991）：①群落或生态系统在达到演替顶级后出现的能够进行自我更新和维持并使群落的结构、功能长期保持在一个较高的水平、波动较小的现象，其中，结构指标是群落的物种组成，特别是优势种或建群种的种群稳定对群落稳定有决定作用，功能则指物质与养分循环、生物量和生产力等代表性指标；②群落或生态系统在受到干扰后维持其原来结构和功能状态、抵抗干扰的能力，称为抵抗力稳定性；③群落或生态系统受到干扰后回到原来状态的能力，称为恢复力稳定性。其中，①的稳定性概念主要与群落演替有关，早在 Clements（1936）研究群落演替时就已提出和使用，认为顶级群落是生物与环境在长期相互作用演变过程中相互适应和协调统一的产物，具有维持其结构和功能相对不变的稳定性，称其为演替稳定性；②和③的稳定性概念主要关注植被在受到干扰后的反应，是与干扰相关的稳定性概念（Grimm 等, 1992），称其为干扰稳定性。在这里，我们讨论的是干扰稳定性。

稳定性是由热力学引出。热力学中稳定性指系统保持靠近平衡点或经干扰后恢复的能力。当稳定性引入到生态学以后，它的定义有多种多样，Pimm（1991）总结出了生态系统稳定性的 45 种不同的含义。

一般而言，稳定性通常定义为生态系统一些参数不发生变化。研究重心往往集中在物种数量或单一物种的种群密度的变动上，虽然这个概念也能用来检验其他结构和功能特征的变化，如总生物量、初级生产力、基本元素滞留量（Hill，1987）。最初的稳定性也只是简单地定义为一个群落或一个生态系统里种群密度的变化。MacArthur（1975）的稳定性是指一个群落内种类组成和种群大小保持不变。Gigon（1983）认为，生态稳定性是指一种生态系统的持续存在并具有经受改变后恢复其初始状态的能力。Cairns 和 Dickson（1977）、

Orians（1975）、Westman（1978）等人把受干扰后系统抵抗从初态被代换的能力称为惯性，而 Boesch（1974）、Harrison（1979）、Vitousek 和 White（1981）则称为阻抗性。Boesch 和 Rosenberg（1981）、Harrison（1979）、Wesman（1978）把干扰后回复初态的能力称为复原力，Cairns 和 Dickson（1977）称反弹力，而 Holling（1973）则用更普通的名词——稳定性。在更局限的意义上复原力也用以指回复速度(Boesch, 1974; Vitousek 和 White, 1981)，而 Cairns 和 Dickson（1977）定义复原力为系统被置换后能恢复的次数。Orians（1975）更喜欢使用不变性。

干扰后生态系统是回复初态，还是过渡到新状态?如果系统显现出回复初态的证据，那么回复的速度和完全程度如何?受扰后的回复途径是什么？这些问题能通过分析复原力的不同特征得到阐释。相当多的注意力集中在受扰后系统的恢复速度上，即所谓的反弹力（Orians, 1975; Westman, 1978)。次等重要特征是系统有能力回复的距离范围，Orians(1975)和 Westman（1978）称其为振幅。振幅概念说明，在一些干扰下系统可回复初态，而在另一些大的干扰系统下系统要永远地过渡到一种不同态。Westman（1978）提出复原力的另两方面，恢复格式不同于退化途径的范围被称为滞后作用，而延展性（韧性）是指受扰后所建立的新持续态不同于初态的范围。

Orians（1975）和 Westman（1978）对稳定性内涵的分类总结如表 2-1。

表 2-1　分析生态系统稳定性所用名词

特性	定义
（1）不变性或恒定性（constancy），相对应地，	系统受扰后某些性质随时间保持恒定的性质
变异性（variability）	系统受扰后某些性质随时间发生变化的大小
（2）持久性（persistence）	系统或其组分的生存时间
（3）阻抗力（resistance）或惯性（inertia）	干扰下系统抵抗其初态被置换的能力
（4）复原力（resilience）	干扰后系统回复初态的能力
（a）反弹力（elasticity）	干扰后系统回复初态的速度
（b）变幅（amplitude）	系统可以回复初态的幅度
（c）滞后作用	回复形式不同于退化途径的范围
（d）韧性（延展性）	干扰后建立的新持续态不同于初态的程度

引自 Orians, 1975; Westman, 1978。

更广泛地，被大家所认同的是 Hill（1987）将生态系统对干扰反应表述为阻抗力和复原力两个组分。

（1）阻抗力

阻抗力可以用使系统有一定量变的干扰强度来量度。Westman（1978）提出，某些生态系统性质如物种地位 50%改变的量度是适合的，这种量度是引自一种生物鉴定技术，该技术是估计 96 小时内杀死物种种群 50%的毒物剂量，以这种方法量度阻抗力的实例由 Sheehan 和 Winner（1984）提供，小溪生态系统对重金属污染的阻抗力是采用能使溪流中群落物种丰度减少 50%的铜的集中程度来估计的。阻抗力另一种度量是用干扰后初期置换出现所需时间（反应时间）（Hurd 和 Wolf，1974），Vitousek 和 White（1981）使用深挖地块这种干扰来估计 6 个森林生态系统对根部以下硝酸盐缺失的阻抗性，观察到印第安纳枫树林溶度计上 NO_3^--N 达到高峰值为>2000 μmol / L，而俄勒冈铁杉林的峰值约 700 μmol / L，一些树林对干扰的初期反应发生在 3 个月内，另一些则延至 18 个月。

（2）复原力

生态系统回复初态所需时间来衡量复原力是一种常用量度方法。回复是指系统能回到其初态的相似状态，它能通过反弹力来量度，该反弹力是考虑受扰系统状况和初期未受扰系统状况大约 50%～85%的百分相似率所需时间（Westman, 1985），低相似率值不能保证生态系统肯定回到距其初态可按受的限度以内。

振幅度量通常包括域值的验证，超越域值生态系统向初态的回复不能出现。尽管系统组分如个体物种可以展示域值行为，但整体系统的反应仍不可显示域值对干扰反应的证据（Woodwell, 1975）。振幅估计的经典案例是 Baker（1971）的研究，该研究针对盐沼泽草 *Spartina anglica* 对连续油化作用的反应，结果表明 8～12 次油化过程显示出一个域值，超过此域值物种回复不再发生。研究复原力的振幅组分是令人感兴趣的。亚马孙盆地的生态系统回复研究表明，干扰后 3 年内生物量积累表明，砍伐或砍伐并烧掉要使成熟森林达到原生物量水平大约需 100 年，而彻底清除地区生态系统的完全回复至少需要 1000 年（lovejoy 等, 1983）。

2.2.2 干扰稳定性理论

（1）多样性-稳定性理论

MacArthur 和 Elton 是多样性—稳定性理论的代表人物。MacArthur（1955）认为，影响一个自然群落稳定性的因素有两个：一是物种的多少；二是物种间相互作用的大小，而且，一个群落内所含物种的多少对它的稳定性所起的作用是基本的，而物种间的相互作用或联结则对一个群落的稳定性起到一个补充的作用。Elton（1958）认为，对于一个相对简单的植物或动物群落，易于受毁灭性的种群波动的影响，因而抵御外来种侵入的能力较弱，他的假说的六条理由是：（1）来自数学模型的证据表明，拥有较少物种的生态系统是不稳定的。（2）实验室实验结果与数学模型结果一致。（3）小岛屿生境比大陆生境更易被物种侵入。（4）多样性较小的栽培种植生境比未受干扰的生境更易被物种侵入。（5）多样性较高的热带森林生态系统抵抗害虫侵入的能力较强。（6）使生态关系简单化的果园喷灌使得害虫种群产生大振荡的可能性增加。MacArthur 和 Elton 建立了多样性增加稳定性这一理论的核心是：群落内种类组成和种群大小保持不变；物种丰富的群落较物种贫乏的群落具较高的稳定性；物种多样性高的生态系统包含了能够抵御特定环境干扰的物种，从而补偿了干扰对系统所造成的影响，因此生物多样性可以提高系统对干扰的阻抗力或增加生态系统的可靠性。多样性导致稳定性假说在 1970 年以前被认为是生态学的中心法则、核心准则或公理。

自 MacArthur 和 Elton 建立了多样性—稳定性这一理论后，学术界便有两派争论。

一派实验结果支持多样性导致稳定性的理论，如 McNaughton（1977）、Connell（1978）、Pimm（1984）、Frank 和 McNaughton（1991）、West（1993）、Naeem 等（1994）、Tillman 和 Downing（1994）、Tillman（1996）、De Grandpre 和 Bergeron（1997）、Grime（1998）。例如，Frank 和 McNaughton（1991）在黄石公园草地做了试验研究后得出植物群落种类成

分稳定性随多样性增加而增加，对干旱引起的种类成分的变化也与植物群落的多样性成正比。McNaughton（1977）对坦桑尼亚草地的研究指出，Elton 和 MacArthur 的假说在初级生产者的水平是准确的。Tilman（2000）总结了近年来多样性与稳定性实验与理论研究成果，指出较高的多样性可以增加植物群落的生产力、生态系统营养的保持力和生态系统的稳定性。

另一派实验结果则倾向于否定多样性增加稳定性，如 Hariston 等（1968）、Hurd 等（1971）、Luckingbull（1979）、Lawler 和 Worin（1993）。例如，Hurd 等（1971）由植物、草食动物和肉食动物构成的三级食物网的实验得出，在植物和草食动物营养级上多样性的增加，都会导致更高一级营养级的不稳定。McCann（2000）认为，种群密度离极端密度越远（越接近平衡密度），稳定性就越高；多样性可以导致稳定性，但形成这种关系的驱动力不是多样性本身，而是群落包含物种或功能群的能力；他指出，早期多样性与稳定性关系的争论中忽视了一些根本性的因素。May（1972；1973）认为，Elton 的 6 条论点是经不起推敲的。Goodman（1975）利用大量证据也反驳了 Elton 的 6 点证据，他认为：对于第一点和第二点，更多复杂群落模型的结果与 Elton 所坚称的相反，相互作用的物种越多，生态系统的稳定性越小；对于第三点，数据表明，岛屿易被害虫侵入的脆弱性可能起因于物种分布的偶然性和其他的物种特性；对于第四点和第六点，纯种群的农作物和果树林并不代表平衡的、低多样性的生态系统，很难找到低多样性的自然群落比高多样性的自然群落更易被侵入；对于第五点，热带生物区系是如此的多样化和复杂，以至于大的波动很少被注意到。

针对多样性导致稳定性两派的争论，Chapin 等（1998）14 位生态学家在“生物多样性变化的生态系统后果——试验证据和未来研究的展望”一文中这样总结：①高的物种丰富度使得各营养水平的资源获取能力和生态系统的资源保持力最大化。②高的物种多样性降低了生态系统定向和随机变化引起生态系统过程发生大变化的风险。③高的物种多样性降低了致病菌和其他物种侵入引起生态系统过程发生大变化的概率。④景观异质性对依赖复合斑块类型和受斑块间生物、水分、大气或干扰综合因素控制的那些生态过程和生物产生最强烈的影响。

事实上，任何一个理论成立都有其存在的条件。如果 Elton 的稳定性不是针对一个群落受外来种的侵入，那么 Elton 的 6 点证据不会受到如此猛烈的攻击。如果我们讨论多样性和稳定性的关系时，能够区分具体的研究尺度和标准，那么多样性增加导致稳定性的理论未必不成立。譬如，Tilman（1994; 1996）虽然支持多样性-稳定性理论，但 Tilman 等通过 207 个草地样地不同多样性水平上生物量变异的长期研究指出，多样性可以导致群落和系统过程的稳定性，但不会导致种群水平上的稳定性，他认为该研究结论使多样性-稳定性假说与 May 观点的长期争论得到了调和。正如王国宏（2002）指出，Tilman 等的结论很有启发性，但是应该注意到，该结论的前提是以物种多样性去探讨各个层次的稳定性，如果以其他层次的多样性去认识相应层次的稳定性，则可能是另外一种结果。因此，Tilman 关于多样性—稳定性假说与 May 观点调和的结论是在非常有限的条件下得出的。再譬如，以 May 为代表的生态学家，以模型群落为依据建立数学模型，研究了群落复杂性与稳定性的关系，得出与多样性-稳定性假说完全相反的结论：即系统复杂性的增加将不可避免地削弱系统的稳定性，但无论 May 的数学逻辑还是理论推导最大的缺陷是没有考虑真实生态系统的调节机制（黄建辉和韩兴国, 1995），生态系统往往是远离平衡的，与一般的系统相差甚远，况且理论模型只能涉及有限的几个物种，而一个真实生态系统包含的物种要多得多。

我们认为，多样性-稳定性理论大多数时候是成立的，但应注意以下情况：① 准确确定多样性和稳定性的测度指标和标准。目前生物多样性与稳定性之间关系之所以难以达成共识，主要症结是在研究中稳定性测度指标的不统一性（de Grandpre 和 Bergeron，1997）。②不同尺度的稳定性应区别研究。生物组织层次是生物多样性结构的重要内涵，忽视生物多样性的生物组织层次可能也是造成观点纷争的重要根源之一（王国宏，2002）。例如，种群稳定性根本上讲依赖于个体的生活史特征（Laurence 等，2000）；群落稳定性与种群功能型的多样性密切相关（McCann，2000）；生态系统稳定性往往受制于表型多样性的影响（Lorrau，2000）。表型多样性的载体是功能型，而功能型是超越系统层次的物种或种群组合，稳定性的一些本质特征往往出现在较低的（群落以下）生物组织层次上（Hastings，1988）。Loreau（2000）认为，种群层次的稳定性特征可能不同于群落及生态系统层次的稳定性。事实上，干扰会波及生态系统中的各个生物组织层次，分别探讨各层次对干扰的响应机制以及层次之间的相互关系，对客观地反映生态系统稳定性本质可能更具积极意义。因此，如果研究多样性和稳定性之间的关系是针对某一特定的生物组织层次以及用相应的多样性研究相应的稳定性，如生态系统稳定性、群落稳定性和种群稳定性等，用特定层次的多样性指标讨论相应层次的稳定性特征，就可能有积极的结果。例如，Tilman 等（1996）关于草地群落多样性和稳定性关系的研究是以物种丰富度变化去讨论生态系统、群落和种群层次的稳定性特征，其多样性的内涵仍属物种多样性范畴，从而影响了其结论的普适性（王国宏，2002）。③ 复杂群落和简单群落的多样性和稳定性问题应区别研究。复杂群落和简单群落其生存的生态学的机制存在本质的差异，复杂群落中的植物主要面临的是竞争问题，所以应探讨物种多样性与群落稳定性之间的关系问题；而简单群落中的植物主要面临的是适应问题，所以应探讨物种的表型多样性与群落的稳定性的关系问题。简单群落的稳定性问题体现于种群的稳定性问题，因而种群的表型多样性能被有效地用于解释简单群落的稳定性。较高的种群表型多样性提高了种群对干扰的阻抗力，进而能够保持群落稳定（Laurence 等，2000）。有时，物种丰富的群落对干扰的阻抗力也许较物种贫乏的群落低，但由于物种丰富度和物种相对多度变化的不协调性，物种丰富度相对较低但种群的表型多样性较高的群落可能较物种丰富度相对较高但表型多样性贫乏的群落具有较高的阻抗力（Sankaran 和 McNaughton，1999），同样，较高的种群表型多样性能够提高种群的复原力。总之，多样性和稳定性之间的关系并非简单的线性相关关系，应该结合具体生态尺度以及生境条件具体分析。

（2）复杂性-稳定性理论

生态系统复杂性是指组成生态系统物种多少、各种群个体数量多少、生态系统包含的子系统多少、系统层次多少以及物种间连接作用与营养功能关系。生态系统物种多少、各种群个体数量多少事实上属生物多样性范畴，前述内容已述及，这部分复杂性内容主要是指物种间连接作用与营养功能关系即食物网。生态学观察所积累的众多经验事实倾向于证实复杂性与稳定性呈正相关。

食物网包含了系统中的所有物种和它们之间的联结作用，所谓食物网就是以图表的方式直观地描述群落或生态系统中物种的相互作用，这种作用不是简单地描述为有或无，而是有强弱之分和季节变化，从营养角度来阐述多样性和稳定性之间的关系，在 20 世纪 70 年代被认为是一条极为可行的途径（黄建辉和韩兴国，1995）。MacArthur（1955）根据食物网理论提出稳定性随着能量通路的增加而提高的论点。他认为，如果系统中物种取得营养的途径越多，则系统越稳定，即食物网越复杂，系统越稳定。与多样性理论相同，食物网理论同样有两派争论。

一派实验结果支持食物网复杂性导致稳定性。如，Briand（1983）通过对 40 个食物网相关分析表明，随着物种多样性的增加，种间的互作强度和联结度降低，说明复杂的食物网可使种群保持稳定。再如，McCann 等（1998）的研究结果表明，物种之间微弱到中等强度的联系对促进群落持续和稳定起着重要的作用，这种联系的存在防止了种群趋向灭绝。McCann 使用的模型和 May 的模型有不同的结构，增加了更多合理的生物学假设：第一，与传统的 Lotka-Volterra 模型不同的是，他们加上了非线性项；第二，他们不假设系统处在平衡态，从而不必去寻找稳定的平衡点，而是寻找“吸引子”，“吸引子”使种群波动减弱，减少了种群绝灭的概率；第三，模型的非线性项考虑了很多真实的取食行为，例如捕食者不能同时对很多猎物维持很高的捕食率，这个假设将防止捕食者驱使某一特定的猎物种走向灭绝，这是一个增加系统稳定性的因素。McCann 等建立的这个“创新性的模型”表明，“复杂性使系统趋向稳定”，从而消除了多年来理论生态学家和经验生态学家的隔阂（Gary，1998）。Pelletier 考虑了猎物相对多度降低后捕食者将对另一些猎物加大捕食的问题，通过研究包含捕食者转移的多物种的 Lotka-Volterra 模型后，Pelletier 得出一个大的复杂的生态系统在本质上更稳定（Hall 等, 1993），这个结论和 McCann et al 的结论一致。

另一派实验结果持否定态度。如，Hairston 等（1968）所做的原生动物和细菌实验结果尽管部分地支持多样性导致稳定性假说，但他们也明确地指出，稳定性决不能仅仅根据系统中能量通路的数量去决定，多样性导致稳定性假说没有考虑各种专化的食物网，包括最高营养层有多个物种共存的情形，因此他们认为 MacArthur 的模型也许仅仅是未来更全面的群落动态模型中的一个重要组成部分。Gardner 和 Ashby（1970）提出，对于充分联结的系统，每增加一个种，不稳定的可能性将增加 2^{n-1}，当一个系统的物种数等于 10 时，如果系统内物种联结超过 13%时，系统立即从稳定变为不稳定。当然，对于一个生命系统，联结是不可能达到百分之百的，一个多物种的系统，其稳定性将取决于系统内物种间的联结作用，但联结作用对系统稳定性的影响是有限度的。May（1972）进一步强调了 Gardner 和 Ashby 的结论，并进一步论述了物种数、种间联结以及作用强度对系统由稳定状态变为不稳定状态的过程中所起的作用，此后，他把他的观点汇于 *Stability and Complexity in Model Ecosystems* 一书中（May, 1974），不仅从理论上详细地描述了在多物种模型中生态系统复杂性和稳定性之间的关系，他还将控制论中的稳定性的分析方法应用到了生命系统，为生态学研究提供了一种新的手段。May 认为，作为数学上的常识，复杂性的增加，将不可避免地削弱系统的稳定性，种群稳定性不一定与营养水平的复杂性有关。May（1974）的分隔结构及 Moore 和 Hunt（1988）的生境分室和 Korner（1993）的功能群有很大的相似之处，这些概念的引入对解释群落稳定性有很大的帮助（黄建辉和韩兴国，1995）。Moore 和 Hunt（1988）发现，群落里分别存在着时间分室和生境分室，因此，群落是高度分隔化的。也有研究证明，群落确实存在着相互耦合的亚系统，而且它们的数量会随着物种多样性的增加而增加（Root, 1973; Yodzis, 1980）。McNaughton（1978）认为群落中的物种可能按照资源关系而被分配至不同的分室里，而在这些分室里，物种间的作用强度会随着多样性的增加而降低。Yodzis（1980）还发现没有分隔的食物网随着种类多样性的增加而变得更加脆弱，这证实了生态系统的分隔理论。Hasting（1988）认为，食物网理论对弄清生态系统的稳定性问题并不是一个恰当的方法。

尽管学者们对食物网理论还有争论，但对这一问题的深入讨论还是深化了生态稳定性的研究。Pimm（1982; 1984）认为，对于一个有更多物种的群落，要使群落更加稳定，就需要：第一，物种间的联结变得更小；第二，群落内种群的弹性将变得更小；第三，当一个种物丢失以后，群落内种类成分和生物量有较大的变化；第四，一个物种丢失后的状态将保持更长时间。我们认为，讨论复杂性-稳定性问题时不要将问题割裂开来，因为食物网既包含了生态系统中所有物种和它们之间的联结作用，同时食物网的复杂性也与生态系统的物种多样性有关。

（3）冗余理论

冗余是指一种以上的物种或成分具有执行某种特定功能的能力（Odum，1983）。按照Odum 的观点，冗余能够产生稳定性，其表现为物种功能的互相替代。Walker（1992）认为，某些物种具有扩展它们工作的能力，以补偿生态系统中相邻植物种灭绝导致的功能损失。Cowling（1994）通过实验证明，从植物群落中去除某个物种，其功能可通过其它物种的增长得到补偿。这些生态学家关于冗余的概念是生物群落或生态系统水平上的，其核心内涵是群落或系统中的物种可划分为不同的功能群，那些在同一功能群的物种执行同一功能，并且同一功能群物种可以进行功能互补（Johason 等，1996）。我国学者盛承发（1990）提出了生长冗余概念，张大勇等（1995a；1995b；1999）从进化生态学角度分析了有关作物生长冗余产生的生态学机制，认为生长冗余是生物群体中个体间相互竞争选择的结果。赵发清等（1996）认为，冗余是指任意层次生命系统偏离人类获取最大利益功能定态的扩展行为，在某种程度上，这一定义揭示了冗余的本质。

冗余现象普遍存在于生物学组织的各级水平，从基因系统到生态系统都有冗余，他们维持着生命系统的结构和功能的正常进行（张荣等，2003）。与生态稳定性相关的冗余，有植物个体水平的冗余、种群水平的冗余和群落水平的冗余（党承林，1998）。个体水平上的冗余包括萌蘖冗余或茎冗余、叶片冗余、花和花粉冗余、小穗冗余和种子冗余以及地下根和根茎冗余。种群水平上的冗余包括种群遗传结构的冗余和种群密度的冗余，种群内的冗余首先表现为遗传结构的冗余，即数量冗余和质量冗余，这两种冗余在抵抗干扰上的差异相当大，一个物种的兴衰与其种群遗传结构冗余的大小有密切关系。在自然状态下，同一种群的所有个体在遗传上是异质的，而人工培育的多数作物品种在遗传上则是同质的，一般意义上，把遗传上同质成分构成的冗余称为数量冗余，如各种器官（种子除外）和无性系种群的冗余均为数量冗余；把遗传上异质成分构成的冗余称为质量冗余，如自然种群或群落的冗余以质量冗余最为普遍。群落水平上的冗余包括物种冗余、层次冗余、群落的冗余结构、组分冗余和内禀冗余。

物种冗余学说是生物多样性与生态系统功能理论探索中的一个重要学说。国外研究者侧重于群落中具相同或相似功能的物种存在功能上互相替代现象，并将功能可完全被其它物种取代的物种视为物种冗余或群落的功能冗余（Odum，1983; Walker，1992; Cowling, 1994）。这样，物种冗余就成了生物多样性与生态系统功能之间关系的重要假说之一（Naeem,

1998)。Lawton 和 Brown（1993）提出，生态系统中有许多种是相似的，如果系统中主要功能群存在，生态系统的功能与多样性无关。Walker（1992）指出，冗余概念是出于评价生物保护优先权而提出的，即保护的重点或优先权应放在对生态系统功能有独特贡献的物种，这个观点的一个推论就是冗余种的保护是不必要的，这样冗余概念就与生物多样性的保护相抵触。然而这并非 Walker 冗余概念的本意（Walker, 1995; Gitay 等, 1996; Naeem, 1998)。冗余概念被认为是理解生物多样性生态价值的一个重要概念（Lawton 和 Brown, 1993; Gitay 等, 1996)。Naeem（1998）指出，应把物种冗余看作是生态系统的一个至关重要的特征，生物多样性的衰减意味着生态系统物种冗余的丧失，物种冗余是功能群中物种的丰富度所赋予的。党承林（1998）指出，冗余是以备用方式来提高系统稳定性的。显然，生物群落的多样性对生态系统稳定性是至关重要的。因而，越来越多的学者认为，生物多样性是生态系统经历破坏性环境波动时维持系统功能的生物保险（Walker, 1995; Gitay 等, 1996; Naeem, 1998; Loreau, 2000)。这正如 Diaz and Cabido（2001）通过分析大量的研究证据后所认为的，生态系统过程依赖功能多样性远强于依赖物种多样性，这归因于下面两方面：(1）功能冗余，一个生态系统的两个或多个物种在生态系统过程中可能起到本质上相同的生态作用。例如，有一定固氮能力的豆类植物，其产生氮动态的差异较小。因而，拥有相似功能效应的物种的损失对生态系统过程应该有较小的影响。(2）功能保险，生态系统内对生态系统过程有影响的趋异进化的物种数越多，应对变化时缓冲生态系统所需要的物种数越少。由于影响各生态系统反应的物种其生态作用各有不同，所以，功能反应不同但拥有相似功能效应的物种可能会在应对外部变化时缓冲生态系统。

冗余结构理论提出后，在国际上引起了热烈的讨论。也有一些学者不支持冗余理论，如，Solbrig（1991）就对物种冗余说的正确性持怀疑态度；再如，Tilman 和 Downing（1994）认为，生物群落的多样性对稳定性是至关重要的，不支持冗余假说。当然，群落或系统水平上的功能冗余争论焦点集中于相似物种必然存在这样或那样的生态位差异，某物种在群落或生态系统中的功能是否可以完全地由与其功能相似物种取代就成了有待证明的论题（Chapin, 1997)。然而，我们认为，冗余理论对于解释稳定性问题是有意义的。正如党承林（1998）在“植物群落的冗余结构—对生态系统稳定性的一种解释”一文中指出，MacArthur 及其以后的许多学者在分析多样性与稳定性的关系时，实际上是借用冗余理论来解释的；“多样性导致稳定性”理论无法解释简单系统的稳定性，但应用冗余理论则可较好地解决这一难题；多样性导致稳定性的本质是冗余导致稳定性；在揭示植物群落的稳定性机制方面，有时冗余理论比多样性导致稳定性更深刻、更具有意义。

有关冗余理论，我们可以从如下几点来分析认识冗余与稳定性的关系：①结构复杂的植物群落主要以物种冗余和层次冗余来维持其稳定性，结构简单的植物群落则靠器官冗余和遗传结构冗余来维持其稳定性。②物种冗余可增加群落的阻抗力稳定性。在植物群落的同一层次中，物种冗余愈大，该层次的稳定性愈高。尤其是森林上层的物种冗余大小，对群落的性质和功能起着决定性的作用（党承林, 1998)。内禀冗余是指在最优利用、管理方式下，植物群落中生长的非目标物种数及其所形成的生物量（张荣和孙国钧, 2001)。内禀冗余是一种特殊的物种冗余，它的存在有助于农作生产的稳定，相反去除这种冗余，由于环境的波动而使产量失去稳定性。当然，产生物种冗余需要两个条件：首先，生物体的生存环境中可利用资源的供给是有限的，如果生态环境中各种资源是无限的，那么就不能形成冗余；其次，资源在各功能间的分配是相互排斥的，如个体的营养生长与繁殖生长之间、群体内的不同个体或种群之间存在资源分配的 trade-off 关系（张荣和杜国祯, 1998; Bazzaz 等, 2000）。③层次冗余是兼性的（既有阻抗力又有复原力），但以复原力为主。这是因为层次冗余能够保持群落光合生产的相对稳定，使得群落具有受干扰后快速恢复原貌的能力。④遗传结构冗余大的群落主要表现为阻抗力稳定性。遗传结构冗余大的物种往往生态位较宽，它们能在不良的环境中生存且由它们组成的群落能有效抵抗外界的干扰；而遗传结构冗余小的物种则生态位较窄，它们多生存于良好的环境中且由它们组成的群落易受干扰。⑤质量冗余大，阻抗力强；而构件种群或器官则以数量冗余为主，其复原力强。⑥以短寿命植物为优势的群落具有较高的复原力和较低的阻抗力，而长寿命的复杂群落由于在遭受干扰后恢复到正常状态需要较长的时间，故具有较低的复原力和较高的阻抗力。⑦个体水平冗余大，能够促进个体对环境波动的良好适应性和稳定性，消除个体水平上的冗余，会导致个体竞争能力的降低。植物的自我修复能力来自于器官冗余。

简言之，植物群落的阻抗力主要来自于物种冗余和遗传结构冗余，而其复原力则主要源于群落组成物种的器官冗余和群落的层次冗余。

（4）负反馈理论

从控制论的观点来看，任何一个具有使自身内部保持稳定的系统都具有某种反馈机制。所谓反馈就是构成系统的某一成分的输入和输出之间的关系，或者说是输出变成了决定系统未来功能的输入。反馈分为正反馈和负反馈两种情况。正反馈指输出导致输入增加，如在生物生长过程中个体越来越大，在种群持续增长过程中种群数量不断上升，都属于正反馈范围。负反馈指输出导致输入减少，如种群密度制约现象，恒温箱温度控制等，属于负反馈范畴。正反馈和负反馈对系统的未来功能作用迥然不同，正反馈能使系统状态的偏离增加，而负反馈才能使系统保持稳定。负反馈要能起到控制作用使系统稳定，系统就应具有某个特定的域值，系统就围绕这个域值进行调节。

植物群落也象有机体一样是一个具有反馈机制的且能在一定程度上保持自身稳定的系统。关于植物群落稳定性的负反馈机制争论很少，这是因为植物群落的负反馈机制本质上就是种群的环境容纳量（种群平衡密度）和群落的环境容纳量问题。所不同的是，对于植物群落，反馈的输入和输出发生在一个系统（生态系统）的两个界面（土壤界面和植物界面）。

对于种群，随时间的推移，种群个体数不断增加，当个体数达到环境容纳量（K）时，环境对种群个体数的多少产生负反馈调节，抑制幼龄个体的继续增加，使种群数量限制在环境容纳量之内。也就是说，种群尺度的正反馈和负反馈表现在同种个体数目的变化上，发生负反馈后，种群数量维持在环境容纳量附近，种群则处于相对稳定的状态。这时种群的平均个体生物量符合-3/2 自疏法则（Yoda 等, 1963）或 Kira 等 1965 年提出的产量恒定法则（Harper, 1977）。事实上，种群内的负反馈是种内竞争的结果（王刚和张大勇, 1996）。

对于群落，受干扰后，群落内物种密度和群落生物量下降。当干扰消除后，发生正反馈，群落内物种密度和群落生物量开始增加；当其超过一定域值时，发生负反馈，群落生物量维持在环境容纳量附近，群落则处于相对稳定的状态。

然而，对于演替群落而言，群落发生正反馈和负反馈则表现在同生活型不同种个体数目的变化上。譬如，李俊清等（1986；1990）发现，红松天然林内林分疏密度愈大，1～2

年生幼苗比率愈大，3 年以上的愈小，这说明刚出土幼苗不要太强光照；红松幼树的生长强烈地受其母树生物量的影响；红松林下红松幼苗年龄愈大，其数量就愈少，而阔叶林下刚好相反。因此，可以认为，红松形成多层次群落结构后，具有高的生物量积累率，同时也带来环境条件的改变，这种改变表现在数量与质量上，如林冠层优先吸收蓝、红光，透过绿光，使林下多绿光，而这种光对光合作用几乎无效，显然，上层树种以其占据的空间优势和庞大的根系，受这种影响不大，因此生物量逐渐升高，而林下幼树则达到了临界水平，在达到环境容纳量 K 之前就首先受到各种环境因子的限制而生长不良，当生物量完全达到 K 时，群落总生物量不再升高，使其限制在环境容纳量“K 值”之下，植物不能脱离它的不利环境，而只能同化于其环境；因此它只能在它的物理结构和化学组成上来竞争和适应它的环境（王业遽，1984）。红松亦如此，当积累的生物量过多时，则通过改变树种的成分来增加阔叶树的比重；以恢复环境质量，故利于种群继续增加。在很多成熟的红松林内，经过若干午的幼树更新，增长逐渐趋于停止，原来上层红松优势种也进入了自然衰退时期。同时阔叶树迅速侵入，生物量积累速率下降，林内光照和其他条件有利于幼树的增加，因此，有较多阔叶树生长的林下，幼松迅速生长。

负反馈调节对于生态系统的稳定性有至关重要的意义。

2.3 生态耗水量与水分平衡

2.3.1 生态耗水量

生态耗水包括生态需水、生态用水和生态耗水这三个概念。生态需水是指达到某种生态水平或维持某种生态系统平衡所需要的水量或发挥期望的生态功能所需要的水量。若以植被生态体系为对象可将生态需水量划分为临界生态需水量、最适生态需水量和饱和生态需水量。临界生态需水量是指维持植物生存的最小耗水量，一旦生态与环境用水量低于临界生态需水量，将导致该生态系统破坏甚至崩溃；最适生态需水量指植物具有正常的功能特别是防护功能的耗水量，它是介于需水量的最低临界值和最大值之间的水量供给；饱和生态需水量指光合生产潜力得以最大发挥时的植物耗水量，如果供水量超过该水量，在失衡的水热条件下生态系统将发生演替。植被生态需水可理解为在一定环境条件下，维持植被健康生长和生态功能发挥所必须消耗和蓄存的水资源量，那么林地生态需水量就是指林地生态系统为维护自身生长、发挥生态功能所需要消耗和占用的水资源量，包括林地蒸散量和土壤含水量两种形式。生态用水是指某种生态水平下和某种生态系统平衡下所使用的水量，未必是合理和可持续的水量，主要体现在现状环境条件下生态系统被动接受的水量。生态耗水是指生态系统特别是生物（植物、动物、微生物）生存消耗掉的水量，需要通过水循环或迳流等途径及时补给，体现了周期性和重复补给的特点。这三个概念之间的关系为：生态需水>生态用水>生态耗水。

可见，植被生态耗水量就是指植被生存消耗掉的水量，一般指植冠雨水截留量和蒸散量，而蒸散量又包括植被蒸腾和植被地蒸发。蒸散在水分循环中占有极为重要的地位，它既是热量平衡和水量平衡中的一项重要分量，又是水量平衡和热量平衡的关联要素，也是植被水分状况的重要指标，与植物的生理活动以及生物产量的形成有着密切的关系。影响蒸散的因子很多，主要受气候条件、植物本身生理生态学特性和生长状况以及土壤供水条件的影响。由此引申出蒸散量的三个层次，即潜在蒸散量、最大蒸散量和实际蒸散量。潜在蒸散量又被称为参考植物蒸散量，是大气蒸散能力的量度，其值与植物本身和供水条件无关，只与气象条件有关，又被称为气候蒸散力，表明了一定气候条件下的可能蒸散能力。最大蒸散量通常被称为需水量，是植物在适宜的供水条件和肥力水平下，经过正常发育，充分发挥出生产潜力时的蒸散量，其值与大气环境和植物生态特性、生长状况都有关。实际蒸散量是指植物在田间实际水分条件下的蒸散量，其值同时受大气环境条件、植物生态特性和生长状况以及田间土壤水分的影响，而且在一定气候条件和生长状况下，某种植物群落系统的蒸散量主要取决于供水条件。

由于植冠截留的水分较少，可以忽略，因此，植被生态耗水指的就是植被的蒸散量，包括植被蒸腾和土壤蒸发。所以，需要首先分别求出生长季各月各植被型的蒸腾耗水量和植被地土壤蒸发量，进而求算蒸散，即生态耗水量。

目前用于计算植被蒸腾的方法多用 Penman-Monteith 公式，其可用于缺水条件下植物蒸腾的计算。该方法将通量方程和能量方程结合起来，既包含了净辐射和饱和差，又包含了气孔阻力和空气动力学阻力，借助于先进的稳态气孔计实测的气孔阻力参数和常规气象资料，计算结果相当稳定。

Penman-Monteith 方程的基本公式为：

$$LE=\frac{\Delta R_n+\rho C_p(e_t-e_a)/r_a}{\Delta+\gamma(1+r_a/r_c)}$$

式中，L—汽化潜热，在气温为 t 时，L=2498.9−2.33t（J/g）；E—蒸散的水汽通量（$kg/m^2 \cdot h$）；R_n—林冠接收的净辐射（W/m^2）；ρ—空气密度，ρ=1.2837-0.0039t（kg/m^3）；C_p—定压比热（1012J/kg·K）；Δ—饱和水汽压—温度曲线的斜率，$\Delta=5966.89\times10^{2.63/241.9+t}/(241.9+t)^2$；$\gamma$—干湿表常数，$\gamma$=0.6455+0.00064$t$；$r_a$—空气动力学阻力（s/cm）；$r_c$—冠层阻力（s/cm）；$e_a$—实际空气水汽压（hPa），$e_a=e_t\times(RH/100)$；$e_t$—气温 t 时的饱和水汽压（hPa），$e_t=6.11\times10^{7.63t/(241.9+t)}$；$t$—气温（℃）；$RH$—空气相对湿度（%）。

在假定动量、热量和水汽输送的边界层阻力相差较小（不考虑温度层结问题），即令 $r_{ah}\approx r_{av}\approx r_a$，并考虑气压订正后，用冠层整体气孔阻力 r_{st} 代换冠层阻力 r_c，得：

$$LT=\frac{\frac{P_0}{P}\frac{\Delta}{\gamma}(1-e^{-kLAI})R_n+\frac{\rho C_P}{\gamma}\frac{(e_t-e_a)}{r_a}}{\frac{P_0}{P}\frac{\Delta}{\gamma}+(1+\frac{r_{st}}{r_a})}$$

式中，LT—冠层的蒸腾量；LAI—冠层叶面积指数；k—消光系数；P_0/P—气压订正，P_0/P＝10LH/18400(1+t/273)；LH—海拔高度。

另一方面，植被地土壤蒸发可采用下面的公式计算：

$$Q_a=\frac{R_0\tau}{\pi\rho_{日地}^{\ 2}}(\omega_0\sin\phi\sin\delta+\cos\phi\cos\delta\sin\omega_0)$$

式中，R_0—太阳常数（1353.73 W/m^2）；τ—昼夜的时间；$\rho_{日地}$—以天文单位表示的日地平均距离（1.496×10^8 km）；π—圆周率；ω_0—日出时角；φ—地理纬度；δ—赤纬。

由于用上述公式计算蒸腾量和蒸发量时，需要大量的观测数据和气象数据，计算起来比较繁琐，因此我们选取一种比较接近实际情况的估算法，即首先用气象因素计算各阶段参考植被蒸散量（最大可能蒸散量或潜在蒸散量），然后乘以植被的植物系数求算各阶段的植被耗水量，将各阶段植被耗水量求和即得植被的年耗水量。

植被潜在蒸发蒸腾量反映了大气蒸发能力，其实质是气象因素对植物需水量的影响，是植物需水量计算的一个重要参数，同时也是植物耗水量研究的重要组成部分。潜在蒸发量必须具备 2 个条件：一是土壤水分能充分供给，使蒸发蒸腾不因水分减少而减少；二是有较大范围的同类植物覆盖。通常，人们将充分供水、生长着植被条件下测量的蒸发蒸腾量，称为潜在蒸发量，记为 ET_0。计算潜在蒸散量的方法主要有：经验公式法、水汽扩散法、能量平衡法和综合法等几类，常用的有桑斯维特法（Thornthwait）和彭曼法（Penman）。

在这里，潜在蒸散的计算采用桑斯维特（Thornthwait）公式（主要适用于干旱和半干旱区）：

$$ET_{oi}=1.6K_d(\frac{10T_i}{I})^a, \quad I=\sum_{i=1}^{12}(\frac{T_i}{5})^{1.514}$$

$$a=6.75\times10^{-7}I^3-7.71\times10^{-5}I^2+1.792\times10^{-2}I+0.49239$$

式中，ET_{oi}—某月的潜在蒸散量；T_i—该月平均气温；K_d—平均昼长改正系数，即以每月 30 天、每天 12 小时作标准，各地各月的时间改正值，详查平均昼长改正系数表；I—热效应指标，等于 12 个月的总和；a—经验指数。

由于月平均温度低于 0℃的月份潜在蒸散量为零，去除温度低于 0℃的月份，其他月份的温度对应的潜在蒸散量用桑斯维特公式计算，最后将各月份的潜在蒸散量加和即得该地区年潜在蒸散量。由于项目区各地区间月平均温度存在差异，故潜在蒸散量也各不相同，温度低的地区反而潜在蒸散量大，也就是说温度较低，植物蒸腾和土壤蒸发量相对较大，植被和草地的生态耗水也较大。

计算植被耗水量的另外一个重要参数是植物系数，它反映植被本身的生物学特性、产量水平、土壤条件对植被需水量的影响，其计算公式表示为植被生态耗水量(ET_c)与同一时期的参照植被蒸散量（ET_0）的比率。即：

$$K_c=ET_c / ET_0$$

式中，K_c—植物系数；ET_c—植被生态耗水量；ET_0—参照作物蒸散量。

植物系数 K_c 是通过至少 3 年以上的实测数据得到，宁夏盐池乔木、灌木和草本的植物系数如表 2-2，乔木的植物系数>灌木的植物系数>草本的植物系数。

根据宁夏盐池各月的平均温度与以上公式计算，得到盐池县的年潜在蒸散量为 762.2 mm（表 2-3）。不同植被型生态耗水量如表 2-4，呈现为乔木林>灌木林>草地。表 2-3 的计算结果比较中肯地反映了为什么宁夏盐池县的地带性植被类型是草原和荒漠化草原的原因。

表 2-2 宁夏盐池草本和不同类型植被的植物系数 K_c

植被类型	乔木	灌木	草本
植物系数 K_c	0.81	0.41	0.28

表 2-3 宁夏盐池各月潜在蒸散量及年蒸散量（mm）

地区	3 月	4 月	5 月	6 月	7 月	8 月	9 月	10 月	11 月	总和
盐池县	19.4	52.8	106.0	145.0	171.2	138.9	88.2	39.8	1.0	762.2

表 2-4 宁夏盐池项目区各县（市、区）各植被型的生态耗水量（mm）

项目区	乔木林	灌木林	草地
盐池县	617.37	312.50	213.41

2.3.2 乔木、灌木、草地水分平衡

水分平衡是生态系统最重要的功能和特征之一。广义的水分平衡研究包括土壤—植物—大气连续统水分平衡（SPAC），是从植物个体角度研究水分关系的，其主要内容是：水分经由土壤到达植物根系，进入根系，通过细胞传输，进入植物茎，由植物木质部到达叶片，再由叶片气孔扩散到空气层，最后参与大气的湍流交换，形成一个统一、动态的互反馈连续系统，即土壤—植物—大气连续体（SPAC）系统。狭义的水分平衡是研究一定时间内特定空间的水分供给和消耗特征及其供给与消耗及其贮存间的相互关系。在这里，所讨论的乔木林地、灌木林地和草地的水分平衡指的是狭义的水分平衡，主要包括降水、林冠截留、土壤水分运动、地表迳流和蒸散等过程。通过对这些过程参数的确定可以建立水分平衡方程式，用水分输入与输出量之差来反映生态系统内贮藏水量的变化。

在水分平衡方程式中，大气降水是水量平衡中主要的输入项。大气降水降落到植被上部，由于树枝和树叶对降水的截留作用，降水到达地面的数量、速率、时间都发生了变化，其特征包括降水量、降水强度、降水分布等。植冠截留是由植冠的枝、叶、干等表面张力和水分重力的均衡作用吸附降水，或将降水积蓄于枝、叶的分叉处保留下来。植冠截留的水分只是暂时停滞在植冠层，其大部分通过蒸发，最后又返回到大气中。因此植冠截留实质上是植被耗水的一种方式。

土壤水分受降雨特征、土壤质地和土壤表面特征、地形地貌和植被特征等多种因素的影响，其中一部分形成地表迳流而流失，一部分渗入土体形成土壤水。在一些地区，降水中还有一部分以一维入渗运动方式补给地下水。土壤水分在水分循环过程中具有十分重要的作用，其状况是植被蒸腾耗水的直接来源。

地表迳流是沿地表流出的部分，是造成水土流失、土壤侵蚀的一个重要因素。影响迳流的因子很多，如降水量、降水强度、降水时空分布、土壤初始含水量、地形、土壤类型、植被类型和植物湿润程度等，迳流量大小及其特点是水文效应的综合体现。影响地表迳流水流速的原因是多方面的，主要有：一是坡度的大小，通常坡度越大地表迳流水的流速越快；二是地表土壤的粗糙度，它受土壤结构状况和地表枯枝落叶分解程度的影响；三是地表植物茎干和枯枝落叶物的数量，它们直接阻碍地表迳流水的流速；四是迳流坡长，即在山坡连续的情况下，通常在山坡的下部，即迳流坡长越短，地表积水量越大，地表迳流水的流速越快。

承上所述，蒸散包括蒸发和蒸腾两个过程，蒸发是指林地土壤水分的直接蒸发，包括冠层截持降水的、枯落物吸持水的蒸发和地表积水等自由水面的蒸发，这是一个物理过程，影响土壤水分蒸发的主要因素有植被盖度、天气条件、土壤质地条件等；蒸腾是指森林中所有植物通过叶片气孔和皮孔散发出水分的过程，这既是一个物理过程，也是一个生物过程，它受植物生理活动的调节。蒸散是生态系统水分循环中最主要的输出项，蒸散过程通常受能量供给条件、水汽输送条件和蒸发介质的供水能力等三方面物理因素的影响，其能量供给条件主要源于太阳辐射，水汽输送条件取决于饱和差及风速的大小，而蒸发介质的供水能力则由降水、下垫面性质及植被状况决定。干旱半干旱地区植被的蒸散量不仅受气象因素控制，而且主要由植被根际可利用水分的多寡制约。

综合上述分析，植被地土壤水分收支平衡方程式为：

$$\Delta W = P + C - I - A - B - E_t - F$$

式中，ΔW 为观测期间土层中贮水量的变化；C 为观测期间内的汽态凝结水总量；P 为降水量；I 为林冠截留降水量；A 为地表迳流量；B 为上层土壤内迳流量；E_t 为蒸散量；F 为深层渗漏量。

由于宁夏盐池县属于半干旱区，基本上不存在深层渗漏，气态水凝结核和上层土壤内迳流，植冠截留降水量其量甚微，而且项目区主要是沙地，其储水能力弱、渗漏快，所以一般不产生地表迳流。故 F、C、B、I、A 可忽略不计，因而上式可简化为：

$$\Delta W = P - E_t$$

由此可以看出，在盐池植物群落水分平衡中，降水与蒸散是其中重要的组成部分。干旱区和半干旱区，正是用蒸散量与降水量的差来表示林地土壤水分的亏缺量，用来反映植被需水量和土壤水分供给之间的平衡关系。也就是说土壤水分亏缺量是当地水分平衡的另外一种表示度量，可以用此指标来衡量当地乔木林地、灌木林地和草地的水分平衡。

在缺少实测资料，尤其是缺少树种植物系数 K_c 值的条件下，林地土壤水分的亏缺量可以用潜在蒸散量与降水量的差值表示，即在一个时段内实际蒸散量因受降水的制约而可能小于潜在蒸散量，从植物的需水来说则是短缺的，可表示为：

$$DEP = PE - P$$

式中，DEP 为计算时段土壤水分亏缺量（mm）；PE 为计算时段内林地的潜在蒸散量（mm）；P 为计算时段内的降雨量（mm）。

计算结果表明，宁夏盐池各月普遍存在生长季土壤水分亏缺现象（表 2-5），生长季亏缺 495.6 mm，月均亏缺 70.8 mm。由土壤水分亏缺的定义可知，影响土壤水分亏缺的因素是潜在蒸散量和降水量，当某地区的潜在蒸散量大，而降水量小时，土壤水分亏缺就大；当某地区的潜在蒸散量小，而降水量大时，土壤水分亏缺相对就小。从计算结果看，降水在 8、9 月份比较集中，造成的土壤水分亏缺相对较小。

表 2–5 宁夏盐池各月土壤水分亏缺量 (mm)

指标	4 月	5 月	6 月	7 月	8 月	9 月	10 月	合计	平均
PE	52.8	106.0	145.0	171.2	138.9	88.2	39.8	741.8	106.0
P	10.1	1.5	0.4	27.4	107.8	93.0	6.0	246.2	35.2
DEP	42.7	104.5	144.6	143.8	31.1	-4.8	33.8	495.6	70.8

对某一时段而言，判断是否会发生土壤水分亏缺，主要指标是该时段内实际降水量能否满足蒸散需求。而潜在蒸散表示一个地区大范围的水分蒸散能力，是本地区气候多因素综合体现的结果。根据潜在蒸发的定义可以得出，在本项目区，植被的实际耗水不可能达到潜在蒸发的高度，因此上述定义下计算的各项目区的各月份的水分亏缺量相对较大。为了使所计算的水分亏缺量更接近实际，在此，计算林分实际蒸散量相对于植被需水量的亏缺程度，公式为：

$$DEP = ET_C - ET_0$$

式中，*DEP* 为计算时段土壤水分亏缺量（mm）；ET_C 为计算时段植被实际蒸散需水量（mm）；ET_0 为计算时段实际蒸散量（mm）。

据此公式，对宁夏盐池乔木、灌木和草本的土壤水分亏缺量进行了计算（表 2-6），可以看出，乔木的需水量>灌木的需水量>草本的需水量，而乔木的实际蒸散量又比灌木和草本的大很多，从而导致乔木的土壤水分亏缺量比灌木和草本的都大。乔木、灌木和草本各自在其生长季 6、7 月份的需水量、实际蒸散量及缺水量都比其他月份的大，由于 6、7 月份大气干燥，降水量少，土壤含水量很难满足植被正常生长的土壤水分条件，造成植被的实际蒸散量与植被需水量相差比较大，从而形成了土壤水分亏缺最为严重的月份。与潜在蒸散量计算的土壤水分亏缺相比，水分亏缺最严重的月份都出现在 6 月份，不同的是用植被需水量与实际蒸散量计算的土壤水分亏缺值较小。前者是建立在有充足水分供应并排除其他不利因素情况下植被地最大生产力基础上的，而后者是建立在水分供应不足有效提高水分利用效率基础上的。二者在不同方面反映了土壤水分和植被需水之间的供求关系。

表 2–6 宁夏盐池县不同植被类型的的土壤水分亏缺量 (mm)

树种	指标	5 月	6 月	7 月	8 月	9 月	10 月	合计
乔木	需水量	92.43	156.43	124.14	67.56	48.68	41.89	531.12
	实际蒸散量	64.25	100.47	99.54	65.96	27.20	22.94	380.35
	缺水量	28.18	55.96	24.60	1.60	21.48	18.96	150.77
灌木	需水量	54.77	103.21	116.81	65.25	41.41	30.41	411.85
	实际蒸散量	35.75	76.34	77.97	45.14	34.04	25.70	294.94
	缺水量	19.02	26.87	38.85	20.11	7.37	4.71	116.92
草本	需水量	36.22	48.31	56.46	47.67	30.50	15.85	235.00
	实际蒸散量	24.78	33.05	38.63	32.62	20.87	10.85	160.79
	缺水量	11.44	15.25	17.83	15.05	9.63	5.01	74.21

水量平衡是水循环的数量表示，指任意选择的区域，在任意给定的时空范围内，其收入的水量与支出的水量之间差额必等于该时段区域内蓄水的变化量，即水在循环过程中，总体上收支平衡。水量平衡是质量守恒原理在水循环过程中的具体表现，也是地球上水循环能够持续的基本前提。一旦水量平衡失控，水循环中某一环节就要发生断裂，整个水循环亦将不复存在。

虽然不同尺度、不同生态系统生态需水量的计算项目有所差别，但基本上是以水分的收支平衡为基础。对森林、草原、农田等生态系统，其生态需水量等于生态系统的实际蒸散量，即土壤蒸发和植物蒸腾之和。对于这些生态系统生态需水量的确定，除利用微气象或蒸渗仪的方法进行直接观测外，也常用水分平衡的方法进行推算，但理论计算与现实实际总是有一定差异的，准确计算生态耗水量和水分平衡对研究生态系统水循环、评价生态系统功能有重要意义。

3 生态化学计量特征与植被恢复

化学计量特征就是化学中的化学计量数，是指配平化学方程式中的理论系数。化学中的化学计量数的概念包括其内涵与外延，即化学计量数之比与粒子数之比、物质的量之比、气体体积比、反应速率之比等的关系。关于化学方程式中各物质化学式前面的化学计量数，不宜简单看作是原子或分子的个数，事实上我们能够观察到的反应现象，决不是几个原子和分子间反应的结果，而是大量质点聚集所显示的宏观现象，譬如，它联系的是化学方程式中的几个分子及作用结果。

化学计量特征这一概念用在生物学中首先称为生物化学计量特征，生物化学计量特征（生物化学计量学）是研究能量和生物体多元素平衡的科学（Reiners, 1986; Sterner, 1995; Elser 等, 1996）。说直白一点，生物化学计量特征就是指生物体内的 C:N:P。此后，Sterner 和 Elser（2002）在普林斯顿大学出版社出版的《生态化学计量特征：从分子到生物圈的元素生物学》一书中，改称为生态化学计量特征，次年，Harris（2003）还专门发文章就该书核心理念进行介绍。这时，生态化学计量特征还是指生物体内的 C:N:P。后来，在我们的研究中，生态化学计量特征不但指生物体内的 C:N:P，也指土壤中的 C:N:P 以及土壤中的氮磷比、硝态氮:铵态氮比和碳酸钙:有效磷比（郇畏等, 2009; 2010; Li 等, 2010; 赵雪莱等, 2012）。

3.1 生态系统氮磷比生态化学计量特征概述

3.1.1 陆地生态系统氮磷比化学计量特征

（1）土壤氮磷比化学计量特征对生物固氮量的影响

生物固氮是生态系统中主要的氮源。在陆地生态系统中，影响豆科植物—根瘤菌共生体的因素有很多，如光照、土壤水分和养分、耕作类型和强度等（Vitousek 和 Howarth, 1991），但土壤氮和磷含量的影响最重要，由于高无机氮浓度对固氮酶活性的抑制作用，豆科植物的固氮率受土壤氮含量调控（Butler 和 Ladd, 1985; Mallarino 和 Wedin, 1990），因此，陆地生态系统中氮与磷的供应改变了豆科植物的优势条件，影响了固氮酶的活性，进而调节固氮率（Smith, 1992）。

Tilman（1982）指出，当豆科植物与禾草共生时，如果单独施磷肥，土壤中氮磷比下降，氮素则成为限制性养分，此时豆科植物成为竞争氮的优势种；如果单独施氮肥，土壤中氮磷比上升，磷素成为限制性养分，此时豆科植物将被竞争磷的优势种禾草竞争排除，因此，可以说当土壤中氮磷比下降时，豆科植物的年固氮量上升，由豆科植物固定的氮量在系统中所占的比例也增大。Tilman 总结 Rothamsted Park 草类调查结果，发现豆科植物的最大相对生物量出现在施磷、钾和镁肥的样地中，在未施肥的对照样地中，豆科植物生物量较少；而在施氮肥的样地中，豆科植物生物量最少（<0.3%）。Lambert 等（1982）在一系列初始土壤氮含量相似的样地中施不同水平的磷肥，观察豆科植物的生产力状况，Smith（1992）整理了这些数据，发现豆科植物的年固氮量和年固氮比率（即每年豆科植物固定的氮量占生态系统全部氮量中的比值）与施磷肥量成显著负相关。

土壤中氮磷比化学计量特征的变化不仅影响菌根共生体的固氮量，也影响非菌根共生体。Jensen（1965）指出，非共生土壤微生物如固氮细菌的丰富度与土壤磷活性成正相关，即土壤磷活性高，氮磷比低，固氮细菌的数量越高，则固氮量越高。Eisele 等（1989）在美国东堪萨斯州高草草原的研究中指出，随着土壤中氮磷比的增大，蓝细菌的固氮量降低。由此可见，在陆地生态系统中，生物固氮量随着土壤中氮磷比增大而减少，随土壤中氮磷比减少而增大。

（2）土壤氮磷比化学计量特征对植被动态的影响

土壤养分是植物赖以生存的物质基础，是植物生存的重要环境条件之一。土壤养分含量的多少，不仅影响植物个体的生长状况，而且影响植物群落的组成和生产力的高低。Liebig（1840）的最小因子定律表明，植物的生长取决于处在最小量状况养分的量；而 Shelford（1913）的耐性定律表明，因某项因子不足或过量超过了该物种的耐性限度，则该物种不能生存甚至灭绝。显然，这两个定律揭示了土壤养分与植被之间的一般关系。植被氮磷比指标的理论基础来源于 Liebig 的最小因子定律，由于在自然陆地生态系统中，氮和磷是限制植物生长的主要养分元素，因此，氮磷比化学计量特征可以用来判断植物个体、群落和生态系统中氮磷养分的限制格局（Koerselman W, Meuleman, 1996; Güsewell 等, 2003;2005）。

土壤养分限制和植物群落演替的关系非常密切。由于土壤养分在空间分布上存在差异性，会产生异质的土壤环境，异质的土壤环境又影响植被群落的结构组成和功能以及物种竞争和植被动态（何兴东等, 2004）。Daufresne 和 Hedin（2005）研究也表明在土壤养分梯度上任何一点的养分限制大小，不仅依赖于植物本身的生物学特征，还依赖于满足植物最大的潜在生长率所需要养分的丰富程度，起限制性作用的养分不同，不但影响地上植被自身的生态学特征，也对植被群落的组成具有极强的选择作用（Elser 等, 2000; Andersen 等, 2004）。

土壤中的氮和磷是限制植被生长的重要养分（Tanner 等, 1998; Vitousek, 1999），可能会影响植物群落演替动态（Olson, 1958; Rice 等, 1960; Walker 等, 1981），并且越来越多的实验结果证实了土壤氮和磷相对有效性的改变（Stock 等, 1990）在陆地生态系统中的重要作用，包括在新西兰人类影响较大的牧场、英国苜蓿和黑麦草生长的野外生境、美国堪萨斯州湿草草原等。Olson（1958）研究表明，在植物群落演替开始时，氮的积累速度较快，后来逐渐减慢。张庆费等（1999）对浙江天童植物群落演替研究结果表明，随着进展演替，土壤铵态氮和硝态氮浓度呈增大趋势，土壤有效磷也呈增大趋势。Tilman（1986）研究结果表明，在低氮水平下，演替早期的物种生长较快；而在高氮水平下，演替后期的物种与早期的物种相比生长速度并不快。这些结果说明在群落动态过程中，不同时期植物对土壤氮和磷的积累的影响程度和利用能力不同。就土壤氮和磷对植物的作用而言，直接影响的是产量或生产力，但最终会影响植物密度和种间竞争格局（Taylor 等, 1990）。

邬畏等（2008）对油蒿群落植物密度和土壤氮磷比之间关系的研究表明，前期植物油蒿密度随土壤中氮磷比的增大而减小，后期植物冷蒿密度随土壤中氮磷比的增大而增大，这说明随着土壤中氮磷比的增大，油蒿逐渐被冷蒿取代，这也是油蒿群落演替的原因之一。阎恩荣等（2008）对天童常绿阔叶林演替系列植物群落氮磷比化学计量特征的研究表明，物种水平的氮磷比大小不一，但演替系列总体的变化特征表现出了较高的一致性，根据氮磷比的临界值，及实验中得到的植物群落氮磷比分布特征，认为次生演替初期的灌草丛氮磷比为 7.38，植物群落生产力主要受到土壤中氮素限制作用；演替中期的针叶林和针阔混交林氮磷比为 14.21，植物群落生产力主要受到土壤中氮和磷限制共同作用，但以土壤氮素限制作用更强烈；演替后期的木荷群落及栲树群落氮磷比为 20.13，植物群落生产力主要受土壤磷素的限制作用。

（3）土壤氮磷比化学计量特征对生物多样性及生产力的影响

影响物种丰富度的重要因素就是它与生产力的关系（Grace, 1999）。Grime（1979）将物种丰富度与生产力的关系描述为一条峰形曲线，即在过高和过低的生产力下，物种丰富度均低，出现这种情况的原因在于有很少的物种适应极度营养匮乏的生境，还有很少的优势种在高资源水平下将其它物种竞争排除。正如 Tilman（1982）的“资源比率假说”指出的物种共生时，增加某种限制性营养元素使一个物种成为优势种，另外的物种就有可能被竞争排除。Venterink 等（2001; 2003）指出限制性营养元素类型不同会通过影响生产力进而对物种组成和物种丰富度产生影响，尤其是在氮、磷、钾限制性程度不同的位点中，能够达到的最大生产力水平不同。

当对自然生长或半自然生长的草本植被施加肥料时，不同的处理会导致作物生产力或物种组成不同（Shaver 和 Chapin, 1995; Lammerts 等, 1999; van Duren 和 Pegtel, 2000）。显而易见，生物生产力受某种营养元素限制时，增加这种养分，生物生产力增加，而增加其它非限制性养分，生物生产力不增加或增加不明显（Vitousek 和 Howarth, 1991; Verhoeven 等, 1996）。因此，为了实现提高物种丰富度、增加稀有物种、排除外来种或者保存特有种等目的，而增加或减少某一营养元素时，都会对主要的营养元素氮、磷、钾造成不同影响，也会带来一些希望和不希望发生的负效应（Marrs, 1993; van der Woude 等, 1994）。

Wassen 等（2005）指出，在温带陆地生态系统中，濒危物种在磷素为限制性营养元素的生境中内更适宜生存，如果提高磷素水平，使土壤中氮磷比降低，濒危物种更容易灭绝。Gordon 等（2001）研究了氮和磷对高寒石楠属植被尤其是苔藓类植被的影响，发现在氮的临界负荷值较低的样地中，磷的利用率较高，植被对土壤变暖造成的净矿化物的增加的响应依赖于氮和磷利用率的增加。

（4）植物/植被氮磷比化学计量特征

植物氮磷比化学计量特征可以作为养分供应状况的指示剂。植物与其所生存的环境是一个整体，因此植物组织中的氮磷比化学计量特征可以预测氮和磷等养分供应的状况（Fourqurean 等, 1992; Koerselman W, Meuleman, 1996）。如已有研究表明，叶片中养分含量状况能够较好地反映土壤养分供给的能力（Adams 等, 1987），植物叶片的氮磷比化学计量特征可以作为判断环境对植物生长的养分供应状况的指标(Aerts 和 Chapin , 2000; Güsewell, 2004)。Shaver 和 Chapin（1995）以及 Bedford 等（1999）指出，植物氮磷比化学计量特征是确定植被受氮素还是受磷素限制的指示剂（氮钾比和钾磷比的使用频率不如氮磷比高），确定植物生长受氮素还是磷素限制，配以合理的措施，对于维持生态系统中物种丰富度、保持高的生物多样性，具有重要意义；Güsewell 等（2003）指出，通过植物氮磷比化学计量特征可以反应氮和磷对植物群落的相对利用率进而预测氮和磷的缺乏状况，还可以研究氮与磷的相对有效性如何影响不同的生态学过程及人类如何影响氮和磷的相对有效性。Koerselam 和 Meuleman（1996）研究结果指出，当氮磷比小于 14 时，群落水平上的植物生长主要受氮限制；而氮磷比大于 16 时，植物生长主要受磷限制。因此，植被氮磷比化学计量特征可以指导人类进行农业生产与生态系统的管理。Braakhekke 和 Hooftman（1999）提出了资源平衡假说：潜在受限养分的平衡供给促进了物种丰富度，当植物氮磷比为 10～15 时，草地植被有最高的丰富度。

另一方面，植物氮磷比化学计量特征与物种濒危程度有关。Venterink 等（2003）测量了位于波兰、比利时和荷兰的 150 个湿地位点维管植物植物组织中的氮磷比，确定各个位点受氮素限制还是受磷素限制：氮磷比小于 14.5 时是氮素受限位点；氮磷比大于 14.5 时是磷素受限位点，结合各个位点植物群落生长状况和当地濒危物种名单，发现濒危物种多生长在磷素受限的湿地位点中，增加磷素会降低濒危物种的丰富度和生产力。因此，可以用植物群落的氮磷比化学计量特征作为诊断指标，采取合理的管理策略，保护濒危物种的多样性及生产力，维持生态系统的平衡。

3.1.2 水域生态系统氮磷比化学计量特征

（1）水体中氮磷比化学计量特征对水生生物固氮量的影响

氮磷比化学计量特征在水生生态系统中的应用较陆地生态系统更加广泛。在陆地生态系统中，生物固氮量随着土壤中氮磷比增大而减少，随土壤中氮磷比减少而增大，此现象也出现在水生生态系统中。Vanderhoef 等（1974）在威斯康星州的格林湾进行的实验中发现，浮游植物的固氮量随着与湖表层无机氮磷比增大而减少。Sah 等（1989）在红萍/蓝藻共生体中施加三个不同水平的氮，发现在未施加氮时，红萍/蓝藻共生体固氮量最大，在施加氮量最高时，红萍/蓝藻共生体固氮量最小。Fairchil 等（1985）在密歇根州道格拉斯湖的研究表明在单独施加磷肥时，藻青菌氮固定生物量增加。Lundgren（1978）在瑞典施加了磷肥的湖泊中进行的研究表明水生附着生物固氮量与生境中氮磷比成反比例关系。因此，随着生境中氮磷比的增大，水生生物固氮量减少；随着生境中氮磷比的减少，水生生物固氮量增大。

（2）水体中氮磷比化学计量特征对水生植物生长的影响

通常情况下，限制浮游植物生长的主要营养元素为氮和磷（2000），不同的浮游植物适合自身生长的最适氮磷比不同（Rhee , 1978; Hecky R E, Kilham, 1988）。Redfield（1958）提出海水中平均氮磷比是 15:1，此比例最适合浮游植物生长。但因实验室分析结果认为浮游植物的组成氮磷比是 16:1，故后来的学者多以此值作为浮游植物生长的最适氮磷比（2002）。但由于不同浮游植物细胞的组成（Ho 等, 2003）和其生存的环境状况存在差异，各个物种最适 Redfield 比值也是不同的。

孙军等（2004）研究表明不同氮磷比例对藻类的生长有明显不同的作用，如在氮磷比为 160:1 时新月柱鞘藻生长速度最快，而青岛大扁藻和米氏凯伦藻分别在 4:1 和 80:1 的条件下生长速度最快。徐永健等（2006）研究表明生境中不同的氮磷比对龙须菜的生长及琼胶含量都有显著影响，龙须菜在氮磷比为 10:1 的情况下生长良好，在氮磷比为 1:1 时能促进龙须菜琼胶的积累。刘东艳等（2002）研究表明，当营养盐总水平足以满足浮游植物生长时，球等鞭金藻生长所需的理想氮磷比为 16:1。宋星宇等（2004）在对位于大亚湾西南部的大棚澳浮游植物的研究表明研究位点的浮游植物在氮磷比为 30:1 时生物量最高，其次是 16:1 和 8:1，并且在 30:1 时浮游植物优势种的时间变化最稳定。由此可见，我们可以通过改变生境中氮磷比影响藻类的生长，改善受到人类活动影响的水生生态系统。

（3）水体中氮磷比化学计量特征对水生植物群落的影响

Smith（1982）指出，浮游植物的丰富度随着生境中氮磷比化学计量特征的改变而发生变化。Arbuckle 和 Downing（Arbuckle 和 Downing, 2001）指出水域生态系统生境中的氮磷比化学计量特征会影响水生植物初级生产力和群落组成。

Stockner 和 Shortreed（1988）研究表明，氮磷比从 15:1 提高到 25:1 时，鱼腥藻逐渐向聚球藻演化。Zohary（1996）研究表明氮磷比增大后，铜绿微囊藻数量减少。Pick（1989）报道，氮磷比从 10:1 降低到 5:1，藻类总生物量随之减少。宋星宇等[78]研究表明氮磷比化学计量特征对较长时间尺度（半个月以上）浮游植物的种群演替可能存在潜在的调控作用，在氮磷比与最适氮磷比值有较大差距时，浮游植物的种群多样性降低，而在最适比值时，浮游植物的种群可能较为稳定。Teubner 等（1997）研究表明，只有当湖水中的氮磷比小于 16 时，固氮水华束丝藻才形成水华，否则阿氏颤藻占优势。Cuvin-Aralar 等（2004）在研究菲律宾浅水湖水样不同氮磷比条件下藻类种群变化时发现，在最低氮磷比的水样中硅藻成为优势种，而在最高氮磷比的水样中绿藻成为优势种，且在此条件下其生物多样性也较低。孙凌等（2006）在在不同氮磷比条件下浮游藻类群落变化的研究中发现，在氮磷比低的对照箱和高磷箱内绿藻门成为优势藻门，而在氮磷比高的中、高氮箱内蓝藻门成为优势藻门。

总之，随着科学发展、社会进步，人类活动强烈地影响了生态系统中氮和磷元素循环的速度和规模，氮磷比化学计量特征在生态系统中的意义也逐渐凸显。氮磷比化学计量特征的改变会影响陆地和水域生态系统的组分、投入和产出以及植物的生长和物种的濒危状况。在陆地生态系统中，土壤中的氮磷比与固氮共生体及非共生体的生物固氮量成反比例关系；土壤中的氮磷比化学计量特征发生变化会影响植被动态；土壤中氮磷比化学计量特征的变化对物种多样性及生产力产生影响，尤其是磷限制濒危物种的生产力及丰富度；植物体中的氮磷比化学计量特征可以体现氮和磷两种营养元素的供应状况及相对有效性，对植被恢复和濒危物种管理工作起到重要作用。在水域生态系统中，水体中的氮磷比与水生生物的固氮量成反比例关系，并且会影响水生植物的生长及水生生物群落的组成。由此可见，深入研究氮磷比化学计量特征在生态系统中的作用，利用氮磷比化学计量特征指导人类的生产与生活，对于整个生态系统健康和谐的发展有着重要意义。

3.2 植物化学计量特征对植物生长影响的研究

生长率假说（GRH）（Sterner 和 Elser, 2002）表明：（1）生物体为了支持快速生长所需要的蛋白质合成需要在富含磷的核糖体和 rRNA 方面进行相对多的投资；（2）快速生长的个体或类群倾向于富磷以使生长较快的个体展现出较低的组织氮磷比和碳磷比。该假说将生物的生活史特性和生长率与元素利用的化学计量特征联系了起来。也就是说，生物体内组织氮磷比越小，生长率越大；生物体内组织氮磷比越大，生长率越小。

我们对油蒿（俗称沙蒿，黑沙蒿）幼苗盆栽实验结果表明，随着油蒿幼苗体内氮磷比增大，油蒿幼苗的株高生长率、地上部生物量生长率、根长生长率和根重生长率都显著降低（图 3-1）。这就是说，油蒿幼苗体内氮磷比越小生长率越大，体内氮磷比越大生长率越小，这符合生长率假说。有关生物化学计量特征与生长率之间的关系学术界没有疑义，在此不再累述。

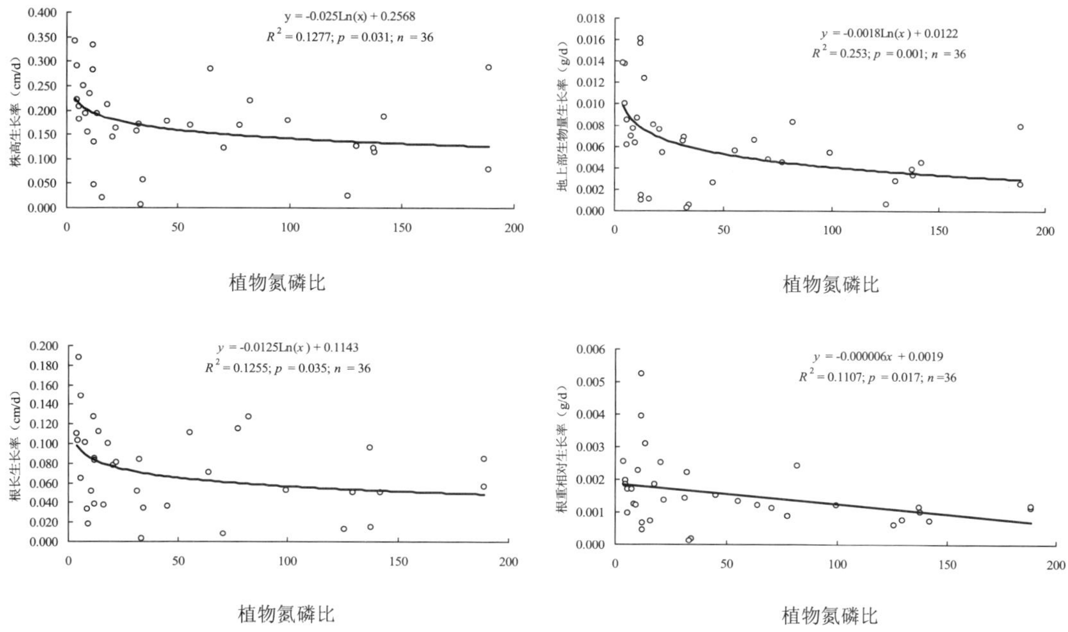

图 3–1 油蒿幼苗生长率与体内氮磷比之间的关系

3.3 植被化学计量特征对植物群落影响的研究

植被化学计量特征是以群落内各物种的元素含量加权平均计算而得。植被化学计量特征与建群种化学计量特征有相似变化规律，但不能用建群种化学计量特征值代替植被化学计量特征值。

以宁夏哈巴湖国家级自然保护区内的油蒿群落为研究对象，选取油蒿不同发育时期的 6 个典型群落，即①油蒿—虫实+猪毛菜群落、②油蒿—假苇拂子茅群落、③油蒿—白草群落、④油蒿—白草+赖草群落、⑤油蒿—苦豆子群落、⑥油蒿—黄蒿—苦豆子群落，其中，①和②为油蒿群落发育的早期阶段，③和④为中期阶段，⑤和⑥为后期阶段，测定了油蒿群落不同发育阶段植物叶 C、N、P 含量，分析了油蒿群落叶 C:N:P 化学计量特征，探讨了油蒿群落生态化学计量特征对物种多样性和生物量的影响（颉洪涛等, 2016）。

就油蒿群落植物叶 C、N、P 含量及其化学计量特征而言，结果表明，从油蒿群落早期、中期到后期，植物叶 C、N、P 营养状况差异明显（表 3-1），限制元素的作用程度也在逐渐发生变化。分析表明，6 个油蒿群落平均叶碳氮比为 20.92±8.14，氮磷比为 22.18±13.99，碳磷比为 410.80±217.36。从 C:N:P 化学计量特征来看，植物叶碳氮比的变化范围为 15.86～25.42，氮磷比的变化范围为 10.65～33.70，碳磷比的变化范围为 261.51～539.74（表 3-2）。碳氮比从油蒿早期到中期再到后期呈现逐渐变小的趋势，其中从油蒿早期到油蒿中期以及从油蒿中期到油蒿后期，植物叶碳氮比均显著减小（$P<0.05$）。植物叶氮磷比从油蒿早期到中期再到后期呈现逐渐变大的趋势，且各个时期差异显著（$P<0.05$），从早期的 10.65 ± 1.00 增加到后期的 33.70 ± 4.83，增长幅度相对较大。植物叶碳磷比从油蒿早期到油蒿中期以及从中期到后期均有增大的趋势，但差异均不显著。

表 3–1 油蒿群落不同发育阶段植物叶 C、N、P 含量变化

发展阶段	碳含量（g/kg）	全氮含量（g/kg）	全磷含量（g/kg）
油蒿早期	496.44±9.79 a	22.27±2.27	2.339±0.319 a
油蒿中期	443.59±7.62 b	24.14±2.84	1.441±0.175 b
油蒿后期	442.75±6.56 b	28.85±1.27	1.266±0.175 b

注：数据为平均值±标准误（Data are mean±SE），同列不同小写字母表示在 0.05 水平差异显著。下同。

表 3–2 油蒿群落不同发育阶段植物叶碳氮比、氮磷比、碳磷比

发展阶段	碳氮比	氮磷比	碳磷比
油蒿早期	25.42±2.96 a	10.65±1.00 c	261.51±29.88 b
油蒿中期	21.45±2.58 ab	22.16±3.04 b	431.13±37.33 ab
油蒿后期	15.86± 0.86 b	33.70±4.83 a	539.74±92.55 a

就油蒿群落植物叶 C:N:P 特征与物种多样性和生产力的关系而言，油蒿—虫实群落、油蒿—假苇拂子茅群落、油蒿—白草群落、油蒿—白草—赖草群落、油蒿—苦豆子群落和油蒿—黄蒿—苦豆子群落，这 6 个群落中植物叶的碳氮比、氮磷比、物种多样性以及群落生物量具有显著的差异（图 3-2）。分析表明，油蒿群落发育后期阶段的植物（⑤和⑥）具有较低的碳氮比和较高的氮磷比，而油蒿群落发育早期阶段的植物（①和②）具有较高的碳氮比和较低的氮磷比。

进一步回归结果表明，油蒿群落植物物种多样性和生物量与叶碳氮比和氮磷比之间具有显著的回归关系（图 3-3），随着叶碳氮比的增大，油蒿群落生物量呈指数函数显著降低（$P<0.05$），物种多样性呈对数函数降低的趋势，但不显著；而随着叶氮磷比的增大，油蒿群落生物量和物种多样性均呈幂函数显著升高（$P<0.05$）。

油蒿群落生长在相对干旱的环境中，植物体内保持较高的叶 N、P 含量可能有利于适应高温干旱环境生存，这一结果证实了干旱环境植物平均叶 N 含量相对较高的结论（刘万

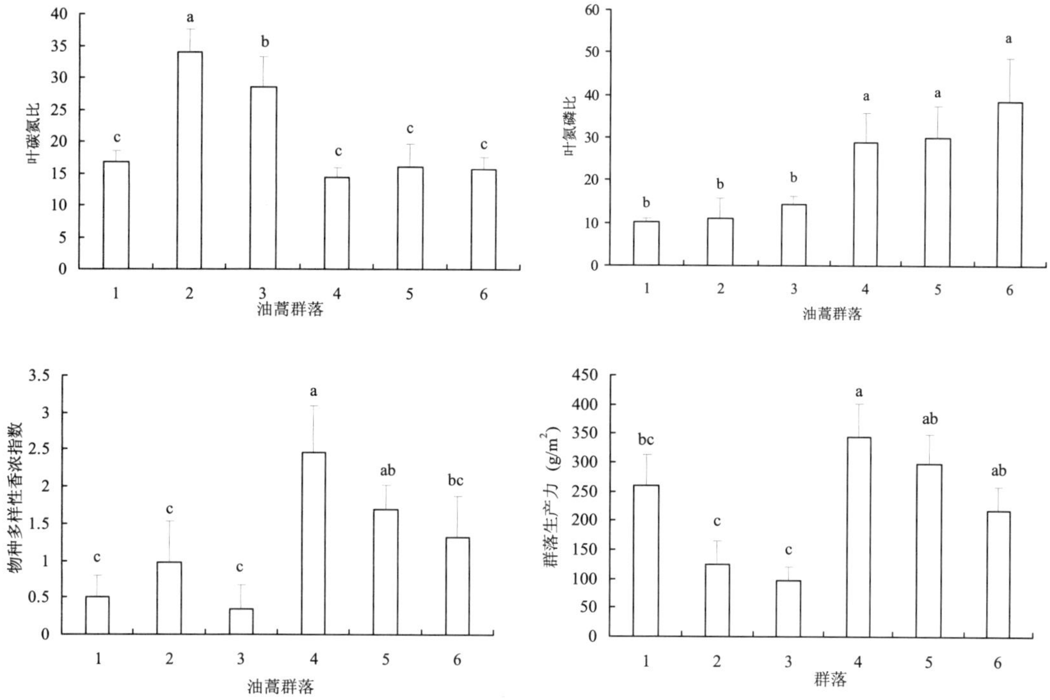

图 3-2 油蒿群落不同发育阶段植物叶碳氮比、氮磷比、物种多样性和生物量变化

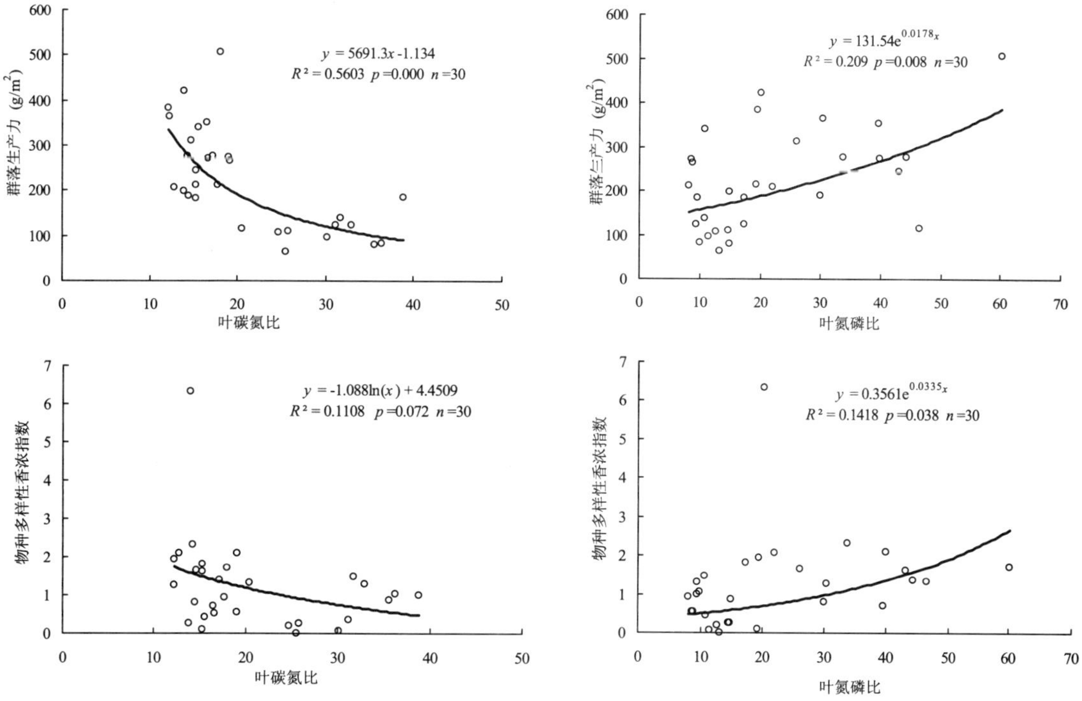

图 3-3 油蒿群落植物叶碳氮比、氮磷比、物种多样性和生产力之间回归关系

德等, 2010; 李玉霖等, 2010; 李征等, 2012）。根据 Koerselam 和 Meuleman（1996）的研究结果，当 N:P＜14 时，群落水平上的植物生长主要受 N 限制；而 N:P＞16 时，植物生长主要受 P 限制，据此分析，油蒿群落发育前期，植物生长主要是受 N 元素限制，发育中后期，植物生长主要是受 P 元素限制。具体来说，从油蒿群落早期到后期的发展过程中，植物叶碳氮比总体呈现逐步变小的趋势，且油蒿早期和中期的变化差异显著，中期到后期的变化差异不显著。在这一过程中，植物叶的 C 含量是总体呈变小趋势的，而氮含量总体上是呈现增加趋势的，因此碳氮比呈现出变小的趋势。植物叶 N:P 从油蒿早期到中期再到后期呈增加趋势，且各个时期的差异显著。在油蒿早期，植物叶氮磷比为 11，说明在这一时期，植物生长主要受 N 元素的限制；到了油蒿中期和后期，氮磷比分别变为 18 和 33，说明在油蒿中期和后期，植物的营养状况发生了明显的变化，由早期的受 N 元素限制转变成为受 P 元素限制，这与单独测定的植物体内磷含量的变化情况是完全符合的。植物叶碳磷比从油蒿早期到中期没有很大变化，有减小趋势但变化不显著，从油蒿中期到后期，植物叶碳磷比显著增大，在这一时期，虽然植物叶 C 和 P 含量都是减小的，但二者的变化速度不同，植物叶的碳含量减小速度明显低于同时期内磷含量的减小速度。从植物叶 C:N:P 的总体变化情况来看，在油蒿群落从前期到后期的发展过程中，植物的生长逐渐由受 N 元素限制转变成为受 P 元素限制，这可能与竞争及生物因子综合作用有关。进一步分析表明，油蒿群落发育早期阶段的植物具有较高的叶碳氮比和较低的叶氮磷比，而油蒿群落发育后期阶段的植物具有较低的叶碳氮比和较高的叶氮磷比，这符合生长率假说。

随着油蒿群落植物叶碳氮比的增大，群落生物量和物种多样性逐渐降低，而随着叶氮磷比的增大，群落生产力和物种多样性均显著提高，说明植物叶 C:N:P 特征对植物群落生物量和物种多样性有显著影响。由于 C 在植物体内的含量很高且较为稳定（Dowing, 1997; Reich 和 Oleksyn, 2004），因此 N 含量变化是影响碳氮比的主要因素，碳氮比的增大主要是由于植物叶中 N 含量的减少造成的，而 N 含量的不足会影响植物的生长率，从而降低物种多样性和生产力，因此叶碳氮比的增大降低了群落生物量和物种多样性。而就随着油蒿群落植物叶氮磷比的增大，群落生物量增大，这一现象看起来与生长率假说不相吻合，这可能是由于在沙地上生长的油蒿群落处于群落演替的早期阶段，就整个油蒿群落而言，在演替系列中，油蒿群落处于植物密度和生物量处于上升阶段。由本文前面的分析可知，油蒿群落植物叶 P 含量高于中国陆地植物平均水平，植物的生长主要受 N 限制，受 P 限制作用小于受 N 限制作用，因此 N 含量增加对研究区油蒿群落生产力和物种多样性的贡献更大，本研究还发现，植物叶 P 含量的稳定性强于 N 元素，变化范围相对较小，这也从侧面突出显示了植物叶 N 元素含量变化的重要影响。也可能基于同样的原因，随着油蒿群落植物叶氮磷比的增大，物种多样性增大。因此，N 含量的变化是造成油蒿群落植物叶碳氮比和氮磷比变化的主要因素，在油蒿群落水平上表现为物种多样性和群落生物量产生相应变化。

可见，在哈巴湖国家级自然保护区，油蒿群落发育早期，植物生长受 N 限制，发育中后期，植物生长受 P 限制；油蒿群落发育早期阶段的植物具有较高的叶碳氮比和较低的叶氮磷比，而油蒿群落发育后期阶段的植物具有较低的叶碳氮比和较高的叶氮磷比。随着叶碳氮比的增大，油蒿群落生物量呈指数函数显著降低，物种多样性呈对数函数降低的趋势，但不显著；而随着叶氮磷比的增大，油蒿群落生物量和物种多样性均呈幂函数显著升高，表明生态化学计量特征对油蒿群落的物种多样性和生物量有重要影响。

3.4 土壤化学计量特征对植物生长与植物群落影响的研究

3.4.1 土壤氮磷比对植物生长与植物群落的影响

（1）土壤氮磷比对植物生长的影响

油蒿幼苗盆栽实验结果表明（Wu 等, 2010），土壤有效氮/有效磷比对油蒿幼苗地上地下部生物量以及株高和根长的生长率均有显著影响（图 3-4）。图中可看出，随土壤氮磷比增大，油蒿幼苗株高、地上部生物量、根长和根重的生长率均显著减低。当土壤氮磷比以 5 倍的量增加时，各项增长率以 0.3～0.6 倍的速率降低；当土壤氮磷比以 10 倍的量增加时，各项增长率以 0.6～1.0 倍的速率降低，而且地上部生长率的降幅大于地下部生长率的降幅，呈现为油蒿幼苗的生长率随土壤氮磷比的增大而减小。

分析表明，油蒿幼苗全株和根部氮磷比均随土壤氮磷比增大而增大，但油蒿幼苗地上部氮磷比的变化有所不同，当土壤氮磷比达到最大 5 时，油蒿幼苗地上部氮磷比并不是最大（图 3-5）。

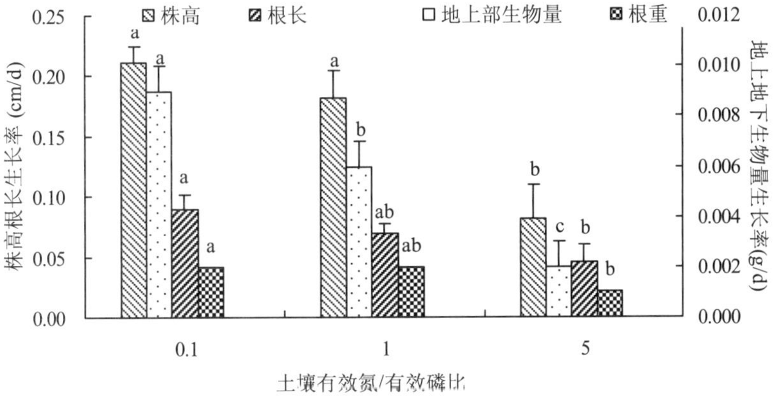

图 3-4 土壤不同氮磷比时油蒿幼苗的生长率的变化

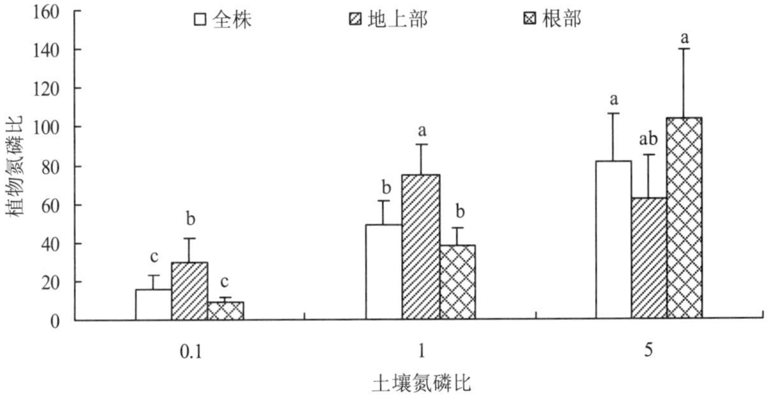

图 3-5 油蒿幼苗盆栽实验中植物氮磷比与土壤氮磷比之间的变化

诚然，大多研究表明，植物体内氮磷比可表征养分限制，但植物体内氮磷比与土壤氮磷比是相关的。尽管植物吸收土壤中的养分受土壤理化性质（Henry 和 Raper, 1989）、根系温度（Kaffafi, 1990）及深度（Gijsman 和 Willigen, 1991）等因素影响，但土壤有效供给的影响是最主要的（Vitousek 和 Howarth, 1991；Drenovsky 和 Richards, 2004），因而土壤氮磷比影响植物体内氮磷比。本实验结果表明，随土壤氮磷比增大，油蒿幼苗体内氮磷比显著增大，尤其是枝叶中的氮磷比。分析表明，土壤氮磷比对油蒿幼苗枝叶和根的磷浓度有显著影响，而对氮浓度无显著影响，随土壤氮磷比增大，枝叶和根中氮浓度有增大趋势，而磷浓度则显著降低，这一方面说明油蒿幼苗生长初期对氮的需求多于对磷的需求，另一方面说明土壤磷供给是植物体内磷浓度变化的基础。进一步分析表明，当土壤氮磷比以 10 倍的比例增大时，油蒿幼苗体内的氮磷比以 2～4 倍的比例增大。由此得知，油蒿幼苗体内氮磷比与土壤氮磷比成正相关关系，这一结果与 Güsewell（2004）的实验结果（该文献中的 Fig.2）一致。造成这种结果的一个原因是由于生长在高氮浓度土壤中植物体内的氮磷比较生长在高磷浓度土壤中植物体内的氮磷比的比值大（Tessier 和 Raynal, 2003）。正如 Güsewell（2004）所解释的，随土壤氮磷比增大，大多数植物体内的氮和磷浓度间呈负相关关系，而植物体内的氮磷比与磷浓度呈显著负相关，与氮浓度的相关性不显著，因而较大的土壤氮磷比导致较大的植物体内氮磷比。这些结果表明土壤氮磷比是植物体内氮磷比变化的基础，也是表征养分限制的核心。

土壤氮磷比的变化直接影响油蒿幼苗的生长率。本实验结果表明，随土壤氮磷比的增大，油蒿幼苗地上部高、地上部生物量和根生物量的生长率均显著降低。如上所述，这是由于土壤氮磷比会影响植物氮磷比。植物体内氮磷比随物种和生境的变化而变化，比值大约为 1～100（Schmidt 等, 1997; Güsewell 和 Koerselman, 2002; Phoenix 等, 2003; Tomassen 等, 2004; Townsend 等, 2007）。许多研究表明，植物体内氮磷比与植物生长率呈负相关关系（Lamb, 1977; McJannet 等, 1995; Nielsen 等, 1996），这是因为生长率小的植物其体内磷浓度低或者氮磷比高，而植物细胞内富含磷素的核糖体 RNA 数量的变化影响蛋白质合成速率，蛋白质合成速率与植物生长率呈正相关（Elser 等, 2000），故植物体内较大的氮磷比会导致较小的植物生长率。承上所述，随土壤氮磷比增大，油蒿幼苗体内氮磷比增大，尤其是磷浓度显著降低，因而导致油蒿幼苗的生长率显著减小。

可见，植物生长率、土壤氮磷比和植物氮磷比三者之间有紧密联系。植物体内氮磷比是土壤养分限制的指征，尽管植物氮磷比与土壤氮磷比之间有一个换算系数，但土壤氮磷比是植物体内氮磷比变化的基础，也是表征土壤养分限制的指征。

（2）土壤氮磷比对植物群落的影响

选择油蒿+冷蒿群落为研究对象，在 80 m × 80 m 样地 400 个 4 m × 4 m 样方中，调查了油蒿和冷蒿的密度，测定了 0～20 cm 土层中的全氮和有效磷，分析了土壤氮磷比与植物密度之间的关系（邬畏等, 2009）。

描述统计结果表明（表 3-3），研究样地中各样方的土壤全氮浓度为 0.21～1.29 g/kg，土壤有效磷浓度为 3.34～32.16 g/kg，氮磷比为 11.18～176.02，油蒿密度为 0～3.56 株/m^2，冷蒿密度为 0～4.06 株/m^2。

表 3-3 研究样地土壤养分和植物密度的描述统计

指标	油蒿密度（株/m^2）	冷蒿密度（株/m^2）	土壤有效磷（mg/kg）	土壤全氮（mg/kg）	土壤氮磷比
平均	0.84	1.00	15.25	0.57	42.32
最小值	0.00	0.00	3.34	0.21	11.18
最大值	3.56	4.06	32.16	1.29	176.0
标准差	0.72	0.94	4.68	0.16	22.21
峰值	1.42	0.3	0.49	2.37	9.46
偏斜度	1.34	0.98	0.18	1.12	2.54

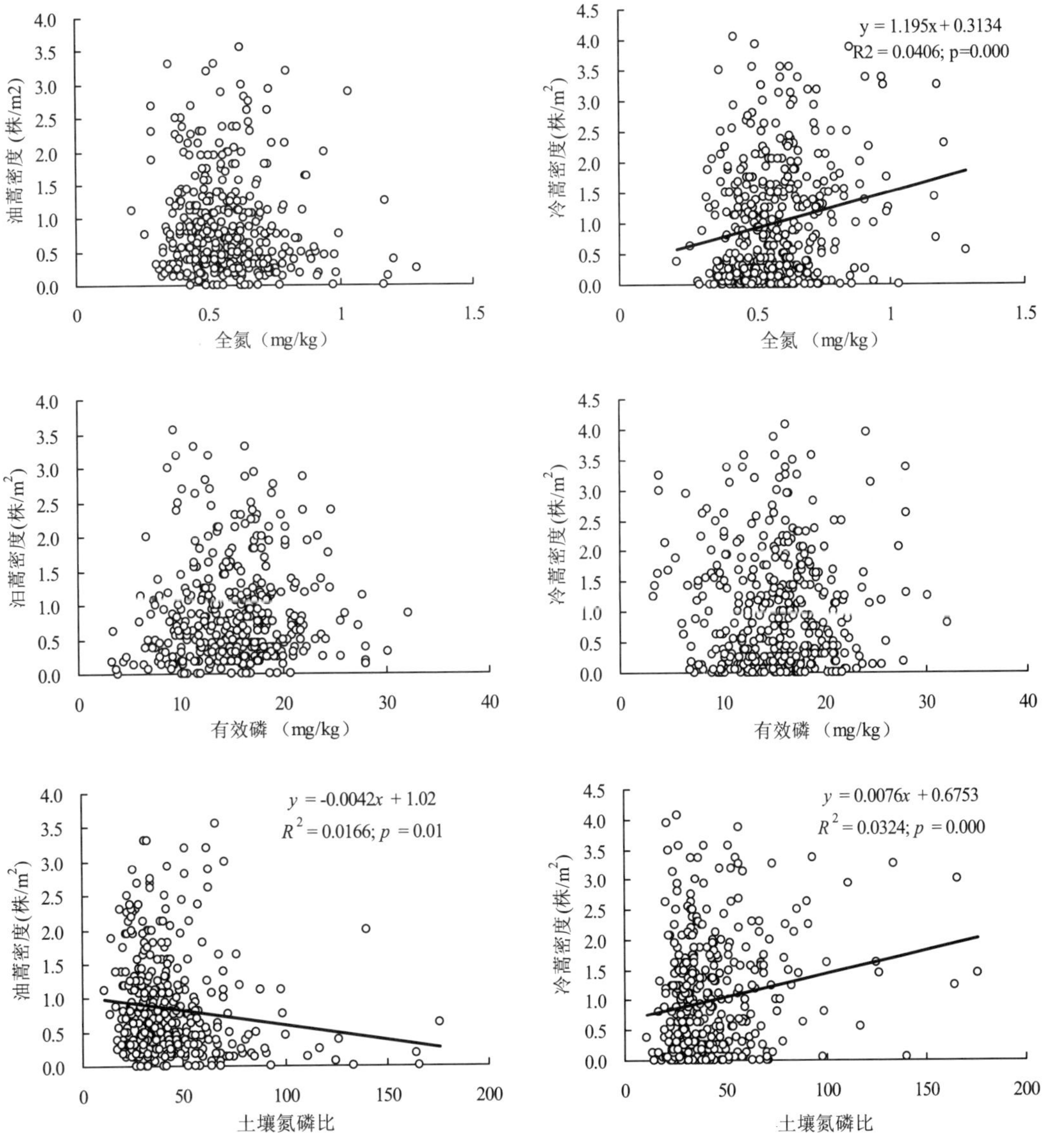

图 3-6 研究样地植物密度与土壤养分之间的关系（$n = 400$; $p = 0.01$）

回归结果表明（图 3-6），在油蒿+冷蒿群落中，当区域化变量的取样尺度为 4 m × 4 m 时，油蒿密度和冷蒿密度与土壤有效磷浓度之间任何回归关系都不显著；油蒿密度与土壤全氮浓度之间回归关系不显著，冷蒿密度与土壤全氮浓度之间呈极显著的正相关直线回归关系；而油蒿密度与土壤氮磷比呈极显著的负相关直线回归关系，冷蒿密度与土壤氮磷比呈极显著的正相关直线回归关系。说明在 4 m × 4 m 的取样尺度下，土壤全氮和土壤有效磷都不能显著影响油蒿密度，而土壤有效磷不能显著影响冷蒿密度，土壤全氮可显著影响冷蒿密度。结果进一步说明，尽管前期植物油蒿密度随土壤氮磷比的增大而减小，且后期植物冷蒿密度随土壤氮磷比的增大而增大，但植物密度与土壤氮磷比之间的关系很弱。

当区域化变量的取样尺度为 40 m × 20 m 时，结果表明，回归结果大体上与在 4 m×4 m 的取样尺度下土壤养分与植物密度关系的结果相同。不同的是，冷蒿密度与土壤全氮浓度之间回归关系也不显著；而油蒿密度与土壤氮磷比呈极显著的负相关幂函数回归关系，冷蒿密度与土壤氮磷比呈极显著的正相关对数函数回归关系（图 3-7）。显然，土壤氮磷比不但影响植物密度，而且影响植物群落的演替。

植物密度的变化是植物与植物之间以及植物与环境之间长期作用的结果。遗憾的是，现有的文献报道多限于植物体内氮磷比变化对植物个体、种群、群落和生态系统尺度的作用和影响（Zhang 等, 2003; Venterink 等, 2003; Wassen 等, 2005），很少涉猎土壤的氮磷比变化。但植物体中的 N 和 P 是由土壤供给的，因而，理论上土壤氮磷比变化是能够影响种群和群落的。

Olson（1958）研究表明，在植物群落演替开始时，氮的积累速度较快，后来逐渐减慢。张庆费等（1999）对浙江天童植物群落演替研究结果表明，随着进展演替，土壤铵态氮和硝态氮浓度呈增大趋势，土壤有效磷也呈增大趋势。Tilman（1986）研究结果表明，在低氮水平下，演替早期的物种生长较快；而在高氮水平下，演替后期的物种与早期的物种相比生长速度并不快。这些结果说明在群落动态过程中，不同时期植物对土壤氮和磷的积累的影响程度和利用能力不同。就土壤氮和磷对植物的作用而言，影响最直接的是产量或生产力，但最终会影响植物密度和种间竞争格局（Taylor 等, 1990）。本实验结果表明，土壤有效磷浓度的变化，既没有影响油蒿密度，也没有影响冷蒿密度；土壤全氮浓度的变化，没有影响油蒿密度，但在一定程度上影响冷蒿密度。这说明单就土壤氮浓度或磷浓度而言，它们可能会显著影响油蒿和冷蒿的生长状况或生物量，但总体上尚没有显著影响油蒿和冷蒿的密度。但令人感兴趣的是，本研究结果表明，前期植物油蒿密度随土壤氮磷比的增大而减小，后期植物冷蒿密度随土壤氮磷比的增大而增大。这说明土壤氮磷比的增大使得油蒿密度逐渐减少、冷蒿密度逐渐增大，换句话说，油蒿逐渐退出、冷蒿逐渐侵入。

那么，为什么土壤氮磷比的变化能够影响油蒿和冷蒿密度的变化？本质上说，这应该是土壤氮和磷供应不足导致的结果，尤其是土壤磷。在土壤氮和磷供应不足的情况下，土壤氮磷比的增大就会凸显土壤磷的土壤学、生态学和植物生理学方面的意义。Jupp 和 Newman（1987）研究结果表明，生境的干旱化能够影响植物吸收磷的能力以及土壤中磷的可利用率，土壤中磷的增多会增强多年生黑麦草忍受干旱的能力。Lawrence（2001）研究结果表明，对于阳生植物而言，磷比氮更限制种子的萌发，并且可能从根本上影响次生热带森林的多样性。由于土壤磷的不足，使得植物体内蛋白质和糖的合成减少，随着生境趋于干旱，植物体内分解而成的可溶性蛋白、可溶性糖以及脯氨酸含量也随之减少，进而

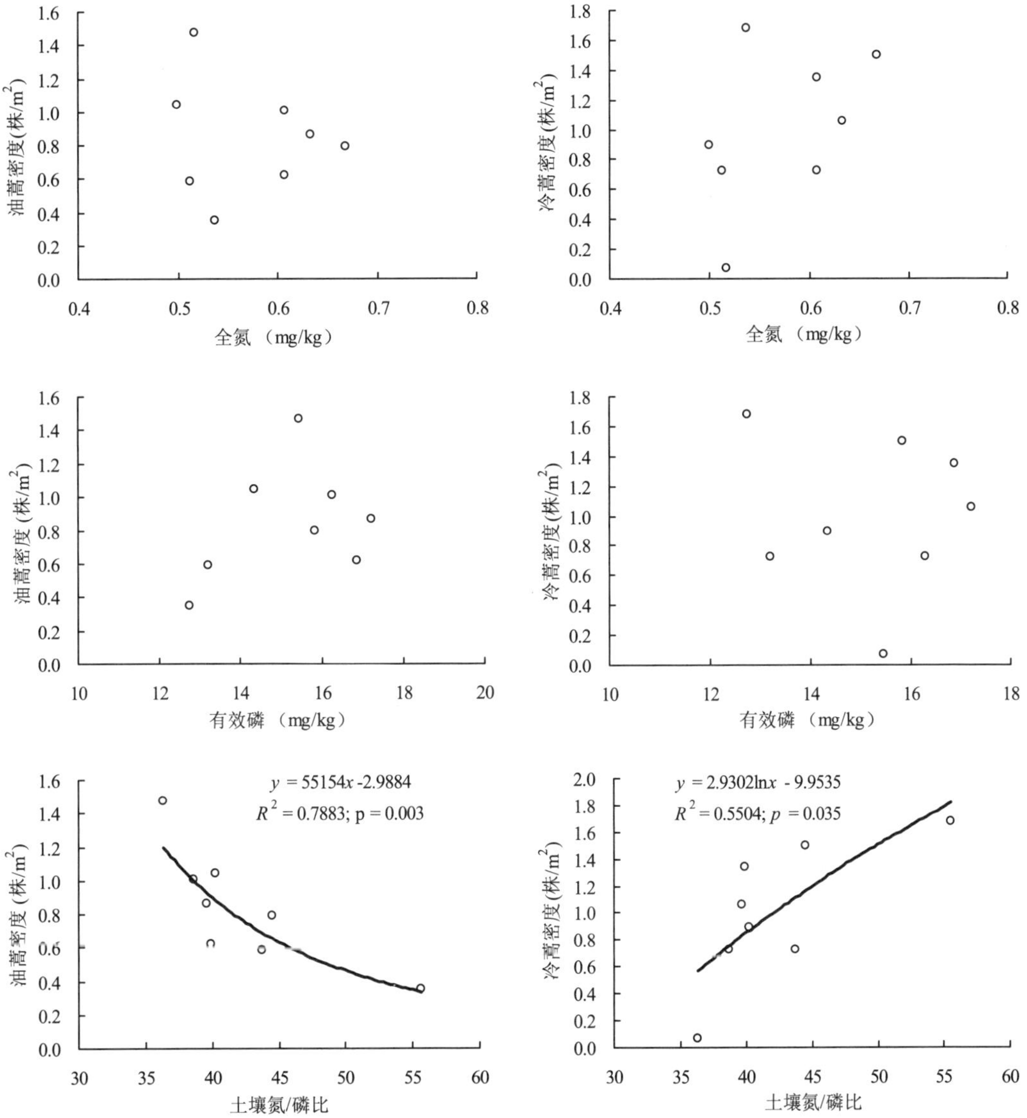

图 3–7 不同分区植物密度与土壤养分之间的关系（$n = 8$; $p = 0.05$）

降低了渗透调节作用，降低了植物的吸水力。在本项研究中，随着生境的旱化与植物吸水力降低，较不耐旱的前期植物油蒿逐渐死亡，密度逐渐减少；而后期植物冷蒿由于其本身较强的耐旱性，再加上有前期植物油蒿所积累的土壤氮和磷，因而可以生存且密度逐渐增大。这也是研究结果中为什么冷蒿密度与土壤全氮浓度之间呈极显著的正相关直线回归关系的原因。事实上，土壤氮磷比的变化正是前期植物油蒿长期作用的结果。油蒿的长期存在，导致土壤中氮的浓度逐渐增加（王海涛等, 2007a），由于土壤中磷本身的稀缺性与难移性，使得土壤氮磷比逐渐增大；同时，由于油蒿的长期存在，土壤中含水量逐渐减少（卢建国等, 2006; 王海涛等, 2007b）、土壤碳酸钙浓度逐渐增多（王海涛等, 2007a），碳酸钙浓度的长期增加又加剧了油蒿根际层土壤水分供应不足，这两方面因素共同作用使得油蒿密度逐渐减少、冷蒿密度逐渐增大，即冷蒿代替油蒿，群落发生演替。因而，土壤氮磷比的变化是干旱区油蒿群落演替的一个原因。

综上所述，植物密度的变化与土壤氮磷比的变化密切相关，但土壤氮磷比的变化是否是植物密度变化的充分必要条件尚需进一步研究证实。

3.4.2 土壤硝铵比对植物生长与植物群落的影响

（1）土壤硝铵比对植物生长的影响

土壤硝铵比对群落演替前期阶段的植物和后期阶段的植物的生长有不同的影响。我们以干旱、半干旱地区流动沙地上的先锋植物籽蒿（俗称白沙蒿）为研究对象，进行了两因素完全随机区组和三因素五水平通用旋转组合盆栽实验，探讨了土壤硝铵比对籽蒿幼苗生长率及其体内碳氮比的影响（Li 等, 2010）。在三因素实验中，三个因子的 5 个水平二次旋转后各水平均为 1.682、1、0、-1 和-1.682。

双因素方差分析检验结果表明，在养分不短缺而土壤水分保持中度胁迫时，土壤硝铵比对籽蒿株高生长率有显著影响（$F = 2.728, p = 0.042$），但土壤硝铵比对籽蒿地上部生物量增加率影响不显著（图 3-8）。从图中可以看出，籽蒿株高生长率以硝铵比 0.2 为界先增大后减小，且差异显著。分析结果表明，随籽蒿幼苗密度增大，盆中土壤铵态氮浓度显著降低，硝态氮浓度变化不显著，这表明籽蒿幼苗密度越大，土壤铵态氮被籽蒿吸收得越多，一定程度上说明籽蒿对铵态氮比硝态氮更偏好。

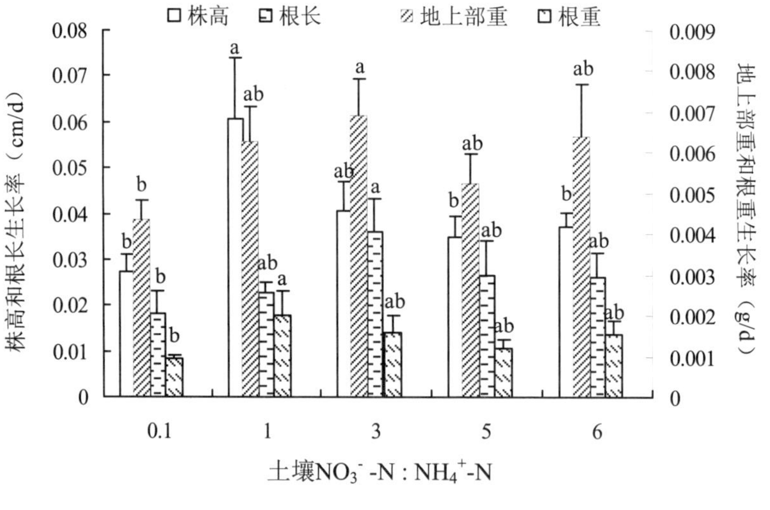

图 3–8 双因素实验中土壤硝铵比对籽蒿幼苗生长的影响

三因素实验的单因素效应分析表明，随土壤硝铵比增大，籽蒿地上部生物量生长率逐渐减小（图 3-9），而籽蒿根部生物量生长率不随土壤硝铵比的变化而变化。

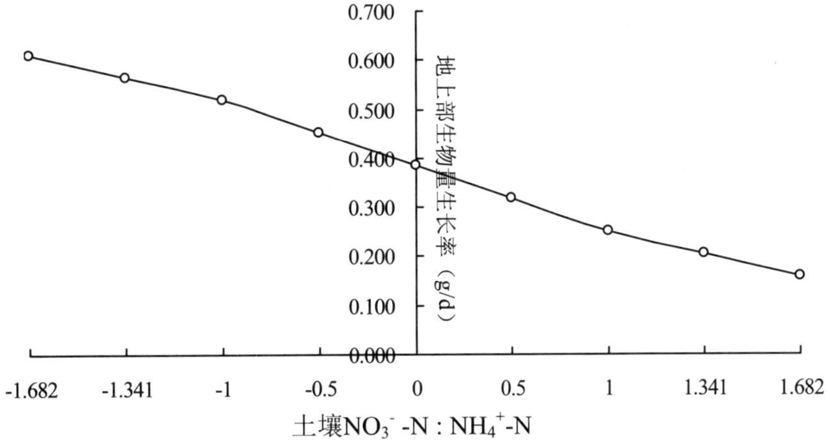

图 3-9 三因素实验中土壤硝铵比对籽蒿幼苗生长的影响

双因素方差分析检验结果表明，土壤硝铵比对籽蒿幼苗根部碳氮比有显著影响（F = 5.955, p = 0.001），但对地上部碳氮比无显著影响；土壤硝铵比显著地影响籽蒿幼苗地上部氮含量（F = 3.971, p = 0.009）和根部氮含量（F = 7.055, p = 0.000），但土壤硝铵比对地上部和根部碳含量均无显著影响。这说明籽蒿幼苗体内碳氮比的变化是由体内全氮浓度引起的，进一步说是由土壤有效氮浓度引起的。对土壤硝铵比处理为 0.1 和 0.2 的土壤硝铵比和植物碳氮比回归表明，籽蒿幼苗地上部碳氮比随土壤硝铵比增大而减小（图 3-10）。对所有处理的地上部碳氮比与籽蒿幼苗生物量生长率回归表明，随地上部碳氮比的增大，籽蒿幼苗地上部生物量生长率显著减小（图 3-11）。可见，随土壤硝铵比增大，籽蒿幼苗地上部碳氮比减小，进而导致籽蒿幼苗的地上部生物量生长率减小，即土壤硝铵比的增大会对籽蒿幼苗生长构成限制。

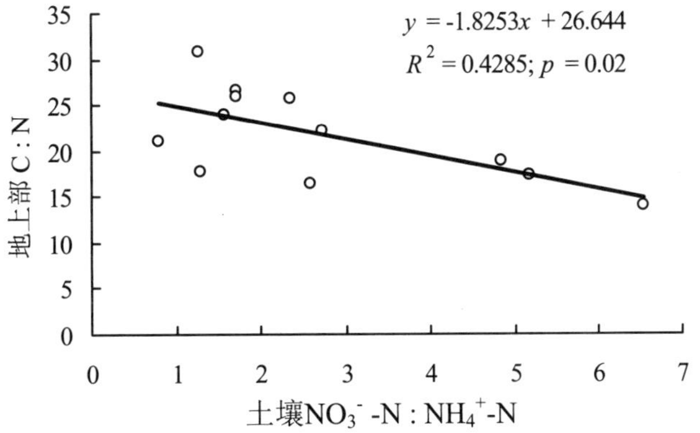

图 3-10 籽蒿幼苗地上部碳氮比与土壤硝铵比之间的关系

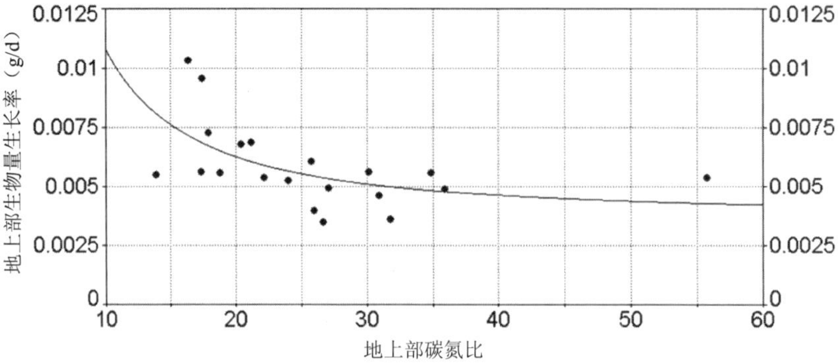

图 3-11　籽蒿幼苗地上部生物量生长率与地上部碳氮比之间的关系

那么，土壤硝铵比对籽蒿幼苗生长为何能够构成限制呢？下面进行分析。

土壤氮素是植物生长的大量元素，土壤氮素的不同形式对不同植物生长有不同的影响，一些植物偏好铵态氮（Fried 等, 1965; Minotti 等, 1969; Edwards 和 Horton, 1982; Peterson 等, 1988），一些植物偏好硝态氮（Blair 等, 1970; Scherer 和 MacKown, 1987），但植物对土壤铵态氮和硝态氮的相对吸收率与硝铵比有关（Criddle 等, 1988; Serna 等, 1992）。Mehne-Jakobs 和 Gülpen（1997）研究表明，铵态氮为主要氮源时（较小的硝铵比），与以硝态氮为主要氮源时（较大的硝铵比）相比，会减小云杉幼苗生长的高度，即随土壤硝铵比的增大，云杉幼苗株高生长率增大。本研究结果表明，随土壤硝铵比的增大，籽蒿幼苗株高生长率减小。表面上看，这两个实验结果截然相反，事实上，这两个实验结果是吻合的，对解释植物群落的演替具有重要意义。云杉是演替后期植物，籽蒿是演替前期植物，随土壤硝铵比的增大，演替前期植物籽蒿生长率减小，演替后期植物云杉生长率增大，这表明铵态氮有利于演替前期植物生长，硝态氮有利于演替后期植物生长，土壤硝铵比对植物的影响贯穿演替的全过程，会对植物群落的演替构成限制。

本研究结果表明，土壤硝铵比对籽蒿株高生长率和地上部生物量生长率有显著影响，随土壤硝铵比增大，籽蒿株高生长率减小，地上部生物量生长率逐渐减小。土壤硝铵比之所以显著地降低籽蒿的生长率是由于 3 方面的原因：一是因为铵态氮可以改变生物量在根和地上部的分配（Traore 和 Maranville, 1999），土壤铵态氮与植被地上绿色生物量呈显著的正相关，土壤硝态氮与植被地上绿色生物量呈显著的负相关（Schimel 等, 1989）。硝铵比增加，铵态氮含量减少，硝态氮含量增加，导致籽蒿地上部绿色生物量减少，进而导致株籽蒿幼苗生长速率减小。二是随着硝铵比的增大，植物叶片中 P, Mg, Fe 和 Cu 的浓度减小, 而 Ca, K, Mn 和 Zn 的浓度增加（Serna 等, 1992; Clark 等, 2003），养分元素的变化尤其是磷导致根系对养分吸收和植物利用的不同，进而影响植物生长率。三是体内碳氮比的变化影响了籽蒿幼苗的生长率，这在下面进行讨论。

土壤氮素是植物体内蛋白质、核酸、酶和叶绿体等以及许多内源激素或其前体物质的组成部分（Ma 等, 1996），也是重要的碳流动控制因子（Sugiharto 和 Sugiyama, 1992），因此土壤氮素直接影响植物体内的碳、氮代谢。本研究结果表明，土壤硝铵比对籽蒿幼苗根部碳氮比有显著影响，对地上部碳氮比无显著影响；土壤硝铵比对籽蒿幼苗地上部全氮和根部全氮有显著影响，但对籽蒿幼苗地上部有机碳和根部有机碳无显著影响，这说明籽蒿幼苗体内碳氮比的变化是由体内全氮浓度引起的，进一步说是由土壤有效氮浓度引起的。

Tabatabaei 等（2008）研究结果表明，组织中的氮含量与营养液中的铵态氮的浓度成比例变化，这与本研究结果一致。然而，土壤硝铵比对籽蒿幼苗体内有机碳无显著影响可能是由于不同硝铵比导致植物氮素营养状况不同，从而直接影响植物的光合速率（Marschnmer 等, 1996），若光合速率变慢，会导致碳从地上部到根部的运输用来增加根的生长，这样就使得养分从根部到地上部的量减少，因为这些养分被根消耗用来生长从而吸收更多的养分（Ingestad 和 Lund, 1979），从而使得地上部碳含量随硝铵比的变化较小。另一方面，植物体内的碳、氮代谢在各自提供的碳源、能量和酶、光合色素及共同需要的还原力、ATP 和碳骨架的物质基础上相互协调（Sugiharto 和 Sugiyama, 1992），其协调程度的大小直接影响着植物生长率的大小。本研究结果表明，随地上部碳氮比的增大，籽蒿幼苗地上部生物量生长率显著减小，这是由于土壤硝铵比对籽蒿幼苗碳的影响不明显，因为植物吸收的总氮量能够满足植物碳同化的需要，氮不会影响碳在植物器官中的分配，而碳在器官中的分配是由生物物理异速生长决定的（Cao 和 Woodward, 1998），因此，碳氮代谢及二者间的协调性导致籽蒿幼苗地上部碳氮比会对籽蒿幼苗构成限制。

综上所述，随土壤硝铵比增大，籽蒿幼苗株高生长率和地上部生物量增加率均显著减小；随体内碳氮比增大，籽蒿幼苗的地上部生物量增加率显著减小。土壤硝铵比对籽蒿幼苗根部碳氮比有显著影响，对地上部碳氮比无显著影响；对籽蒿幼苗地上部和根部全氮有显著影响，但对地上部和根部有机碳无显著影响，这说明籽蒿幼苗体内碳氮比的变化是由体内全氮浓度引起的，进一步说是由土壤有效氮浓度引起的。可见，随土壤硝铵比的增大，籽蒿幼苗体内碳氮比减小，进而导致籽蒿幼苗的生长率减小，土壤硝铵比会对植物的生长和植物群落演替构成限制，最终会影响植物群落的演替。

（2）土壤硝铵比对植物群落的影响

植被动态过程中土壤铵态氮和硝态氮以及硝铵比是如何变化的？这是一个令人感兴趣的一个问题。选择基于油蒿群落的演替系列，测定分析了流动风沙土、油蒿群落半固定风沙土、油蒿群落固定风沙土、油蒿+冷蒿群落固定风沙土、冷蒿群落固定风沙土和猫头刺群落淡棕钙土，探讨了群落演替过程中土壤硝铵比的变化规律（李荣等, 2010）。沙丘固定过程伴随着群落演替的进展过程，沙丘固定的前期对应着演替系列的前期，沙丘固定的中后期对应着演替系列的中后期。采样点土壤基本性状见表 3-4。

表 3–4　基于油蒿群落演替系列土壤理化性质

指标	深度	采样地点				
		SA	ASFA	AFA	FFA	OB
pH	0～5	8.41	8.16	8.16	8.41	8.27
	5～20	8.34	8.39	8.49	8.57	8.42
	20～40	7.95	8.39	8.41	8.60	8.50
有机质(g/kg)	0～5	0.58	2.00	3.25	4.60	3.17
	5～20	0.51	1.55	1.74	2.27	3.58
	20～40	0.48	1.37	0.88	1.73	3.31
全氮(g/kg)	0～5	0.02	0.34	0.49	0.60	0.29
	5～20	0.04	0.26	0.33	0.24	0.38
	20～40	0.03	0.28	0.12	0.14	0.49

采样地点 SA—流动风沙土，ASFA—油蒿群落半固定风沙土，AFA—油蒿群落固定风沙土，FFA—冷蒿群落固定风沙土，OB—猫头刺群落淡棕钙土。

表 3-5 基于油蒿群落演替系列土壤铵态氮与硝态氮的含量

采样地点	硝态氮(mg/kg)			铵态氮(mg/kg)		
	0～5 cm	5～20 cm	20～40 cm	0～5 cm	5～20 cm	20～40 cm
SA	1.17±0.17 a	0.14±0.00 a	0.74±0.00 a	2.60±0.06 a	4.31±0.29 b	2.63±0.11 a
ASFA	2.74±0.57 a	2.27±0.22 a	0.49±0.37 b	6.75±0.11 a	4.25±0.33 b	4.81±0.06 b
AFA	4.13±0.00 a	0.18±0.00 b	0.18±0.00 b	11.57±0.13 a	2.00±0.25 b	3.19±0.23 c
OFFA	0.24±0.00 a	0.27±0.00 a	9.81±0.56 b	2.13±0.22 a	2.19±0.17 a	2.38±0.06 a
FFA	8.73±0.34 a	2.75±2.17 ab	0.38±0.00 b	8.14±0.19 a	5.82±0.23 b	5.07±0.06 c
OB	10.99±0.41 a	4.93±0.37 b	2.78±0.37 c	4.25±0.17 a	4.82±0.29 a	3.25±0.17 b

注：同一指标不同层次字母相同表明差异不显著，字母不同表明差异显著。采样地点同表 3-4。

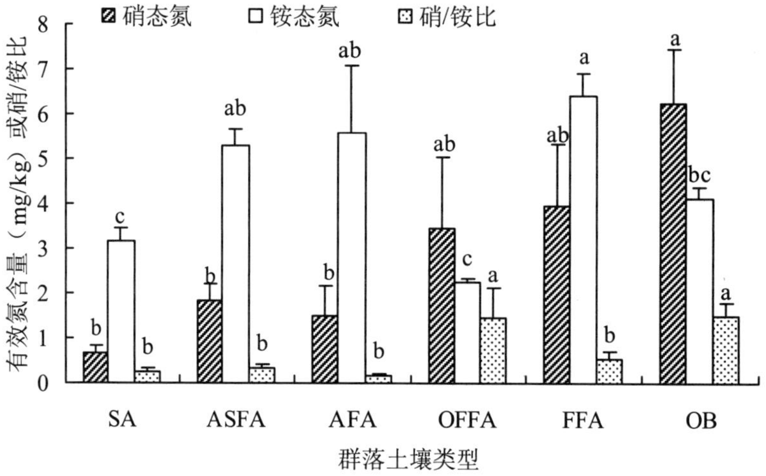

图 3-12 基于油蒿群落演替系列土壤铵态氮与硝态氮的含量及其硝铵比的变化

（群落土壤类型同表 3-4）

结果表明（表 3-5），沙丘固定过程中不同土壤类型总体上是从表层向下各层土壤铵态氮和硝态氮含量逐渐减少。就土壤剖面土壤硝态氮和铵态氮的平均含量而言，沙丘固定过程中铵态氮含量总体变化没有明显规律，而硝态氮含量总体上逐渐增加。进一步划阶段分析，以演替中期的油蒿+冷蒿群落为界，在此群落之前，即演替系列的前期，从流动风沙土、油蒿群落半固定风沙土到油蒿群落固定风沙土，铵态氮含量逐渐增加，而硝态氮含量变化不明显；从此群落开始往后，即演替系列的后期，从油蒿+冷蒿群落固定风沙土、冷蒿群落固定风沙土到猫头刺群落淡棕钙土，硝态氮含量逐渐增加，而铵态氮含量变化不明显（图 3-12）。

从图 3-12 中可看出，基于油蒿群落的进展演替，土壤硝态氮显著逐渐增加；而铵态氮仅在从流动沙土到油蒿固定沙土期间显著逐渐增加，当群落到了后期阶段，铵态氮变化则没有规律；相对应地，总体上，随着进展演替，土壤硝/铵比显著逐渐增加。可见，土壤铵态氮含量和硝态氮含量表现出明显的时间变化。

我们的研究结果表明，在沙丘固定过程中，在演替系列前期，土壤中有机氮逐渐增加、矿化作用增强，铵态氮含量逐渐增加；到了演替中后期，硝化作用明显，硝态氮含量逐渐增加，表现出明显的时间变化，且这种变化过程能够很好地体现于表层土壤的硝/铵比的变化过程中。这一结果与 Rice 和 Pancholy（1972）以及张庆费等（1999）的研究结果有所不同。造成这种现象也可能有四方面的原因：一是与有机质的积累过程有关。在本项研究中，干旱区植物群落演替系列所对应的土壤类型依次为流动风沙土、油蒿群落半固定风沙土、油蒿群落固定风沙土、油蒿+冷蒿群落固定风沙土、冷蒿群落固定风沙土和猫头刺群落淡棕钙土，由于演替是从流沙基质上开始，演替的前期到中期，枯落物分解后，经氨化作用形成铵态氮，这也被 Olson（1958）的研究所证明，即在植物群落演替开始时，氮的积累速度较快，后来逐渐减慢。二是与 pH 的变化有关。我们前期研究结果表明（王海涛等, 2007a），本演替系列的前期到中期，pH 趋于增大（20～40 cm 土壤 pH 由 7.95 增加至 8.60）。由于 pH 的增高可以增加土壤铵态氮的生产量，其原因是由于 pH 升高增加了有机质的可溶性，为微生物生长提供了大量富含碳、氮的基质，从而促进了氮素的矿化，尤其对铵态氮的贡献较大（Narteh 和 Sahrawat, 1997）。以上两方面原因导致演替的前期到中期，铵态氮含量较高。三是与土壤微生物活动有关。我们前期研究结果表明（王海涛等, 2007a），随着进展演替的进行，土壤细菌数量和放线菌数量趋于增多。由于土壤微生物在同化氮素时，常常对铵态氮表现出一定的偏好（Jenkinson 和 Parry, 1989），且土壤微生物对铵态氮的吸收利用能力高于硝态氮（Recous 等, 1990），微生物对铵态氮的偏好吸收使之大量被固持，使土壤铵态氮的含量大大降低（高英志等, 2004）。另一方面，土壤中仅有少数微生物吸收同化硝态氮，硝态氮和铵态氮同时存在时，铵态氮会抑制微生物对硝态氮的吸收，因为硝态氮的同化需要消耗能量（Wickramasinghe 等, 1985）。因此，到了演替的中后期，随着微生物活动的加强，铵态氮含量有所减少，而硝态氮含量显著增加。四是与地上植被绿色生物量有关，即与植物的吸收利用有关。调查表明，本研究中演替系列各群落绿色生物量经历从低到高再降低的变化过程（资料尚未发表），而土壤铵态氮与植被地上绿色生物量呈显著的正相关，土壤硝态氮与植被地上绿色生物量呈显著的负相关（Schimel 等, 1989），因此，随着演替系列地上植被绿色生物量的变化，演替的中前期土壤铵态氮含量较高，演替的中后期土壤硝态氮含量较高。由于氮素的可利用性是对净初级生产力和群落物种组成有重要影响的环境因子之一，因此，它的变化会导致次生演替中一些物种替代另一些物种（李贵才等, 2001）。我们认为，铵态氮和硝态氮含量的彼此消长会影响植物的异速生长，进而影响种群的替代，因此，土壤硝铵比可能会影响植被动态。

3.4.3 土壤碳酸钙与有效磷比对植物生长与植物群落的影响

（1）土壤碳酸钙与有效磷比对植物生长的影响

土壤碳酸钙对土壤中的有效磷有吸附和固持作用，土壤碳酸钙与有效磷比（以下简称土壤钙磷比）对植物生长有什么样的影响，目前尚不清楚。

为此，我们开展了不同土壤钙磷比下的油蒿盆栽实验[①]。结果表明（图 3-13），随土壤

① 梁玉婷，土壤碳酸钙与有效磷比对油蒿幼苗生长率的影响及其影响机制。南开大学硕士论文，2015。

钙磷比的逐渐增大，油蒿幼苗株高和地上生物量以及根部生物量的相对生长率在 4 个不同处理间具有极显著差异（$p = 0.000$），均表现出显著的降低趋势，且地上生物量的降低速率大于地下生物量，与对照组相比，重度水平处理下，油蒿幼苗的地上生长率降低了 89%。油蒿幼苗根长的相对生长率出现负值，且负的生长率呈增加趋势，但是其差异性尚未达到统计学意义上的显著性水平。此外，油蒿幼苗地上生物量的相对生长率与体内氮磷比呈负指数相关关系，株高与体内氮磷比呈负对数相关关系，即较大的相对生长率对应着较小的氮磷比。地上部中，与对照组相比，随土壤钙磷比水平增大，油蒿幼苗全氮含量、全磷含量均呈降低趋势，且全磷含量极显著降低（$p < 0.001$），而氮磷比显著增大（$p < 0.05$）。地下部中，在土壤钙磷比影响下，油蒿幼苗体内全氮、全磷含量呈倒“N”型变化趋势，氮磷比呈倒“V”型变化趋势，且氮磷比与根长及地下生物量无相关关系。

在这项研究中，随土壤钙磷比逐步增大，油蒿幼苗株高和地上生物量的相对生长率急剧显著下降，这就表明，油蒿幼苗的相对生长率与土壤钙磷比呈负相关，并且钙磷比越大对油蒿幼苗生长的胁迫影响越严重。此外，油蒿幼苗地上部全氮、全磷含量随土壤钙磷比的增加而降低，且全磷下降的幅度大于全氮，间接说明了不断增大的土壤钙磷比，尤其是相应的不断增加的碳酸钙含量，对磷的有效性产生了一定的限制影响，使得植物无法吸收生长所需的足够的磷元素。此外，油蒿幼苗地上、地下生物量的相对生长率随土壤钙磷比的增大而降低，可能的解释是油蒿在生长过程中对磷的需求逐渐变大，但是由于土壤钙磷比的增大，即碳酸钙含量的不断增加，限制了磷的有效性，使得土壤碳酸钙很有可能成为油蒿幼苗生长过程中的胁迫因子，磷成为油蒿生长的限制因子。回归分析表明，油蒿幼苗地上生物量的相对生长率与体内氮磷比呈负指数相关关系，株高与氮磷比呈负对数相关关系，即较大的相对生长率对应着较小的氮磷比，这一结果符合生长率假说表述的内容，即生长率高的个体体内氮磷比反而低。

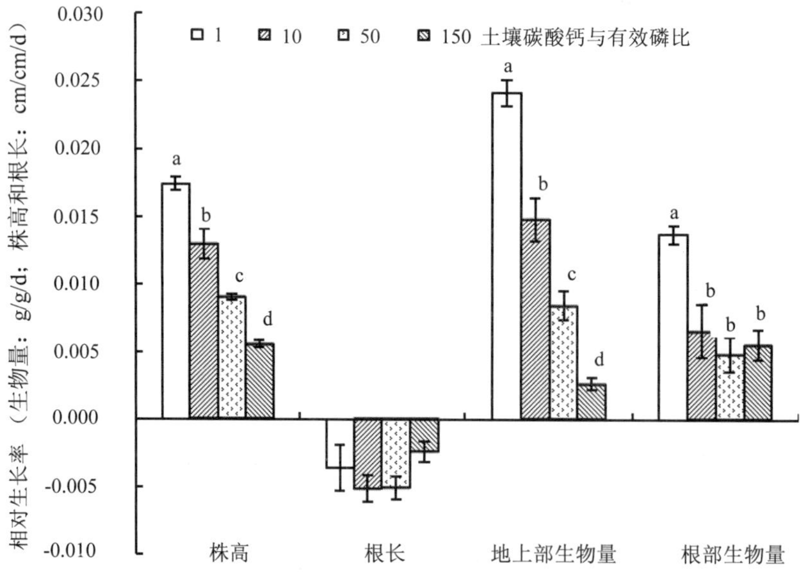

图 3-13 不同土壤碳酸钙与有效磷比时油蒿幼苗生长率的变化

分析表明，当土壤钙磷比在较低水平下（1、10、50）时，随土壤钙磷比的增加，根系氮磷比基本稳定，这可能是缘于逆境下植物体本身的适应机制。事实上，处于磷胁迫状态下的植物体内会发生一系列生理响应，例如通过激活超氧化物歧化酶（SOD）保护酶活性以抵御膜脂过氧化伤害、以及通过分泌酸性磷酸酶（ABA）将复杂有机磷化合物水解为植物易吸收利用的磷酸盐等，这些生理学机制使植物在一定范围内维持体内稳态。但是在钙磷比在较高水平（150）下时，植物氮磷比发生突跃。Shaver 等（1995）认为，植物体内的氮磷比可以成为确定其自身处于何种养分胁迫的指标，较高的氮磷比意味着较强的磷限制。因此，本次实验结果中油蒿幼苗根部氮磷比的突跃说明油蒿幼苗的磷素限制增强，即随着土壤钙磷比的增加，植物的磷限制增强。由此可知，这种磷限制的增强是由于碳酸钙的增加和有效磷的减少引起的，也就是说，土壤中的碳酸钙限制着磷素的有效性。随着土壤碳酸钙的增多，氮磷限制同时存在并同时增强，但是磷限制更强，由此推断，土壤碳酸钙的增多会限制磷素的有效性。其机制在于，一方面，较高含量的碳酸钙使土壤中总钙含量维持相对较高，土壤中存在较大的钙离子库（Braschi 等, 2003），而大量液相的钙离子的活动将直接导致钙-磷沉淀相的形成（Tunesi 等, 1999; Carreira 等, 2006）；另一方面，大量的碳酸钙使土壤紧实度大大增加，对磷的吸附性加强（Tunesi 等, 1999），由于磷素具有不易移动性（刘芷宇, 1992），这将直接导致对磷的束缚加强，从而明显降低土壤磷素的有效性，进而影响植物的生长（Holford, 1997）。土壤中碳酸钙对磷素有效性的这种限制可能是土壤钙磷比对油蒿幼苗产生不利影响的重要原因之一。

（2）土壤碳酸钙与有效磷比对植物群落的影响

为了了解土壤钙磷比化学计量特征对植物群落的影响，我们在毛乌素沙地和腾格里沙漠各调查了一个一维样地（东西向各设置一条长 500 m 样线，间距 10 m 内设一个 4 m × 4 m 样方，共 50 个样方）和一个二维样地（大样方面积为 40 m×40 m，内设 4 m×4 m 样方 100 个），测定分析了土壤碳酸钙含量和有效磷含量，探讨了土壤土壤碳酸钙与有效磷比（土壤钙磷比）对植物群落密度的影响（赵雪莱等, 2012）。其中，一维样地中，毛乌素沙地为半固定沙地油蒿群落，腾格里沙漠为固定沙地油蒿群落；二维样地中，毛乌素沙地为固定沙地油蒿群落，腾格里沙漠为固定沙地油蒿+冷蒿群落。

理论分析表明，引起土壤钙磷比化学计量特征增大的情形有 3 种，一是碳酸钙增多、有效磷减少导致钙磷比增大，二是碳酸钙的增幅大于有效磷的增幅导致钙磷比增大，三是碳酸钙的减幅小于有效磷的减幅导致钙磷比增大。

一维样地描述统计结果表明，毛乌素沙地油蒿群落半固定沙地土壤钙磷比较小（0.43），腾格里沙漠油蒿群落固定沙地土壤钙磷比（1.08）比毛乌素沙地油蒿群落半固定沙地大（表 3-6）。从二者平均值和变异系数的变化可看出，腾格里沙漠油蒿群落固定沙地土壤钙磷比的增大是由于碳酸钙增多而有效磷减少导致的情形。

二维样地描述统计结果表明（表 3-7），毛乌素沙地油蒿群落固定沙地土壤钙磷比较小（0.66），腾格里沙漠油蒿+冷蒿群落固定沙地土壤钙磷比（10.61）比毛乌素沙地油蒿群落固定沙地大一个量级。腾格里沙漠油蒿+冷蒿群落固定沙地与毛乌素沙地油蒿群落固定沙地相比，腾格里沙漠油蒿+冷蒿群落固定沙地土壤钙磷比增大则属于碳酸钙显著增多而有效磷显著减少引起的情形。从表 1 和表 2 中可看出，四个样地中毛乌素沙地油蒿群落固定沙地土壤钙磷比较小但其变异系数最大，这是由于毛乌素沙地油蒿群落固定沙地碳酸钙含量变异较大所致。

表 3-6 腾格里沙漠油蒿群落固定沙地和毛乌素沙地油蒿群落半固定沙地土壤碳酸钙与有效磷比的统计

属性	地点	观测数	平均	最小值	最大值	标准误	标准差	峰度	偏度	变异系数(%)
$CaCO_3$ 含量	腾格里沙漠	50	4.91	1.36	10.01	0.30	2.10	0.27	0.69	42.77
（g/kg）	毛乌素沙地	50	2.16	0.64	9.02	0.18	1.26	17.41	3.42	58.33
磷含量	腾格里沙漠	50	4.78	2.78	7.03	0.14	0.97	-0.11	0.42	20.29
（mg/kg）	毛乌素沙地	50	5.01	3.74	6.86	0.11	0.78	-0.61	0.43	15.57
钙磷比	腾格里沙漠	50	1.08	0.27	2.08	0.07	0.51	-0.69	0.52	47.22
	毛乌素沙地	50	0.43	0.16	1.47	0.03	0.23	7.09	2.22	53.49

表 3-7 腾格里沙漠油蒿+冷蒿群落固定沙地和毛乌素沙地油蒿群落固定沙地土壤碳酸钙与有效磷比的统计

属性	地点	观测数	平均	最小值	最大值	标准误	标准差	峰度	偏度	变异系数(%)
$CaCO_3$ 含	腾格里沙漠	100	18.89	9.10	54.81	0.66	6.61	9.38	2.43	34.99
量（g/kg）	毛乌素沙地	100	3.55	0.21	19.13	0.39	3.86	3.66	2.01	108.73
磷含量	腾格里沙漠	100	1.96	0.60	3.72	0.07	0.71	-0.41	0.35	36.22
（mg/kg）	毛乌素沙地	100	6.22	1.45	12.56	0.23	2.26	-0.19	0.21	36.33
钙磷比	腾格里沙漠	100	10.61	3.84	32.16	0.53	5.27	4.24	1.93	49.67
	毛乌素沙地	100	0.66	0.03	3.77	0.08	0.76	5.61	2.31	115.15

进一步分析得知，毛乌素沙地油蒿群落固定沙地与毛乌素沙地油蒿群落半固定沙地相比，毛乌素沙地油蒿群落固定沙地土壤钙磷比增大属于碳酸钙增幅大于有效磷增幅引起的情形。腾格里沙漠油蒿+冷蒿群落固定沙地与腾格里沙漠油蒿群落固定沙地相比，腾格里沙漠油蒿群落固定沙地土壤钙磷比增大属于碳酸钙显著增多而有效磷显著减少引起的情形。

引起土壤钙磷比增大的原因不同，其对植物群落植物密度的影响就可能不同，这在下面分析。

回归分析表明，随土壤钙磷比的增大，毛乌素沙地油蒿群落半固定沙地的油蒿密度呈对数函数显著增大，回归显著性概率为 0.016（图 3-14）；但随土壤钙磷比的增大，腾格里沙漠油蒿群落固定沙地的油蒿密度呈直线线性显著减小，回归显著性概率为 0.025（图 3-14）。从图中可看出，二者的钙磷比都小于 2.5，但毛乌素沙地油蒿群落半固定沙地土壤的钙磷比集中于 0.3～0.6，而腾格里沙漠油蒿+冷蒿群落固定沙地则集中于 0.6～1.8。这表明在不同生境中，尽管土壤钙磷比的量级大体相同，但对油蒿密度的影响不同。

回归分析表明，随土壤钙磷比的增大，毛乌素沙地油蒿群落固定沙地的油蒿密度呈对数函数显著增大，回归显著性概率为 0.000（图 3-15）。然而，随土壤钙磷比的增大，腾格里沙漠油蒿+冷蒿群落固定沙地的油蒿密度也呈对数函数显著增大，回归显著性概率为 0.021（图 3-16）；而冷蒿密度则呈对数函数显著减小，回归显著性概率为 0.002（图 3-16）。

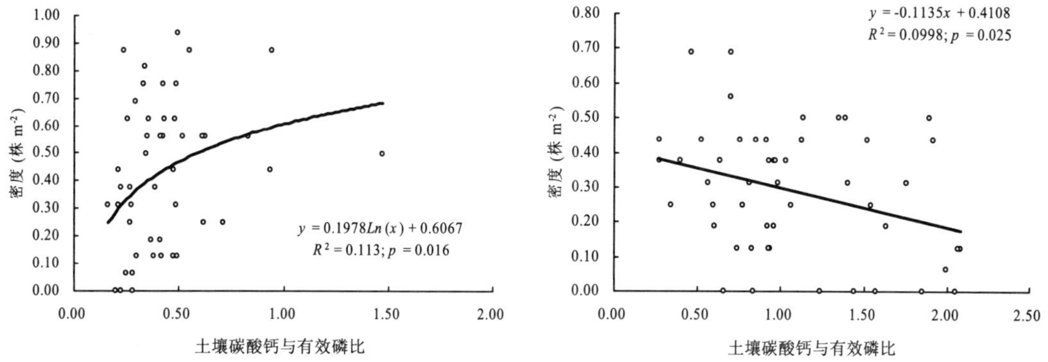

图 3-14　毛乌素沙地（左）和腾格里沙漠（右）油蒿群落一维样地油蒿密度与土壤钙磷比之间的关系

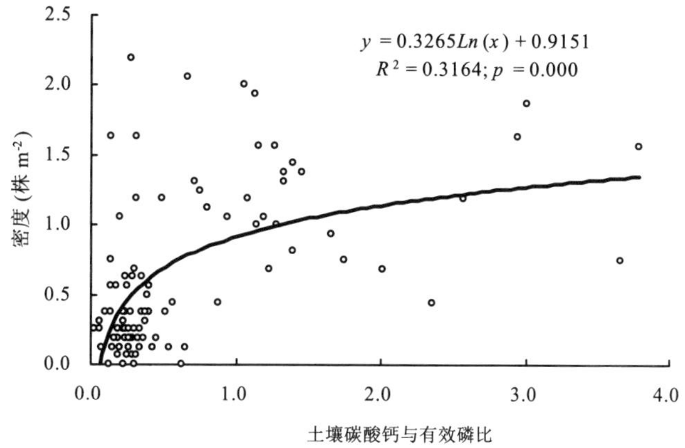

图 3-15　毛乌素沙地油蒿群落二维样地油蒿密度与土壤钙磷比之间的关系

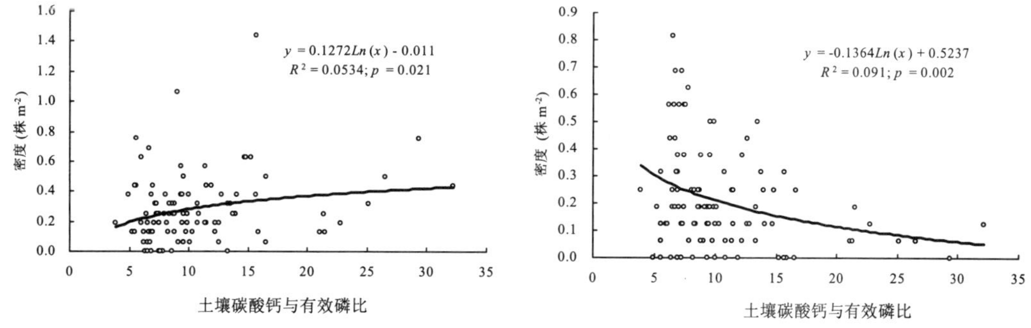

图 3-16　腾格里沙漠油蒿+冷蒿群落二维样地油蒿（左）和冷蒿（右）密度与土壤钙磷比之间的关系

在毛乌素沙地油蒿群落固定沙地，土壤钙磷比集中于 0.1～1.5；而在腾格里沙漠油蒿+冷蒿群落固定沙地，土壤钙磷比集中于 5～15。这表明在不同生境中，土壤钙磷比的量级不同，对油蒿密度的影响却相同；但在同一生境中，相同的土壤钙磷比对不同物种的密度影响不同。

土壤钙磷比化学计量特征能够影响植物密度的变化，这可能是土壤化学计量特征影响生物化学计量特征的结果，但土壤化学计量特征本身的变化类型和变化幅度也很关键。

我们的研究结果表明，毛乌素沙地油蒿群落半固定沙地油蒿的密度随土壤钙磷比的增大而增大，腾格里沙漠油蒿群落固定沙地油蒿的密度随土壤钙磷比的增大而减小，这表明土壤钙磷比化学计量特征确实是影响植物密度变化的一个因素。但腾格里沙漠油蒿群落固定沙地油蒿密度的变化规律符合已有研究结果，而毛乌素沙地油蒿群落半固定沙地油蒿密度的变化规律就有点费解了。腾格里沙漠样地地处腾格里沙漠，属干旱区，这里随着沙丘的固定，土壤中较高的微生物活性会促进油蒿枯枝落叶的分解，进而加速钙离子的释放（王海涛等, 2007c），所以腾格里沙漠油蒿群落固定沙地土壤中总钙含量相对较高，土壤中存在较大的钙离子库（Braschi 等, 2003）。大量液相的钙离子的活动直接导致钙-磷沉淀相的形成（Tunesi 等, 1999; Carreira 等, 2006），例如磷酸二钙和磷酸八钙（Von Wandruszka, 2006; Ma 等, 2009）。另一方面，腾格里沙漠样地随着沙丘的固定，土壤中碳酸钙含量显著增加（王海涛等, 2007a），较高含量的碳酸钙会使土壤 pH 升高，这进一步促进钙离子与磷的沉淀（Tunesi 等, 1999; Zhao 等, 2007），从而降低土壤中磷的有效性（Arnesen 等, 2007），因此，腾格里沙漠油蒿群落固定沙地土壤钙磷比化学计量特征与油蒿的密度呈负相关。然而，毛乌素沙地油蒿群落半固定沙地土壤钙磷比与油蒿密度呈正相关，这意味着随土壤钙磷比的增加亦即随土壤碳酸钙含量的增多，土壤碳酸钙对磷的有效性的限制并不是很严重。承前所述，毛乌素沙地油蒿群落半固定沙地属半干旱区，毛乌素沙地样地年均降水量（414 mm）明显高于腾格里沙漠样地（186.6 mm），毛乌素沙地油蒿群落半固定沙地土壤碳酸钙的平均含量（2.16 g/kg）明显低于腾格里沙漠油蒿群落固定沙地（4.91 g/kg），而有效磷的平均含量（5.01 mg/kg）却高于腾格里沙漠样地（4.78 mg/kg），故土壤碳酸钙对土壤有效磷的限制较小。同时，相对较少的土壤碳酸钙使得土壤中钙离子水平相对较低，油蒿处于钙限制状态。由于钙离子在植物抗旱性中起重要作用（Kawano 等, 1998; Peng 等, 1999; Larkindale 和 Knight, 2002），因而在钙缺乏状况下，细胞中多个过程甚至会发生钙竞争（Simon, 1978），所以在发生钙限制时，钙离子的增加利于植物的生长，而毛乌素沙地半固定沙地样地碳酸钙溶出的钙离子及较高的磷有效性对植物生长有利，因此，在毛乌素沙地油蒿群落半固定沙地，土壤钙磷比化学计量特征与油蒿密度呈正相关。

我们的研究结果表明，随土壤钙磷比的增大，毛乌素沙地油蒿群落固定沙地油蒿的密度显著增大。可见，毛乌素沙地固定沙地和半固定沙地油蒿群落中土壤钙磷比与油蒿密度之间的关系完全相同。如结果分析中所述，毛乌素沙地油蒿群落固定沙地较半固定沙地而言，土壤碳酸钙含量和有效磷含量以及土壤钙磷比都略有增加，但没有发生量级上的改变，因而，毛乌素沙地固定沙地样地油蒿植物仍处于钙限制状态，所以，土壤钙磷比化学计量特征与油蒿密度仍然呈正相关关系。

然而，腾格里沙漠油蒿+冷蒿群落固定沙地的结果却与腾格里沙漠油蒿群落固定沙地截然不同。腾格里沙漠油蒿+冷蒿群落固定沙地油蒿的密度随土壤钙磷比的增大而增大。统计表明，腾格里沙漠油蒿+冷蒿群落固定沙地土壤碳酸钙平均含量（18.89 g/kg）远高于腾格里沙漠油蒿群落固定沙地，而土壤有效磷平均含量（1.96 g/kg）远低于腾格里沙漠油蒿群落固定沙地，导致平均土壤钙磷比（10.61）远高于腾格里沙漠油蒿群落固定沙地（1.08），可以看出，这两个样地的土壤碳酸钙含量、有效磷含量以及土壤钙磷比都存在量级上的差异。由此我们可以推知，由于腾格里沙漠样地土壤碳酸钙明显增多、有效磷明显降低，土壤中碳酸钙对磷的有效性限制增强，植物处于磷胁迫相对严重的状态。但上面我们分析腾格里沙漠样地时提到，干旱区土壤碳酸钙含量的增多会限制土壤磷的有效性，随土壤钙磷比的增大，腾格里沙漠固定沙地油蒿密度降低，但腾格里沙漠油蒿+冷蒿群落固定沙地怎么又出现随土壤钙磷比增大油蒿密度增大的现象？我们认为这是由土壤碳酸钙显著增多、有效磷显著减少造成的。在腾格里沙漠油蒿+冷蒿群落固定沙地，由于沙丘固定时间较长（近 60 年），群落总生物量长期基本衡定，枯枝落叶形成的有机质所释放的磷大多被植物所固持，土壤中的有效磷明显减少，但植物利用土壤中的碳酸钙较少，土壤碳酸钙含量随有机质增多而增多（Zhang 等, 2010），大一量级的碳酸钙含量与小一量级的有效磷含量导致较大的土壤钙磷比这时实际上主要体现为较少的土壤有效磷对油蒿的影响，也就是说，这时土壤中碳酸钙对磷的有效性的限制更强，随土壤钙磷比的增大意味着随土壤有效磷的减少，在本研究中，腾格里沙漠油蒿+冷蒿群落固定沙地油蒿密度随土壤钙磷比的增大而增大就意味着随土壤有效磷的减少而增大，反过来说，这意味着腾格里沙漠油蒿+冷蒿群落固定沙地油蒿密度随土壤有效磷的增多而减小。事实上，回归分析表明，随土壤有效磷的增多，腾格里沙漠油蒿+冷蒿群落固定沙地的油蒿密度也呈对数函数显著减小，回归方程为 $y = 0.1375Ln(x) + 0.3607$，$R^2 = 0.0552$，$p = 0.019$。因此，当土壤碳酸钙大一量级增多、有效磷小一量级减少时，随土壤钙磷比的增大，腾格里沙漠油蒿+冷蒿群落固定沙地油蒿的密度增大。

值得指出的是，在腾格里沙漠油蒿+冷蒿群落固定沙地，植物群落处在演替中，油蒿正在退出，冷蒿正在侵入，本研究表明，随土壤钙磷比的增加，油蒿密度逐渐增大，冷蒿密度逐渐减小，这表明土壤钙磷比的变化能够影响植物群落的演替。究其原因，这不但是蒿属植物繁殖对策方面存有差异，干旱区水分影响植物，而更重要的还是土壤的钙磷比在起作用，尤其是土壤有效磷。承上所述，腾格里沙漠油蒿+冷蒿群落固定沙地的油蒿密度随土壤有效磷的增多而减小。回归分析表明，随土壤有效磷的增多，腾格里沙漠油蒿+冷蒿群落固定沙地的冷蒿密度呈对数函数显著增大，回归方程为 $y = -0.1985Ln(x) + 0.0943$，$R^2 = 0.1703$，$p = 0.000$。由于磷素利用率与植物抗旱性之间有密切关系（Gnanasire, 1990），冷蒿较油蒿有较强的磷素利用率，同时油蒿和冷蒿在根系存活率及根系溶磷分泌物的释放率等不同（Ma 等, 2009），这些原因导致了随土壤钙磷比的增加油蒿密度增大而冷蒿密度减小。另一方面，腾格里沙漠样地平均土壤钙磷比为 10.61，由此我们可以推论，在干旱区草原化荒漠（刘媖心, 1988），土壤钙磷比化学计量特征超过 10 以后，随土壤钙磷比的增大，植物群落有可能发生演替。

前人研究表明，土壤碳酸钙（Zuo 等, 2007; Pedersen 等, 2011）和土壤有效磷（Holford, 1997; Arnesen 等, 2007）都对植物生长有重要的影响，本研究又证明土壤钙磷比对油蒿密度也有重要的影响，那么，土壤碳酸钙、有效磷和土壤钙磷比三者谁对植物生长影响更大一些？盆栽实验结果表明，土壤钙磷比对油蒿地上部生物量生长率有较大影响，对油蒿幼苗根重有最大影响，这表明土壤钙磷比对油蒿生物量有重要的影响，土壤钙磷比对植物生物量的长期影响最终会体现于密度的变化，这正如以上结果。

综合上述，土壤钙磷比化学计量特征对油蒿密度的影响与气候带与土壤钙磷比化学计量特征的增加类型有关。在半干旱区，当土壤钙磷比小于 2.5 时，随土壤钙磷比的增加油蒿密度逐渐增大；当土壤钙磷比未发生量级变化时，即其小于 5 时，尽管碳酸钙增幅大于有效磷增幅，但随土壤钙磷比的增加油蒿密度亦逐渐增大，此时土壤钙磷比与油蒿密度之间的关系不变。但在干旱区，尽管土壤钙磷比未发生量级变化，即当土壤钙磷比小于 2.5 时，随土壤钙磷比的增加油蒿密度却逐渐减小，这与半干旱区截然不同；但当土壤钙磷比发生量级变化时，即当土壤钙磷比变化于 5～15（平均为 10.61）时，出现土壤碳酸钙显著增多而有效磷显著减少，随土壤钙磷比的增加油蒿密度却又逐渐增大，此时土壤钙磷比与油蒿密度之间的关系发生改变。可见，引起土壤钙磷比化学计量特征增大的原因不同，其对植物密度的影响也不同。

总之，生态化学计量特征包括生物化学计量特征、植被化学计量特征和土壤化学计量特征，它是最重要的生态恢复理论，它是管理植被恢复生态的基础。

4 宁夏盐池生态恢复区的划分

4.1 植被生态恢复区的划分依据

4.1.1 自然条件

盐池县地处106°3′～107°47′E，37°04′～38°10′N，位于宁夏与陕西、甘肃和内蒙古接壤，全县辖4镇（花马池、大水坑、惠安堡和高沙窝）4乡（王乐井、冯记沟、青山和麻黄山），总面积8661 km²，海拔在1300～1951 m之间，平均海拔1600 m。气候属典型的温带大陆性季风气候，干旱少雨，日照充足，全县年平均日照时数2876 h。年平均气温7.7°C，最冷月（1月）平均气温-8.3℃，最热月（7月）平均气温为22.6℃，气温年较差在30℃以上。年平均降水量 296.5 mm，由东南向西北递减，降水变率大，其中 80%以上的降水集中在5-9月。年蒸发量高达2131.7 mm，蒸发量为降水量的6～7倍。平均无霜期为239天，绝对无霜期只有100天左右。全年主风向为西风和西北风，风大沙多，年平均扬沙日数61.7天，沙暴日数18.6天，生态环境脆弱。

盐池县气候由干旱向半干旱过渡，其中重要的原因是由于降水量地处过渡带（干旱区和半干旱区的分界标准是250 mm 雨量线）（图4-1）。

盐池县主要为剥蚀的准平原地形，分为黄土高原丘陵和鄂尔多斯缓坡丘陵两大地貌单元，是黄土高原向鄂尔多斯台地过渡地带，地势南高北低。南部靠黄土高原，为黄土丘陵地貌，沟壑纵横，面积约1392 km²，占全县面积约20%；中、北部与毛乌素沙漠接壤，为鄂尔多斯缓坡丘陵地貌，面积约5548 km²，约占全县面积的80%，大部分为缓坡滩地。其主要地貌类型包括：侵蚀高坡丘陵、缓坡丘陵、平坦洼地、河流冲沟和沙地丘陵。沙丘已成为鄂尔多斯缓坡丘陵区的主要地貌类型之一。县内没有高大的山脉，虽有麻黄山、牛家山，佟家山、灵应山、陈家山、钱家山、刘家山等，但均属突起的丘陵。各类土地利用面积见表4-1。

盐池县境内成土母质主要有黄土母质、洪积冲击物、风积物和母岩风化物，表层土壤具有黄土的特征，容易被暴雨冲蚀。大部分土壤结构松散，肥力较低，土壤类型以灰钙土为主（图4-2），其次为黑垆土和风沙土，此外还有盐土、白浆土、潮土和新积土。灰钙土土层较厚，有机质含量较高，有机质层厚约 15～30 cm，表层以下，多有石灰淀积，质地多轻壤，耕性尚好，农用地多分布在黄土区及川、盆、涧沟等低平处。风沙土分布于县境内的中北部沙地。黑垆土是盐池县干草原生物气候带条件下形成的地带性土壤，土层深厚，以轻壤土为主。灰钙土和黑垆土与该地所属的荒漠草原气候带一致，二者均为林木建植、水土保持的主要利用土壤。潮土和盐土是受地下水和易溶盐强烈变动而形成的隐域性土壤；

风沙土是特定地质条件下的沙源经植物作用而成，新积土和堆垫土是无明显成土过程的母质土壤。近年来，随植被退化程度的加剧，表土质地中沙土比例不断上升，机械组成中细沙颗粒多，占到 70%～90%。

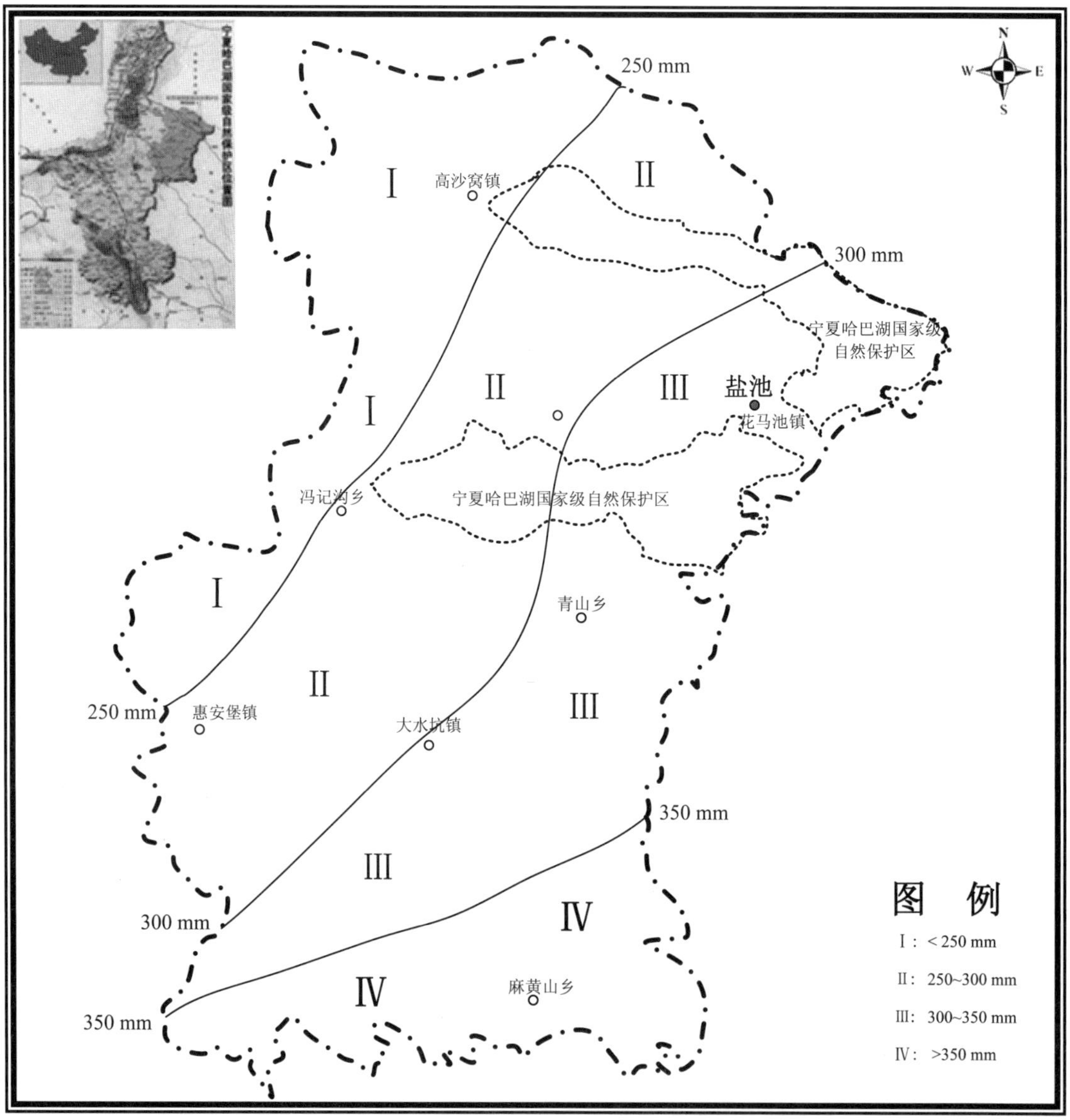

图 4-1 盐池县降水量分布图

表 4–1 盐池县各类土地利用面积

分区	面积	耕地		草地		林地		其他	
	10^4 hm^2	10^4 hm^2	%	10^4 hm^2	%	10^4 hm^2	%	10^4 hm^2	%
南部黄土丘陵区	12.96	4.09	6.05	8.13	12.02	0.01	0.01	0.72	1.06
中部波状丘陵区	26.18	3.99	5.90	21.71	31.11	0.44	0.65	0.04	0.06
北部风沙地貌区	28.47	3.81	5.64	21.76	32.18	0.16	0.24	2.74	4.05
合计	67.61	11.90	17.59	51.59	76.32	0.61	0.90	3.78	5.18

引自王一谋, 1991。

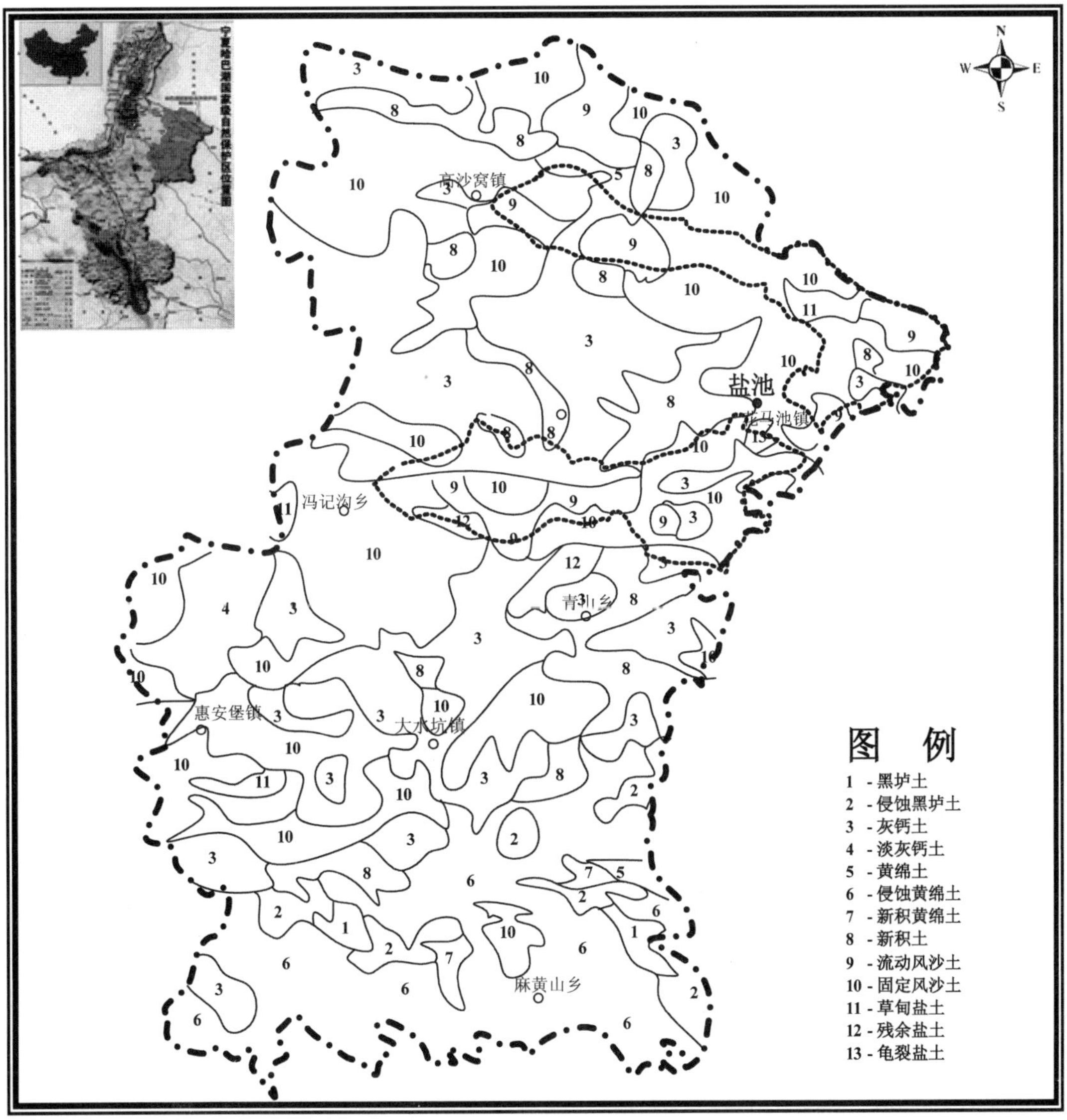

图 4–2 盐池县土壤类型分布图

盐池县水资源匮乏，县内无大河流，地表水以大气降水和泉水注入为主。地表水资源主要决定于降水量大小及降水形成，此外还受地貌、植被、土壤等因素的影响。南部主要有山水河、苦水河、东川、打伙店沟等季节性河流。中北部为内陆冲沟水系，南部和西南部为黄河水系的支沟。全县多年平均迳流量 1925 万 m^3，由于地表水大部分是雨洪迳流且分散，利用率为储存总量的 20%以下。县内地下水总体上呈现出从北到南水量逐渐减少，水质渐差，埋深逐渐增加的趋势，地下水总量 3313.8 万 m^3/a，可开采量为 1892.6 万 m^3/a。另外，扬黄灌区从南至北辐射惠安堡、冯记沟、青山、王乐井和花马池五个乡镇，分配盐池县的年度引水净用量 4552.3 万 m^3。地表水形成冲沟水系，一般沟长 5～18 km，其中盐池中北部南北走向分水岭东侧的冲沟水系流量较大，多为季节性河流。地表水流汇聚形成湖泊、沼泽或湿地，哈巴湖国家级自然保护区是野生动植物重要的栖息和繁殖地。境内地下水位于宁夏地下水资源区的陶灵盐台地区东部波状台地亚区，含水层主要为第四系洪积砂砾石层、黏砂土层，潜水主要补给来源为大气降水。

4.1.2 植被类型

盐池县植被在区系上属于欧亚草原区，亚洲中部亚区，中国中部黄土高原的过渡地带。县内共记录种子植物 489 种，分属 73 科，276 属，其中野生 53 科，311 种。科属组成以禾本科、菊科、豆科和藜科为主，四科植物占植物总数的 43.8%。盐池县地处气候、土壤的过渡地带，植被类型也呈现出自南向北交错演替的过渡性特点。县内没有天然林，主要植被类型有灌丛、草原、草甸、沙地植被和荒漠，其中灌丛、草原和沙地植被分布广、所占数量较高（表 4-2）。灌丛主要有沙柳灌丛和小叶锦鸡儿灌丛，其中沙柳灌丛广泛分布于县北部流动沙丘，总盖度约 30%；小叶锦鸡儿灌丛则分布于李吉沟石质丘陵地区，灌丛总盖度约 50%。

草原按地带性可分为干草原植被、荒漠草原植被、沙生植被和隐域性植被（盐生植被和草甸植被）4 个植被类型；根据全国重点牧区草场资源调查大纲和技术规程，盐池县草场可分为 4 大类、23 个组 104 个型。草原植被区域分布特点是北部沙生植物较多，中部南部旱生植物多。

表 4–2　盐池植被类型及特点

植被型组	植被型	植被亚型	群系组	群系	主要特点与分布
灌丛	落叶灌丛	温性落叶灌丛	沙地适温落叶灌丛	小叶锦鸡儿灌丛、沙柳灌丛	盐碱地、沙地等极端环境下的灌丛群落多具有草原化或草甸化的性质和特征
			黄土地落叶灌丛	胡枝子灌丛	
		盐碱地潜水落叶灌丛	盐碱地落叶灌木	白刺灌丛、柽柳灌丛	
草甸	盐生草甸	低地盐生草甸	高丛生禾草草甸	芨芨草草甸	
			一年生草本盐生草甸	碱蓬草甸	
			中生杂类草草甸	蒲公英+苦荬菜草甸	
			根茎禾草草甸	小芦草草甸	
	典型草甸	低地典型草甸	低地湿地草甸	长叶碱毛茛草甸、隐花草草甸	

续表

植被型组	植被型	植被亚型	群系组	群系	主要特点与分布
草原及草原带沙生植被	草原	干草原	丛生禾草草原	长芒草草原、华灰早熟禾+隐子草草原	草原植被以干草原和荒漠草原为主体，并具有草原向荒漠过渡的特征
			中生杂类草草原	百里香草原	
		荒漠草原	丛生禾草草原	短花针茅草原、戈壁针茅草原、蒙古冰草草原	
			小灌木荒漠草原	猫头刺草原	
			小半灌木荒漠草原	牛枝子草原	
			旱生杂类草荒漠草原	大苞鸢尾草原	
			小灌木半灌木荒漠草原	川青锦鸡儿+铁杆蒿草原	
	草原带沙生植被	温性落叶小半灌丛植被	半灌木沙生植被	油蒿群落	草原植被带的沙生植被主要分布于宁夏中、北部的盐池、灵武、陶乐一带的大面积沙区，散布于引黄灌区农田间的局部地段，属荒漠草原植被带
			小灌木沙生植被	杠柳群落	
		杂类草沙生植被	旱中生杂类草沙生植被	甘草群落、苦豆子群落	
		禾草沙生植被	根茎禾草沙生植被	白草群落、蒙古冰草群落	
		沙地先锋植被	一年生草本沙生植被	沙米群落、雾冰藜群落	
荒漠	荒漠	超旱生小灌木荒漠	超旱生小灌木荒漠	猫头刺+红砂荒漠、川青锦鸡儿荒漠	荒漠分布于盐池西北边缘，此带年均降雨量 200 mm 左右，土壤为淡灰钙土和流动风沙土
		沙生半灌木荒漠	沙生半灌木荒漠	籽蒿荒漠	
		超旱生灌木荒漠	落叶灌木荒漠	柠条锦鸡儿荒漠	
沼泽和水生植被	沼泽	草本沼泽	根茎禾草沼泽植被	芦苇沼泽	沼泽植被主要由芦苇、水葱、扁杆藨草、狭叶香蒲等多年生沼生植物为建群成分，植物群落具有生长茂密、生产力较高等特征
			莎草型沼泽植被	扁杆藨草沼泽	
			杂类草沼泽	狭叶香蒲沼泽	
	水生植被	沉水植被		穿叶眼子菜群落、龙须眼子菜群落	
		浮水植被		荇菜群落	
		挺水植被		芦苇群落	

草原植被可分为干草原植被、荒漠草原植被、沙地植被和隐域性植被（表 4-3、图 4-3），分布特点是北部沙生植物较多，中部南部旱生植物多，自南向北由干草原向荒漠草原逐渐过渡，二者分界线大致与 300 mm 等雨线一致，地理位置在东塘、安定沟、鸦儿沟、马儿庄、惠安堡一线。干草原主要分布于南部黄土丘陵区和中部滩地，海拔 1600 m 以上，占全县总面积的 2/3，土壤以浅黑垆土和侵蚀黑垆土为主。自南向北分布的主要植物群系为大针茅群系（Form. *Stipa grandis*）、长芒草群系（Form. *S. bungeana*）、百里香群系（Form. *Thymus serphyllum* var. *mongolicus*）、沙芦草群系（Form. *Agropyron crisatum*）、无芒隐子草（Form. *Cleisogenes mutica*）群系和赖草群系（Form. *Leymus secalinus*），都有较高的饲用价值。主要伴生植物有冰草（*Agropyron crisatum*）、白草（*Pennisetum flaccidum*）、达乌里胡

枝子（*Lespedeza dahurica*）、牛枝子（*L. potaninii*）、委陵菜（*Potentilla spp*）、银灰旋花（*Convolvulus ammannii*）、糙隐子草（*Cleistogenes squarrosa*）、毛莲蒿（*Artemisia vestita*）、硬质早熟禾（*Poa ochotensis*）、阿尔泰狗娃花（*Heteropappus altaicus*）等。南部黄土丘陵区水分、土壤条件较好，植被生长状况较好，覆盖度 50%～70%；至中部地区覆盖度降至 30%～50%。

表 4–3 宁夏盐池县草原资源状况

名称	面积（km^2）	比例（%）	类型	比例（%）
干草原草原类	1024.8	22.44	低丛生禾草草场组	17.67
			一年生蒿类草场组	1.3
			根茎禾草草场组	0.45
			旱生蒿类草场组	1.18
			旱生杂类草草场组	0.99
			中旱生蒿类半灌木	0.07
			旱生豆科草场组	0.63
			多年生沙生植物组	18.36
			根茎禾草	4.58
			低丛生禾草草场组	3.94
荒漠草原草场类	1621.3	32.62	有刺小灌木	1.13
			一年生蒿类草场	2.77
			一年生禾草类草场	0.13
			一年生藜科植物类草场	4.34
			沙生半灌木组	24.02
			多年生沙生植物组	7.69
			低丛生禾草草场组	1.17
沙生植被草场类	1716.2	39.8	有刺小灌木	0.45
			一年生蒿类草场	2.73
			根茎禾草	0.04
			一年生藜科植物类草场	1.21
盐生植被类	236.4	5.14	盐生灌木	4.96
			一年生盐生植物	0.18

引自《盐池县农业区划报告汇编》，1985, 129～135。

荒漠草原主要分布于南北分水岭干草原线以北大部分地区，海拔在 1400～1600 m 以下，地势平缓，丘陵起伏不大，土壤以灰钙土为主。典型群系为短花针茅群系（Form. *S. breviflora*）、戈壁针茅群系（Form. *S. tianshanica* var. *gobica*）、甘草群系（Form. *Glycyrrhiza uralensis*）和猫头刺群系（Form. *Oxytropis aciphylla*），广泛分布于中、西部的缓平地或梁地上，覆盖度 30%左右，主要伴生植物有长芒草、大针茅、沙芦草、白草、赖草、冰草、无芒隐子草、牛枝子、猫耳刺（*Caragana roborovskyi*）、沙珍棘豆（*Oxytropis pasmmocharis*）、草木樨状黄芪（*Astragalus melilotoides*）、银灰旋花、牛心朴子（*Cynanchum komarovii*）星毛委陵菜（*Potentilla acaulis*）、二裂委陵菜（*P. bifurca*）、狗尾草（*Setaria viridis*）、猪毛蒿（*Artemisia seonaria*）、绵蓬（*Corispemem spp*）、画眉草（*Eragrostis poaeoides*）、雾冰藜（*Bassia dasyphylla*）等。

图 4–3　盐池县植被类型分布图

沙地植被主要分布在盐池县北部的鄂尔多斯缓坡丘陵的平铺沙地，固定、半固定及流动沙丘，土壤以风沙土为主。主要有油蒿群系（Form. *Artemisia ordosica*）、和籽蒿群系（Form. *A. sphaerocephala*）和苦豆子群系（Form. *Sophora alopecuroides*），主要伴生种有虫实（*Corispermum spp.*）、猪毛菜（*Salsola spp.*）、沙蓬（*Agriophyllum squarrosum*）、沙鞭（*Psammochola mongolica*）、砂珍棘豆（*Oxytropis psammocharis*）、猪毛蒿（*A. scoparia*）、冰草、赖草、狗尾草、拂子茅（*Calamagrostis epigejos*）和牛心朴子等，覆盖度一般在 10%～30%左右，它们对控制流动沙丘，防止风蚀和固沙具有重要作用。

盐生植被草场类（含草甸）主要分布在盐池中北部，盐碱湖、低洼地周围和沟谷两边，地下水位较高，土壤中含盐量较大，主要有白刺群系（Form. *Nitraria tangutorum*）、芨芨草群系（Form. *Achnatherum splendens*）和盐爪爪群系（Form. *Kalidium Foliatum*）等。盐爪爪群系主要分布在北部和东部低洼盐碱地，群落覆盖度在80%以上，群落伴生植物有红砂（*Reaumuria soongorica*）、中亚滨藜（*Atriplex centralasiatica*）、碱蓬（*Suaeda glauca*）、碱蒿（*A. anethifolia*）等；芨芨草草群系在盐池中部与东部各低洼盐碱地均有分布，芨芨草呈密从生，群落覆盖度可达80%，伴生种有苦马豆（*Swainsonia salsula*）、金色补血草（*Limonium aureum*）、雾冰藜、中亚滨藜、盐爪爪、白草、赖草、细叶鸢尾（*Iris tenuifolia*），草层高度在26 cm左右，覆盖度40%。本类草场包括3个草场组、10个草场型。

灌丛植被主要有沙柳群系（Form. *Salix psammophila*）、小叶锦鸡儿群系（Form. *Caragana microphylla*）、白刺群系和杠柳群系（*Periploca sepium*）等，其中以沙柳群系和小叶锦鸡儿群系两大群系分布面积最大，沙柳灌丛分布于哈巴湖大沙带以北的广大沙地上，南海子、惠安堡等地分布。在丘间洼地上北沙柳呈密丛生长，高度可达2 m，总盖度达30%，为固沙先锋树种。群落中还可见籽蒿、油蒿、沙米、绳虫实（*Corispermum deslinatum*）、刺蓬（*Salsola pestifer*）等。小叶锦鸡儿灌丛主要分布于李吉沟石质丘陵地区青山、红井子等地的砂质地段。灌丛高度不超过lm，密度较大，总盖度可达80%。在不同地段分别与猫头刺、苦豆子、牛心朴子等形成不同的群丛。群落中常见的草本有短花针茅、绳虫实、银灰旋花、砂珍棘豆、短翼岩黄芪（*Hedysarum brachypterum*）和蒙古葱（*Allium mongolicum*）等。

人工植被有杨树（*Populus spp.*）、榆（*Ulmus pumila*）、樟子松（*Pinus sylvestris* var. *mongolica*）、旱柳（*Salix matsudana*）、沙枣（*Elaeagnus angustifolia*）、枣（*Zizyphus jujuba*）、山杏（*Prunus sibirica*）、山桃（*P. davidiana*）、刺槐（*Robinia pseudocacia*）、柠条（小叶锦鸡儿）、沙柳、毛条（柠条锦鸡儿 *C. korshinskii*）、紫穗槐（*Amorpha fruticosa*）、柽柳（*Tamarix sp.*）和沙棘（*Hippophae rhamnoides*）等。

4.1.3 荒漠化现状

盐池县在气候、植被、土壤等方面均属典型的过渡地带（半干旱区向干旱区过渡，干草原向荒漠过渡，农区向牧区过渡，黄土高原向鄂尔多斯台地过渡），沙源丰富，干旱多风的气候特点为风蚀荒漠化提供了动力条件。自然植被以沙生植被为主体，草原植被次之，环境的特殊性导致该地区植被总覆盖度较低，生态环境脆弱，植被退化造成严重的土地荒漠化（图4-4）。土地荒漠化数据表明，1961～1999，盐池县荒漠化面积总体上呈扩大趋势，荒漠化土地面积年均增长率4.03%（张克斌等，2003）。各类沙质荒漠化土地面积也达35.93万hm^2，占全县面积的42%（凌侠等，2004），其中以草场沙质荒漠化最为严重和典型。然而，自1961年以来，由于气候、人口以及政策的变化，荒漠化程度在不同时期的具有明显的差异，其荒漠化面积变化大致可分为以下几个阶段：

①1961～1983年，由于不合理开垦种植农作物和过度放牧等人为原因，导致流动沙地和浮沙地显著增加，但总体上荒漠化年增长率较小。

②1983～1987年，荒漠化年增长率较大，由于过度放牧、滥挖药材等人为干扰因素依然存在，浮沙地面积仍继续增加，原未沙化土地继续形成新的沙地。但随三北防护林建设，且造林工程主要集中在流动沙地，使得流动沙地面积迅速缩小，转为半流动沙丘和固定沙丘。

③1987~~1999 年，荒漠化年增长率有所下降。

④2000 年至今，源自 2001 年国家推行退耕还林、退耕还草工程，而盐池县也与 2002 年 11 月开始在全县范围内实施禁牧，以促进生态环境的恢复。自退耕和禁牧政策实施以来，加之实施人工封育、补植等措施，盐池县荒漠化形势有所遏制。

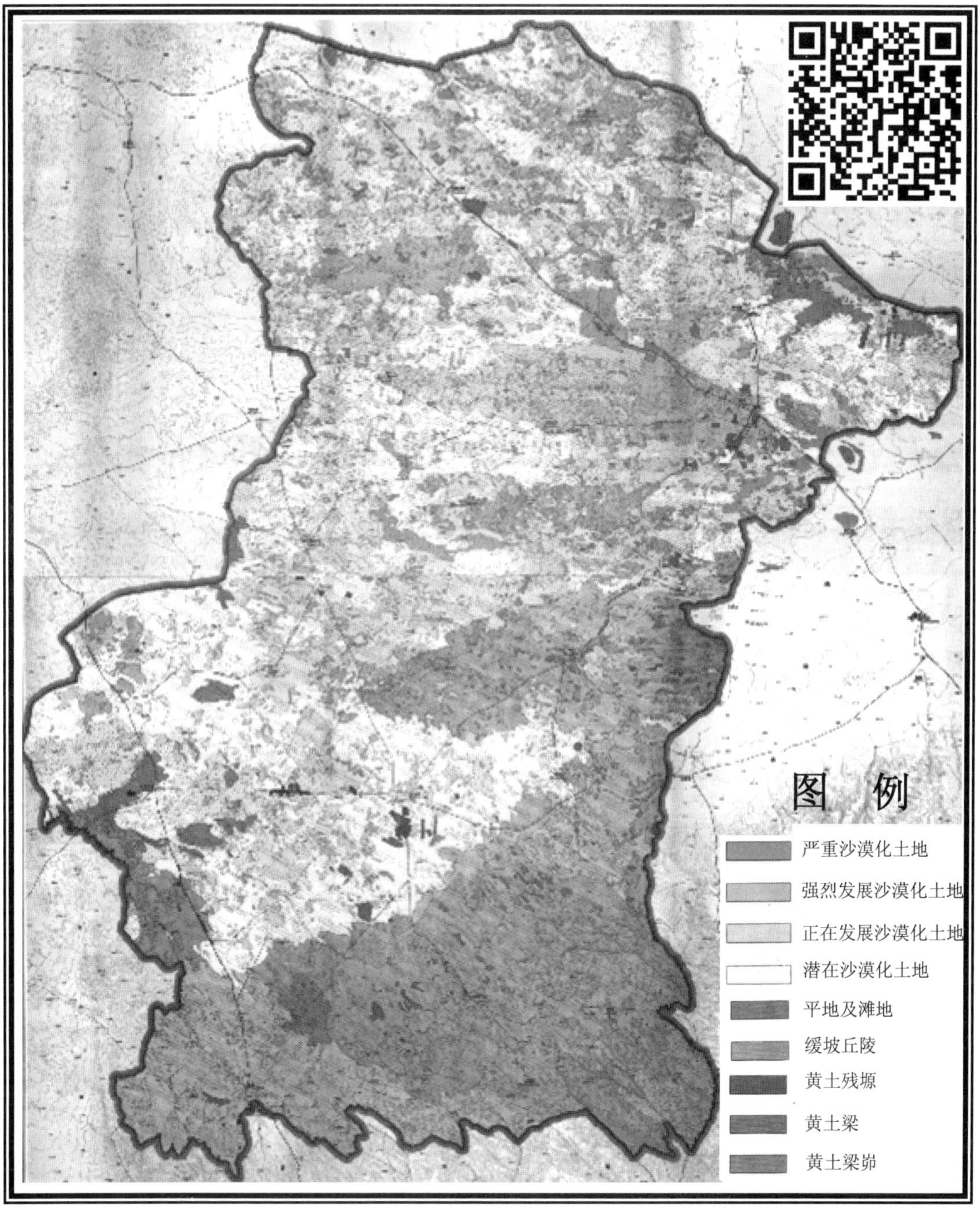

图 4-4 盐池县沙漠化土地分布

（如需了解详细请扫右上角二维码）

4.1.4 自然因素对沙漠化的影响

盐池县的自然特征是干旱、大风以及丰富的沙物质，是土地沙化形成和发展的物质基础，是导致土地荒漠化的因素之一。盐池县年平均降水仅 250～350 mm，呈从南向北，从东南向西北递减的规律。盐池县大风主要发生在冬、春季节，尤以春季为甚，年平均风速≥5 m/s 的起沙风速次数 323.4，最多年份达 418。在干旱、多风和脆弱生态环境条件下，极易风蚀造成土地沙化。

4.1.5 人为因素对沙漠化的影响

除自然因素外，人为干扰对盐池县环境、资源和植被状况的影响极大。其影响体现在两个方面：一方面是导致该地区植被退化、荒漠化加剧的行为，如过度开垦、放牧，滥挖药材；另一方面体现在对荒漠化和植被退化的治理上，如人工封育、退耕还林（张克斌等，2003; 2004; 2006）。具体主要体现在以下几方面：

（1）土地开垦：建国后，由于盐池县人口的迅速增加（1949 年约为 2.69 万人，2012 年约为 16.92 万人），开垦的耕地面积不断扩大。1950～1980 年间，由于短缺经济，政策上片面追求以粮为纲，毁草种田，农业经历了“以牧为主”、“以农为主”和“农牧并举”三个阶段，造成耕地面积大幅度增加。据统计，1949 年盐池县耕地总面积约 4.9 万 hm^2，而 1985 年统计的耕地总面积（达到 6.1 万 hm^2），比 1949 年增加了 23.2%。耕地普遍采用撂荒种植的耕作制度，即草原开垦种植作物 3-5 年后弃耕，弃耕 5-10 年后再复垦。草原的撂荒种植耕作粗放，易使土壤肥力下降，机械组成发生巨变，而草原开垦后的沙化导致临近草场遭受风沙掩埋，引起草场退化，加速荒漠化进程。土地沙化面积从 60 年代初的 18.8 万 hm^2，增至 1983 年的 25.8 万 hm^2，以 0.32 万 hm^2/年的速度递增。另外，水浇地面积从 1949 年的 7 hm^2 增加到 2012 年 1.4 万 hm^2，由于开垦后的灌溉方式多为大水漫灌，节水措施极不到位。对水资源的不当利用，也导致地下水位下降和次生盐碱化的发生，加剧了该地区的荒漠化。

（2）过度放牧：畜牧业是盐池县经济发展的支柱产业，盐池也被誉为“滩羊之乡”，以养羊为主的畜牧业生产直接影响该县的经济发展和人民收入。以羊的存栏数为例，1949 年为 20.53 万只，自 1961 年以来，虽然人为开垦使天然草地面积逐年递减，但牲畜存栏量却逐渐增加。至 90 年代，盐池县实际羊的存栏数约达在 80～100 万，处于严重过牧状态。另外由于草场所有权不清，牧民普遍认为草场公有而牲畜私有，形成各户交叉自由放牧的局面，极大地增加了草场的载畜量。超载的过度放牧使草场负载过大，植被低矮稀疏，灌丛结构简单化，优良牧草减少而有毒成分上升，典型草原退化为荒漠草原，荒漠草原则向荒漠发展。

（3）滥挖药材：盐池境内野生中药材资源丰富，尤以甘草、苦豆草为最多，1995 年盐池县被命名为“中国甘草之乡”。从 20 世纪 50 年代起，采挖的甘草数量日益增加，80 年代以后尤为严重。滥挖药材不仅对资源本身造成极大的破坏，同时对草场也带来严重破坏，加剧了草原荒漠化进程。有数据显示，仅采挖甘草一项，每年就破坏草地 7000 hm^2，而且所破坏的草地极难恢复。近 50 年来由于由于采挖甘草引起的荒漠化土地面积达到 11.67 万 hm^2，约占目前沙地总面积的四分之一。虽然自 2002 年底实施了禁牧封育政策，但盐池地区大肆采挖药材的现象依然未能得到有效制止。但目前这一情况已得到了明显的改善，将有助于沙漠化土地的恢复。

4.2 盐池县生态系统类型

在充分考虑盐池县生态系统的退化状况，参考当地的气候、植被、水文、土壤等条件，将盐池县生态系统划分为以下几个类型。

4.2.1 草原生态系统

草原生态系统是盐池县主要生态系统之一。拥有天然草原 55.693 万 hm^2，占盐池县土地总面积的 64.3%；可利用面积 47.647 万 hm^2，其中荒漠化草原 40.2 万 hm^2，占可利用草原面积的 84%。由于盐池地区处于干旱半干旱过渡地带，其草原生态系统可分为荒漠草原、典型草原（干草原）和极少量的草甸草原生态系统。由于草原生态系统受水分条件限制，其植物类型主要是旱生和中旱生植物，如长芒草群系、百里香群系、蒙古冰草群系、短花针茅群系和甘草群系等。草原生态系统是是发展农牧业主要利用的生态系统，近几十年来，受人类生产生活影响，盐池草原生态系统已经严重退化，表现为：草原面积急剧减少，各类草原生态系统的植被冠层结构日益简化，生物量降低，毒草、杂草成分增加，适口性下降。另外，在草原生态系统中栽培植物逐渐占据主导地位，而大针茅、长芒草草原等典型草原的野生优势种大面积连片分布的已经较少，仅在一些沟边、道旁有少量分布。

4.2.2 沙地生态系统

宁夏盐池县沙地面积 1985 年为 773.40 km^2，1995 年为 842.55 km^2，2000 年为 801.21 km^2。

20 世纪 80 年代中期沙地多分布在北部风沙地貌区，占整个区域土地面积的 17.37%，且斑块数量少，面积大。盐池境内分布着 5 条偏东西向的流沙带，除了一部分流动沙丘外，尚有许多半固定沙丘与一部分固定沙丘和流动沙丘。覆盖在北部风沙地貌区的梁地和缓坡丘陵上的沙丘水源缺乏，治理较困难。1985～1995 年期间，沙地面积增加幅度大，而景观破碎度则从 0.613 减少到 0.573，该时期沙地的扩张特征是斑块面积不断增大，局部沙化危害扩张明显。从其扩张的空间上看，北部地区的沙地面积增加很快，至 1995 年末，沙地面积净增 65.86 km^2，占整个县域增加沙地面积的 95.3%。沙化斑块数量变化较少，表现为西北部出现小面积沙化斑块，且已形成连通性扩张条带，多分布在该时期内农业活动增长较大的北部各乡镇。盐池中部地区原始的流沙带控制较好，沙化扩张不明显；中部缓坡丘陵区的沙化面积比例为 10.34%，仅次于北部风沙地貌区，沙化特征为斑块面积小，但相当破碎，景观破碎度达 0.98，其潜在沙化威胁很大，且中部地区人口相对较为密集，加之扬黄灌渠开通后当地农垦需求旺盛，在缺乏科学指导就进行不合理的开垦下，零散的沙化斑块较容易连通，易引起整体性扩张。

1995～2000 年期间，沙地减少明显，近 42 km^2，盐池沙地生态系统景观破碎度略有增加，该阶段沙地的扩张特征是平均沙化斑块面积少，沙化隐患较明显。从其空间分布上看，北部风沙地貌区沙化面积显著减少，近 38.59 km^2，减少的沙化斑块面积大，集中在中部和西部，表明北部风沙区大力度的沙漠化治理效果显著，中部缓坡丘陵区沙化面积减少幅度小，主要集中在该区的粮食生产基地附近，沙地景观破碎度继续增大，增加的沙化斑块零星分散在中部灌渠附近。

2000 年以后，随着围栏围封建设以及草原生态补偿建设的实施，全县境内植被逐渐恢复，沙漠化得到了根本的遏制，沙化面积明显减少。

4.2.3 湿地生态系统

由于特殊的地形和降水条件，盐池分布着一定数量的湿地生态系统，较大的湿地有哈巴湖湿地、四儿滩湿地、二道湖湿地、苟池湿度和骆驼井湿地。其中，哈巴湖湿地生态系统面积最大，由湖面、沼泽、沙丘和湿地草甸组成。2006 年 2 月国务院批准成立哈巴湖国家级湿地自然保护区，主要用以保护盐池地区宝贵的湿地资源。

盐池湿地生态系统受降水影响很大，季节性的蓄水特征明显，水源主要来自降水、地下水、周围山洪、地表迳流等。近几年，盐池境内也开始引用黄河水进行间歇性补给。

湿地生态系统有防风固沙、保持水土、涵养水源等功能，在气候干旱的盐池地区，对维系该地区生物多样性和生态安全有重要的意义。

4.2.4 盐化草甸生态系统

盐池地区盐化草甸生态系统面积比较大。由于降水少、蒸发剧烈，该地区盐化草甸生态系统普遍盐碱化程度高，主要生长耐湿耐盐碱植物，如，碱蓬、芦苇、芨芨草、盐爪爪、白刺、碱地风毛菊（*Saussurea runcinata*）以及窄颖赖草（*Aneurolepidium angustus*）和隐花草（*Crypsis aculeata*）等。尤其在盐池中北部地区，这类生态系统比较常见。

4.2.5 森林生态系统

由于自然条件限制，盐池县没有天然林，只有 0.93 万 hm^2 人工林和 0.67 万 hm^2 灌木林，森林覆被率低。盐池县森林生态系统分布极为分散，有地块多、面积小的特点。现有森林生态系统相对集中在机械化林场、三个乡办林场和苏步井、杨柳堡、城郊、和高沙窝等地。人工林的建植以耐旱树种为主，现存林地中，灌木林面积远大于乔木林，生长状况也强于乔木林，是盐池县森林生态系统的显著特点。

4.2.6 农田生态系统

盐池县农田生态系统作物种类主要有糜子、小麦、谷子、荞麦、土豆、玉米以及小杂粮，其中糜子种植比例最大，为 23. 3%，其次为小麦、荞麦、土豆。农作物耕作制度以一年一熟为主。受干旱、多风沙等气候因素影响，盐池地区农田生态系统的发展面临水资源匮乏、土壤贫瘠等实际困难。为防止荒漠化的发展，盐池农田生态系统的发展越来越注重经济、社会和生态效益的结合。目前，低压管道灌溉、喷灌、滴灌等先进的节水灌溉技术已展开试点和推广，以节水为核心，发展节水型生态农业。另外，以设施温室种植蔬菜为主，引进商品价值高、竞争力强的优质高产果蔬品种，通过发展高效设施农业，提高生产效率。

4.3 生态恢复区的划分

4.3.1 植被退化成因分析

自然干扰是影响植被退化和恢复措施的最主要因素，其中水热因子最为重要。2000 年至 2012 年，盐池县年均降水量仅为 283.6 mm，然而，年均蒸发量为 2317.4 mm，是降水量的 8.17 倍，蒸发量远远高于降水量。同期年均温 8.6℃，极端高温 37.5℃，极端低温-29.4℃。

干旱多风的气候导致了盐池县境内植被类型主要是沙生植被，当然也有草原植被，且从南至北由干草原过渡到荒漠草原。盐池县草原面积 5.80×10^5 hm^2，可利用面积 4.93×10^5 hm^2，由于少雨干旱，过度放牧以及不合理的开发利用，沙化面积从 1961 年的 1.88×10^5 hm^2 扩大到 1983 年的 2.57×10^5 hm^2，草地退化形势刻不容缓。

就植被退化的成因而言，盐池县草地退化成因大致可分为内部因素和外部因素两大方面。

内因主要是由于草地生境的脆弱性。由于盐池县在地理位置上处于过渡地带，地貌、气候、土壤和植被也均处于过渡地带，这种地理上的过渡性导致了盐池境内植被的脆弱性，植物群落本身比较脆弱。

外因可分为环境因素和人为因素两个方面。

在环境因素方面，最主要的是水资源严重缺乏，具体表现为盐池县降水少且季节分布不均匀，盐池近 22 年来有 12 年的降水量低于年平均降水量，其中有 4 年极为干旱，不足年平均降雨量的 50%，且该地区地表水与地下水也极贫乏。另一方面，盐池境内草原地区鼠灾严重，其危害鼠类主要是长爪沙鼠，该类鼠大量采食牧草，与家畜争抢食物，减少载畜量；并且该类鼠大量地盗洞掘土，严重破坏草原植被，造成土壤风蚀，进一步加剧了草场退化和沙化。

在人为因素方面，滥采乱挖、超载过牧和滥垦加速了草场退化的速度。盐池地区生产优质甘草和发菜，滥采乱挖活动一直不断，在上世纪 70 年代和 80 年代非常严重，这不仅破坏了地表植被，而且加剧了土地沙漠化的进程。另一方面，盐池地区过去以柴草为主要燃料，导致固沙植物如油蒿、柠条及白刺遭到砍伐，冬天用油蒿柴做饭、烧炕，不仅损失大量家畜饲草，而且使土壤疏松，风蚀严重，造成草场沙质荒漠化。超载过牧也是盐池草地退化的主要人类行为，盐池的半农半牧经济农民收入来源有限，农民养羊是主要收入来源，而农民实行全年牧羊方式，这不仅使牧草产量下降，草层盖度降低，而且进一步导致土壤肥力下降，草场退化加剧。同时，滥垦是草场破坏的主要活动，滥垦的主要目的是扩大耕地面积来增加粮食产量，这是一种短期获利的行为，长此以往，会对草场造成很大破坏，同时由于草地面积减小，也会增加草地家畜的负荷量。此外，滥用水资源、工矿道路建设也直接或间接地破坏了草原植被，造成草地退化。

4.3.2 植被生态恢复区划分

根据上述盐池县境内气候、土壤、植被以及沙漠化状况，我们将盐池县植物生态恢复区划分为四个类型：Ⅰ：黄土丘陵干草原；Ⅱ：沙丘地沙生植被；Ⅲ：湿地；Ⅳ：退化草原。具体划分见图 4-5。在后面的章节中将分类型阐述植被恢复技术。

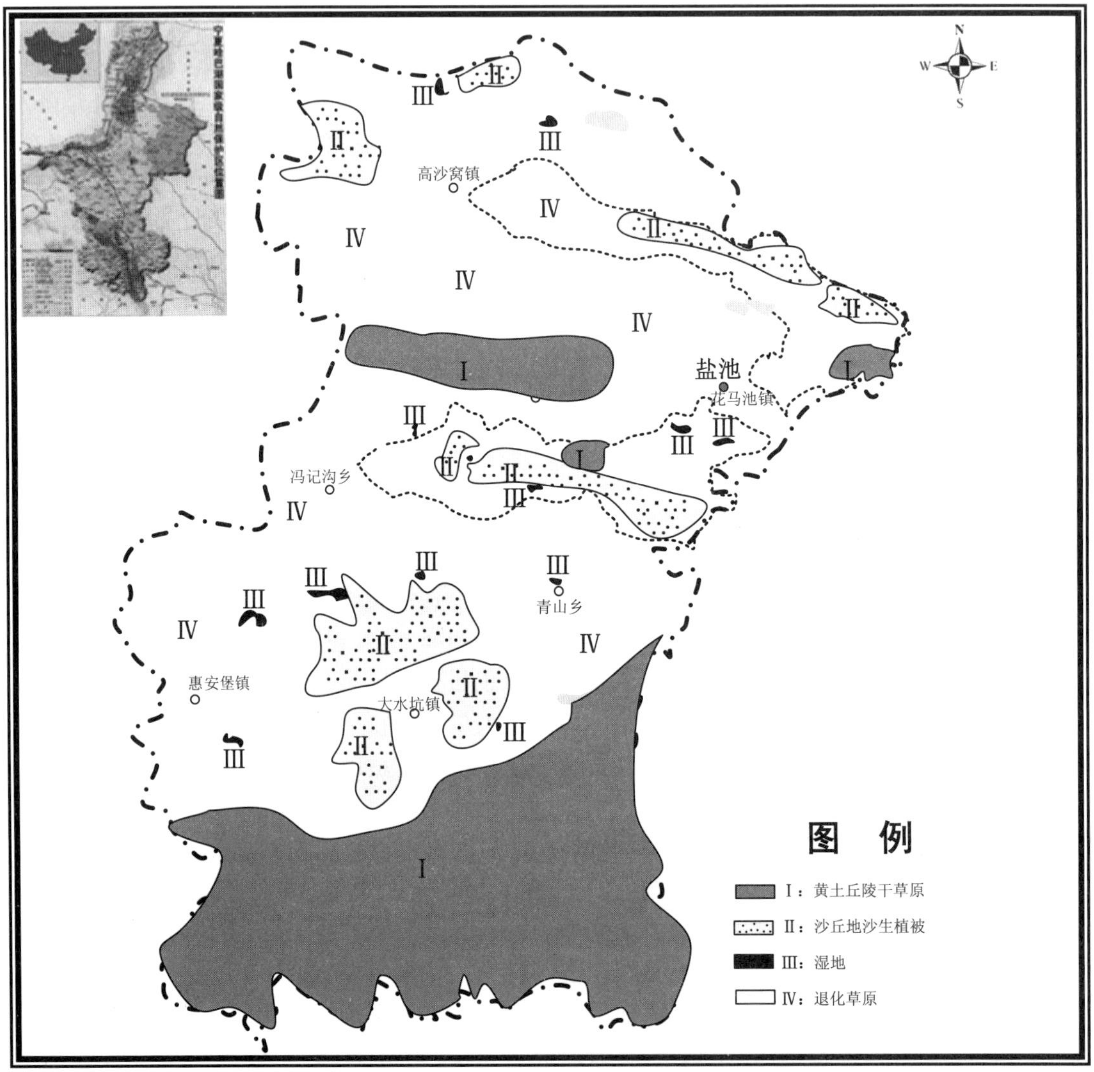

图 4–5 盐池县植被退化类型分布图

5　黄土丘陵区干草原植被恢复

据中国科学院寒区旱区环境与工程研究所（王一谋, 1991），盐池县黄土残塬地面积为 92.8 km^2，占全县总土地面积的 1.37%；黄土丘陵地面积为 854.6 km^2，占全县的 12.64%；黄土梁峁地面积为 197.7 km^2，占全县的 2.93%；黄土沟谷地面积为 102.1 km^2，占全县的 1.51%；黄土沟掌地面积为 5.8 km^2，占全县的 0.08%。在这里，以上统称黄土丘陵区。

黄土丘陵区干草原植被的恢复技术包括工程措施、林草措施以及封山育林育草。黄土丘陵区植被恢复在某种程度上就是水土保持。

5.1　水土保持的工程措施

水土保持工程措施是小流域水土保持综合治理措施体系的主要组成部分，它与水土保持生物措施及其他措施同等重要，不能互相代替。水土保持工程措施针对的对象是斜坡及沟道中的水土流失治理。

5.1.1　坡面水土保持工程

坡面水土保持工程就是通过改变小地形来防止坡地水土流失，将雨水及融雪水就地拦蓄，使其渗入农地、草地或林地，以减少坡面迳流，同时，将未能就地拦蓄的坡地迳流引入小型蓄水工程。属于坡面防护工程的措施有梯田、拦水沟埂、水平沟、水平阶、水簸箕、鱼鳞坑、山坡截流沟、水窖以及挡土墙等（吴发启, 2008）。

（1）梯田

梯田是在坡地上分段沿等高线建造的阶梯式农田，是治理坡耕地水土流失的有效措施，蓄水、保土和增产作用十分显著。

梯田分类有多种。从田面平整程度（断面形式）来划分，有水平梯田、坡式梯田、反坡梯田和隔坡梯田；从梯田田坎的修筑材料来划分，有土坎梯田、石坎梯田和生物坎梯田；从田坎的修筑方式来划分，有硬坎梯田、软坎梯田和复式坎梯田；从梯田的修筑方法来划分，有人工梯田和机修梯田；从种植利用方式来划分，有旱作物梯田、水稻梯田、果园梯田、茶园梯田、橡胶园梯田和经济作物梯田等。

依地形和坡面治理目的不同，梯田类型选择应当遵循以下原则：(a) 在石料充足或坡耕地中夹杂大量砾石时，要尽量利用优势条件修筑石坎水平梯田。(b) 在坡耕地土层深厚、当地劳力充裕的地区。(c) 在坡耕地土层较薄或当地劳力较少的地方土耕作减缓田面坡度，逐步变成水平梯田。必须一次修成水平梯田。可以先修坡式梯田，经逐年向下方翻。(d) 在地多人少、劳力缺乏，同时年降雨量较少，耕地坡度在 15°～20°的地方，可以采用隔坡梯田，平台部分种庄稼，斜坡部分种牧草，暴雨时利用斜坡部分的地表迳流增加平台部分的土壤水分。(e) 梯田田坎高度超过 4 m 时，应采用复式坎水平梯田；在缓坡地（<10°）

修筑梯田（如高原沟壑区的源面及丘陵沟壑区的梁峁顶地带），当土坎高度小于 2.5 m 时，要尽量采用软坎梯田。

梯田规划应当在土地利用总体规划的基础上结合当地实际情况进行。规划时应当遵循下述原则：（a）要在小流域综合治理的基础上与林、路、渠和蓄水工程等有机地结合。（b）水平梯田应在 25°以下的坡地上修筑。为了集中连片，在修梯田地段内少量超过 25°的坡地也要连片修成梯田，但应尽量控制 25°以上坡改梯的比例。（c）梯田要选择在土质较好，距村庄较近，交通比较方便的地方。靠近水源的地方，应优先修筑。（d）地埂要沿等高线呈长带状规划，遇有浅沟等复杂地形时，可按“小弯取直，大弯就势”的办法布设。

梯田断面设计的基本任务是确定在不同条件下梯田的最优断面机耕和灌溉要求；二是要保证安全和稳定；二是要挖填土方平衡。

下面以水平梯田为例，阐述梯田的断面设计方法。

（a）水平梯田的断面要素

水平梯田的断面要素包括原地面坡度、田坎坡度、田面毛宽、田坎占地宽、田面净宽、田坎高度和田坎坡度。

（b）水平梯田的断面设计

梯田的断面设计可分为两种情况：一是根据土质和原地面坡度先选定田坎高和侧坡（田坎边坡），然后计算田面宽度；二是根据原地面坡度、机耕和灌溉要求，先确定田面宽度，然后计算田坎高。但无论哪种设计，都是以梯田断面要素间的几何关系为基础的。各断面要素间的几何关系为：

田面斜宽为： $$B_x = H / \sin\theta \qquad (5\text{-}1)$$

田坎占地宽为： $$b = H\cot\alpha \qquad (5\text{-}2)$$

田面毛宽为： $$B_m = H\cot\theta \qquad (5\text{-}3)$$

田面净宽为： $$B = B_m - b = H(\cot\theta - \cot\alpha) \qquad (5\text{-}4)$$

田坎高度为： $$H = \frac{B}{\cot\theta - \cot\alpha} \qquad (5\text{-}5)$$

水平梯田断面尺寸设计参数参考值见表 5-1。

水平梯田工程量计算主要是单位面积土方量和单位面积土方运移量。

（a）单位面积土方量的计算式为

$$V = \frac{1}{2}\left(\frac{B}{2} \times \frac{H}{2} \times L\right) = \frac{1}{8}BHL \qquad (5\text{-}6)$$

式中：V 为单位面积（hm^2 或亩）梯田土方量，m^3；L 为单位面积（hm^2 或亩）梯田长度，m，H 为田坎高度，m；B 为田面净宽，m。

（b）单位面积土方运移量的计算式为

$$W = V \times \frac{2}{3}B = \frac{1}{12}B^2HL \qquad (5\text{-}7)$$

式中：W 为单位面积（hm^2 或亩）土方运移量，m^3 / m。

表 5–1 水平梯田断面尺寸设计参数参考值

梯田类型	地面坡度θ(°)	田面净宽 B(m)	田坎高度 H(m)	田坎坡度α(°)
土质硬坎水平梯田	1～5	22.4～57.0	1.0～2.0	76
	5～10	13.5～20.3	2.0～2.5	75
	10～15	10.3～13.5	2.5～3.0	74
	15～20	8.5～10.3	3.0～3.5	73
	20～25	7.3～8.5	3.5～4.0	72
石坎水平梯田	1～5	22.7～57.2	1.0～2.0	85
	5～10	14.0～22.7	2.0～2.5	85
	10～15	10.7～13.7	2.5～3.0	80
	15～20	8.7～10.4	3.0～3.5	76
	20～25	7.6～8.7	3.5～4.0	76
土质软坎水平梯田	1～5	20.9～56.3	1.0～2.0	45
	5～10	11.7～20.9	2.0～2.5	45

引自吴发启, 2008。

据式 5-1 至式 5-7，田面越宽，耕作越方便，但田坎越高，挖填土方量越大，用工越多，所以，合理地确定田面宽度和田坎高度才能达到优化的目的。

（2）斜坡固定工程

斜坡固定工程是为了防止非稳定自然边坡或滑坡危险地段岩土体下滑，保证斜坡稳定而采取的水土保持措施。常用的斜坡固定工程有挡墙、抗滑桩、护坡工程、排水工程、削坡反压填土、滑动带加固工程等（吴发启, 2008）。

斜坡固定工程遵循以下原则：(a）斜坡固定工程应根据非稳定边坡的高度、坡度、岩层构造、岩土力学性质、坡脚环境和行业防护要求分别采取不同措施。(b）不同的护坡工程，防护功能不同，造价相差很大，必须进行充分的调查研究和分析论证。(c）稳定性分析是护坡工程设计最关键的问题，大型护技工程应进行必要的勘探和试验，并采用多种分析方法进行比较论证。(d）斜坡固定工程应在满足防护要求的前提下，充分考虑植被恢复和重建，尽量把工程措施和植物措施很好地结合起来。

常用的斜坡固定工程有挡墙和工程护坡等。

A. 挡墙。挡墙又称挡土墙，可防止崩塌、小规模滑坡及大规模滑坡前缘的再次滑动。挡墙的构造主要有重力式、半重力式、倒 T 型或 L 型、扶壁式、支垛式、棚架扶壁式和框架式等。重力式挡墙可防止滑坡和崩塌，适用于坡脚较坚固，允许承载力较大，抗滑稳定较好的情况。根据建筑材料和形式的不同，重力式挡墙又分为片石挡墙、浆砌石挡墙、混凝土或钢筋混凝土挡墙和空心挡墙（明洞）等。片石挡墙可就地取材，易于施工，施工简单，透水性好，适用于滑动面在坡脚以下不深的个小型滑坡。其他几种类型的挡墙多用于防止斜坡崩塌，一般用钢筋混凝土修建。倒 T 型因自重轻，需利用坡体的质量，适用于 4～6 m 的高度。扶壁式和支垛式因有支挡，所以适用于 5 m 以上的高度。硼架扶壁式只用于特殊情况。框架式也称垛式，是重力式的一个特例，由木材、混凝土构件、钢筋混凝土构件或中空管装配成框架，框架内填塞片石，它又可分为叠合式、单倾斜式和双倾斜式。框架式结构较柔韧，排水性好，滑坡地区采用较多。

B. 工程护坡。对山体不稳定的地段或坡脚易遭受水流冲刷的地方，应采取工程护坡。护坡工程应重点考察和勘测与坡体稳定性有关的各项特征因子，确定合理的稳定性设计标准。坡脚易遭受洪水冲刷的应进行水文计算，然后比选护坡工程方案，明确工程布设、结构形式、断面尺寸及建筑材料。工程护坡的措施有勾缝、抹面、捶面、喷浆、锚固、喷锚、干砌石、浆砌石、抛石、混凝土砌块等。

a. 砌石护坡。砌石护坡有干砌石和浆砌石两种形式。干砌石适用于易受冲刷、有地下水渗流的土质边坡，稳固性较差，但投资低；浆砌石护坡坚固，适宜于多种情况，但投资高。实际应用中，应根据不同条件分别选用。

b. 植物护坡。植物护坡重点应对边坡所处的地理位置、坡向、坡高、坡比、土质、土层厚度、气候及水文等情况进行详细调查，分析论证各项特征值，评价和划分立地条件类型，选择适宜的植物种，并对草种、树种的混交方式和栽植密度等进行分析论证，提出结论性建议，比选和确定设计方案。

● 种植草（或草皮）护坡

Ⅰ. 坡度小于 1.0 : 1.5，土层较薄的沙质或土质坡面，可种草护坡，其可有效地防止面蚀和细沟状侵蚀。

Ⅱ. 种草护坡宜选用生长快、耐旱、耐瘠薄、抗高温、根系发达的草种。

● 造林护坡

Ⅰ. 边坡坡度在 10°～20°之间，南方坡面土层厚 15 cm 以上，北方坡面土层厚 40 cm 以上，立地条件较好的地方，宜采用造林护坡。黄土高原地区，根据具体情况，也可在更陡的坡面上造林。

Ⅱ. 造林护坡应采用深根性与浅根性相结合的乔灌木混交方式，并选用适应当地条件的、速生的、固土功能强的、耐旱的、耐瘠薄的乔木和灌木树种。

Ⅲ. 在立地条件较差的地方，应合理配置乔、灌、草。高陡边坡也可采用藤本攀缘植物，以达到绿化覆盖坡面的目的。

排水工程可减免地表水和地下水对坡体稳定性的不利影响，一方面能提高现有条件下坡体的稳定性，另一方面允许坡度增加而不降低坡体稳定性。排水工程包括地表水排水工程和地下水排水工程：（A）地表水排水工程。地表水排水工程的作用为拦截地表水和防止地表水大量渗入并汇集排走。地表水排水工程包括防渗工程和排水沟工程。排水沟布置在斜坡上，一般呈树枝状，以充分利用自然沟谷。排水沟工程可采用砌石、沥青铺面、半圆形波纹管等形式，有时也可采用不铺砌的沟渠。（B）地下水排水工程。地下水排水工程的作用是排除和截断渗透水。它包括渗沟、明暗渠、排水孔、排水洞和截水墙等。渗沟的作用是排除土壤水和支撑局部土体，渗沟深度一般大于 2 m。排除浅层（约 3 m 以上）的地下水可用暗沟和明暗沟；排水洞的作用是拦截、储备、疏导深层地下水；如果地下水含水层向滑坡区大量流入，可在滑坡以外布置截水墙，将地下水截断，再用仰斜孔排出。

此外，还有山边沟渠工程。山边沟的实质是将长坡截成短坡，分段排除迳流，其效用与宽垅梯田相同，唯断面有异而已。山边沟渠工程设计的主要任务是确定沟渠断面尺寸，而沟渠断面尺寸应用排水量的大小和沟渠间距来确定。计算如下：

A. 排水量的计算

不同断面山边沟的排水量可按《水力学》中的谢才公式进行计算。

B. 山边沟间距的确定

山边沟间距可按下式计算：

$$L_g = i + \frac{6}{10} \tag{5-8}$$

式中：L_g 为沟渠间距，m；i 为沟渠纵坡（%）。

（3）鱼鳞坑、水平沟和水平阶

①鱼鳞坑

鱼鳞坑是一种水土保持造林整地方法，在较陡的坡面和沟坡上，沿等高线自上而下挖的半圆形或月牙形土坑，呈品字形排列，形如鱼鳞，故称鱼鳞坑。鱼鳞坑是拦蓄迳流泥沙、陡坡造林的水土保持工程。

鱼鳞坑为一抛物拱形时，其挖方总量可按下式计算：

$$V_{挖} = \frac{2}{15} bL(3b\tan\alpha + 5h) \tag{5-9}$$

对于半圆状及半椭圆状的鱼鳞坑，其挖方总量的计算公式为：

半圆状：

$$V_{圆} = (0.904R\tan\alpha + 1.57Lh)R^2 \tag{5-10}$$

半椭圆状：

$$V_{椭} = (0.452b\tan\alpha + 0.785h)bL \tag{5-11}$$

式 5-10 和式 5-11 中：R 为坑半径，m；α 为地面坡度，(°)；L 为坑长，m；h 为坑的最低挖深，m；b 为坑宽，m。

根据工程实践，一般小型鱼鳞坑的尺寸是：坑长 0.8～1.5 m，坑宽 0.4～0.5 m；坑深 0.4～0.5 m；坑埂高 0.3～0.4 m。

②水平沟

水平沟一般用于治理荒坡的造林整地，它可拦蓄一定的迳流泥沙。水平沟设计的主要任务是确定断面大小、挖方量及间距。水平沟单位长度上的蓄水容积 $V_{蓄}$ 等于：

$$V_{蓄} = (b + mh)h + [b + 2mh + \frac{1}{2}(m + m')h'^2] \tag{5-12}$$

单位长度上的挖方量 $V_{挖}$ 等于：

$$V_{挖} = (b + mh)h + \frac{1}{2}(b + 2mh)^2 \frac{\tan\alpha}{1 - m\tan\alpha} \tag{5-13}$$

沟上口开挖宽度 B 等于：

$$B = \frac{b + 2mh}{\cos\alpha - m\sin\alpha} \tag{5-14}$$

沟间距 L 等于：

$$L = \frac{V_{蓄}}{W} \tag{5-15}$$

式 5-12 至式 5-15 中：b 为沟底宽，m；h 为沟深，m；h'为开挖部分以上最大蓄水深，m；m 为挖方部分的边坡系数；m'为填方部分的边坡系数；α 为地面坡度，(°)；W 为单位面积来水量，m^3/m^2。

水平沟断面尺寸的确定，要根据土层厚薄、土质、当地雨量和地形坡度情况而定。一般情况下，挖深与底宽均可取为 0.3～0.5 m，挖方边坡系数可取为 1 : 1，填方边坡系数可取为 1 :（1.2～1.5），蓄水深 0.7～1.0 m，沟间距 2 m 左右，对于造林水平沟，可视具体情况放大尺寸，多拦蓄降水，以利树木成活。水平沟沿等高线开挖，每两行水平沟呈“品”字形排列，每个水平沟长 3～5 m，植树 3-5 棵。

③水平阶

水平阶是沿等高线自上而下里切外垫，修成一台面，台面外高内低，以尽量蓄水，减少水土流失，但其效果不如水平沟。水平阶适用于 15°～25°的陡坡，阶面宽 1.0～1.5 m，具有 3°～5°的反坡，故也称反坡梯田，多在山石多、坡度大的坡面上采用。水平阶的设计计算类同梯田，如采用断续式水平阶，实际相当于窄式隔坡梯田。阶面面积与坡面面积之比为 1 :（1～4），可应用梯田的计算方法。

5.1.2 山沟治理工程

山沟治理工程的目的在于防止沟头前进、沟床下切和沟岸扩张，减缓沟床纵坡，调节山洪洪峰流量，减少山洪或泥石流的固体物质含量，使山洪安全排泄，对沟口冲积不造成灾害。属于山沟治理工程的措施有：沟头防护工程、谷坊工程、拦沙坝工程和淤地坝工程等（吴发启, 2008）。

（1）沟头防护工程

沟头防护工程是沟壑治理的起点，目的是保护沟头因坡面迳流侵蚀而引起的沟头前进、沟道下切和沟岸扩张，沟头防护工程还可拦蓄坡面迳流泥沙。沟头防护工程按迳流处理方式不同可分为蓄水型和排水型沟头防护工程。

①蓄水型沟头防护

当沟缘线以上坡面来水量不大，可以全部拦蓄时，宜采用蓄水型沟头防护工程。它是沿沟头等高线布设的等高截水沟埂。蓄水型沟头防护又可分为以下两种：（a）围堰式沟头防护，在沟缘线以上 3～5 m 处，围绕沟边修筑土埂或石埂，以拦蓄上面来水，防止迳流进入沟道。根据地形的破碎情况，围堰又可分为连续式围堰和断续式围堰。（b）池埂结合式沟头防护，当沟缘线以上来水量单靠围埂不能全部拦蓄时，应采用池埂结合式沟头防护。池埂结合式沟头防护，即在围埂以上附近低洼处修建蓄水池，拦蓄部分坡面来水，配合围埂共同防止迳流进入沟道。

②排水型沟头防护

当沟缘线以上来水量较大，蓄水型沟边埂工程不能全部拦蓄，或由于地形、土质限制不能采用蓄水型沟头防护时，应采用排水型沟头防护工程。排水型沟头防护又分为跌水式和悬臂式两种：（a）跌水式，当沟边陡崖（或陡坡）高差较小时应采用浆砌石修成跌水，水流通过跌水安全进入沟道。（b）悬臂式，当沟边陡崖高差较大时，应用木制水槽（或陶瓷管、混凝土管）悬臂置于土质陡坎之上将来水泄下沟。

（2）谷坊

谷坊是修建在土石山区侵蚀沟内的土石坝。谷坊多在发育旺盛的“V”形沟道，一般规模小数量多，是防治沟堑侵蚀的第二道防线工程，其作用主要是固定和抬高侵蚀基点，防止沟道下切和沟岸扩张，拦蓄、调节迳流泥沙，变荒沟为生产用地。谷坊按建造材料分，常见的有土谷坊、石谷坊和生物谷坊等种类。

a. 土谷坊

土谷坊是由土料筑成的高度小于 5 m 的小土坝，顶宽为 1.0～3.0 m，内坡为 1 : 1，外坡为 1 :（1～1.5）。谷坊坝与地基用结合格紧密联结。由于坝面一般不过水，所以须在坝顶或坝端设溢水口，并且溢水口应用石料砌筑。当不设溢流口而允许坝面溢流时，可在坝顶、坝坡种植草稽或砌面保护。土谷坊在黄土高原水土流失较大的地区和土质沟道地区广为采用。

b. 石谷坊

根据修筑方式的不同，石谷坊可分为下述几种：

● 干砌石谷坊。谷坊用于砌块石筑成，顶面和下游面用毛料石护面，高度一般不大于 3 m，断面为梯形，顶宽 1.0 m，上游边坡为 1 : 0.5，下游边坡为 1 : 1.0，底部没有结合槽，以防渗、截水，增加稳定。为了泄洪，谷坊顶可设梯形或簸箕形断面溢流口，下游沟床铺设海漫防冲。海漫长为坝高的 2～3 倍，厚为 0.3～0.5 m。

● 浆砌石谷坊。谷坊用浆砌石或毛料石筑成，断面为梯形（与干砌石谷坊同）或曲线形（滚水坝），迎水坡为 1:（0.2～0.5），下游面为 1:（1～1.5）（梯形断面），山洪大的沟道，迎水坡为 1:0.5，下游面为 1:（1.5～2.0），以增大稳定性；顶宽 1.0 m，坝基上、下游作一齿坎，淤积厚的地基，清基深度在 1.0 m 以上，两侧深 0.5～1.0 m，下游为防冲须设护坦，其长度与于砌石谷坊海漫相同，若为岩基可不设齿坎与护坦。

浆砌石谷坊适用于石质沟道岩石露头或土石山区有石料的地方。谷坊一般高 3.5m，坚固可靠，防冲性好。其中，曲线形断面谷坊过流量大，水利工程上叫滚水坝，对常流水沟道和洪水流量变化较大的沟道来说最为理想。它的曲面尺寸可用《水力学》中的实用断面堰公式求算。

● 石笼谷坊。石笼谷坊一般是用 8 号或 l0 号铁丝编网，卷成直径队 0.4～0.5 m、长 3.5 m 的网笼，内装石块堆筑而成，南方可用毛竹编网制作。这种谷坊适用于清基困难的淤泥地基沟道。施工时，为了加强其整体性，常将石笼用 $\varphi 8$～$\varphi 10$ 的钢筋串联在一起。如谷坊不需排水，可在上游填土夯实，网笼间空隙填以小石块或砾石。为了防止下游冲刷，可在下游制作一定长度（通常为谷坊高的 1.5～2.0 倍）的石笼护底，护底末端打木桩，以加固保护。

c. 柳谷坊

柳谷坊又叫生物谷坊，它是把植物措施与工程措施结合在一起的谷坊。制作柳谷坊的材料主要是活柳柳枝，将活柳柳枝选取直径 5～10 cm 的端直段截成长 1～2 m 的柳桩，然后将柳桩打入沟底（入土深度为 0.5～0.8 m），按沟底坡度和沟道宽窄设为一排或两排（单排编柳或双排编柳），并用柳条交叉编笛形成柳排，柳排上游底部铺垫梢枝，上压石块或推筑塑料编织土袋即成柳谷坊。单排柳谷坊只在沟道打一排柳桩编笛而成，双排柳谷坊在沟道打两排柳桩编镑而成，柳桩间距一般为 0.2～0.3 m，排与排间距为 0.5～1.0 m。柳谷坊通常只拦泥不蓄水。

（3）淤地坝

在水土流失严重的地区，用于拦泥淤地而横建于沟道中的坝工建筑物叫淤地坝。淤地坝是我国黄土高原沟堑区建于沟道中的一种独特水保工程。在流域坝系中，用于淤地生产的坝叫淤地坝或生产坝，淤成的地叫坝地。在支干沟中兴建的控制性缓洪和拦泥淤地坝，叫骨干淤地坝，或叫骨干工程，通常称为治沟骨干工程。

淤地坝的主要目的在于拦泥淤地，一般不长期蓄水，其下游也无灌溉要求。随着坝内淤地面的逐年抬高，坝体与坝地能较快地连成一个整体。实际上，坝体可以看做是一个重力式挡土墙。淤地坝一般由坝体、溢洪道和放水建筑物3部分组成。坝体是横拦于沟道的挡水拦泥建筑物，用以拦蓄洪水，淤积泥沙，抬高淤积面，一般不长期用于蓄水，当拦泥淤成坝地后，即投入生产种植，不再起蓄水调洪的作用。溢洪道是排泄洪水的建筑物，当淤地坝洪水位超过设计坝高时.就由溢洪道排出，以保证坝体的安全和坝地的正常生产。要求在正常情况下能排除设计洪水迳流，在非常情况下能排除校核洪水迳流。放水建筑物又叫放水洞或清水洞，主要作用是排除坝地中的积水，在苦水期间为下游供水，或为常流水沟道排流，有的可兼顾部分排洪任务。放水建筑物多采用竖井式或卧管式。

淤地坝按筑坝材料可分为土坝、石坝、土石混合坝等；按坝的用途可分为缓洪骨干坝、拦泥生产坝等；按建筑材料和施工方法可分为夯碾力坝、拱坝等；按坝高、淤地面积或库容可分为大型淤地坝、中型淤地坝、水力冲填坝、定向爆破坝、堆石坝、于砌石坝、浆砌石坝等；按结构性质可分为重坝、小型淤地坝等。淤地坝一般根据库容、坝高、淤地面积、控制流域面积等因素分级，参考水库分级标准并考虑群众习惯叫法，可分为大、中、小三级。

5.1.3 小型蓄排引水工程

小型蓄排引水工程的作用在于将坡地迳流及地下潜流拦蓄起来，以减少水土流失危害灌溉农田，提高作物产量。其工程包括小型蓄水排水工程、小水库、蓄水塘坝、淤滩造田引洪漫地和引水上山等。本节仅介绍水窖。

水窖又称旱井，即在地下挖成井或缸的形式，以储蓄地表迳流，主要解决人畜用水困难的问题，是一种地下埋藏式蓄水工程。在雨水集蓄利用工程中，水窖是采用得十分普遍的蓄水工程形式之一。土质地区的水窖多为圆形断面，可分为圆柱形、瓶形、烧杯形和坛形等，其防渗材料可采用水泥砂浆抹面；岩石地区的水窖一般为矩形宽浅式，多采用浆砌石砌筑。

根据形状和防渗材料的不同，水窖可分为颓土水窖、水泥砂浆薄壁水窖、混凝土盖碗水窖和砌砖拱顶薄壁水泥砂浆水窖等，主要根据当地土质、建筑材料利用途等条件选择。黄河流域的水窖形式有井窖和窑窖两种，群众多用井窖。

井窖的主要组成部分有窖筒、旱窖（不蓄水）、水窖（蓄水部分）和沉沙池。窖形有锅扣缸式、瓮式和酒瓶式，土质差时采用缸扣缸式、喇叭筒式和枣核式。与井窖相比，窑窖容量较大，技术简单，施工容易，出土方便，开挖较快，还可自流引水，取水方便。窑窖的横断面同窑洞，主要组成部分有窖门、窖顶、水窖和沉沙池。窖顶矢跨比一般为1 : 2，跨度3.4 m，矢高1.5～2.5 m，窖长8～15 m，蓄水部分为上宽下窄的梯形槽，边坡横坚比为 8 : 1，深 3~4.5 m，底宽 1.5～4.5 m。

窖址的选择应遵循以下原则：(a) 窖址要选择有较大来水面积和迳流集中的地方，吃水窖一般选在院内、场边和村庄的硬地面附近，生产用的水窖多选在地头、路边和山坡凹洼处。(b) 窖址土质良好，以质地坚硬、胶结性强的胶土最好，硬黄土和黑护士次之。从土的节理上看，立土较好，卧土差。土层要深厚，土质均一，无裂缝、陷坑和洞穴，以保证水窖坚固、耐用、不漏水。(c) 窖址处要有好的地形和环境条件。窖址要远离裂缝、陷穴、沟头和沟边。崖坎窑窖要选在高度在 3 m 以上的崖坎底下。窖址距离树木、房屋等建筑物要有一定的距离，以免树根吸水钻穿窖壁，或是水窖损坏危及建筑物安全。吃水窖必须远离粪坑、渗污井、厕所、猪圈和坟墓，以保证饮水清洁卫生。(d) 窖址要尽可能临近水利设施。在有条件的地方，窖址的选择尽量和附近的井、渠、涝池和抽水站串联起来，长短结合，调剂余缺，提高水窖的蓄水次数。

对于水窖来水量的计算十分重要。正确计算来水量，是确定水窖大小的可靠依据。来水量的测定取决于来水面积和迳流量。有迳流观测资料的地方，可根据迳流量直接计算来水量；若无观测资料，可查阅当地水文手册，或通过调查当地的降雨、迳流和原有水窖收入情况，估算来水量。计算公式如下；

$$W = hF_1 \tag{5-16}$$

$$或 W = \alpha PF_1 \tag{5-17}$$

式（5-16）和式（5-17）中：W 为来水量，m^3；h 为年平均迳流深度，mm；F_1 为来水面积，m^2；P 为多年平均降雨量，mm；α 为迳流系数。

对于水窖的容积计算应科学合理。对于井窖，其容积可按下式估算：

$$V = \frac{h}{3}(S_D + S_O + \sqrt{S_D S_O}) \tag{5-18}$$

式中：h 为井内最大蓄水深度，m；S_D 为井底面积，m^2；S_O 为井窖蓄水深度处的水面面积，m^2。

对于窑窖，其容积可按下式估算：

$$V = 0.5(b_1 + b_0)hl \tag{5-19}$$

式中：b_1 为窑官苦水面宽度，m；b_0 为窑窖顶宽，m；h 为窑窖苦水深度，m；l 为窑窖长度，m。

修水窖的最后一步是窖壁防渗处理。水窖防渗，群众多用胶泥捶，也有一些采用水泥抹面。方法有：①胶泥捶。防渗材料主要为红黏土掺和部分黄土。1958 年黄河水利委员会水科所试验，防渗材料的颗粒组成要求沙粒、粉粒、熟粒的比例以 1 : 2 : 1 较好。掺料拌好后，加水浸泡透，搅拌均匀。然后，用水将窖壁洒湿，开始用胶泥塞进玛眼钉窖，窖钉好后及时捶打，共捶 20 遍左右，直至干容重达 1.7 g/cm^3 为止，捶成后的厚度，上、中、下和底部依次为 2、3、4、5 cm。最后，倒几担水并加盖，以保持窖内潮润，防止干裂。②水泥抹面。所用材料白灰砂浆体积比为 1 :（1.5～2），水泥砂浆体积比为 1 :（1～2），先用白灰砂浆打底，接着用水泥砂浆抹面，再用水泥浆漫一层。水泥窖应漫至窖口，以增加有效容量。

5.2 黄土高原干草原植被恢复的生态学依据

5.2.1 黄土高原植被恢复的理论问题

黄土高原植被的恢复与建设必须遵照自然规律，符合生态学原则，这样才能彻底改变过去“植树树不活，造林不成林，林草低效益”的被动局面。因此，对一些理论问题必须要有清醒的和统一的认识（张金屯, 2006）。

（1）黄土高原植被地带性问题

黄土高原植被地带性是学术界争论较多的问题（张金屯, 2006），有人认为黄土高原是干草原地带，历史上就没有什么森林；也有人认为黄土高原是荒漠草原地带，历史上植被稀少，水土流失是生来就有的，与人类活动关系不大；还有人极端的认为黄土高原就是森林地带，等等。张金屯（2000）曾以现状植被、气候、土壤等数据为基础，用生态学数量分析手段，将黄土高原划分为暖温性落叶阔叶林区、温性落叶阔叶林区、森林草原区、温性草原区、荒漠草原和半荒漠植被区。随后，李斌和张金屯（2003）认为，黄土高原是森林和草原地带，即黄土高原南部是暖温带森林地带，中北部是草原地带，二者之间有森林草原过渡带，在北部有较小的荒漠草原区。这一观点基本符合事实。因此，在黄土高原植被恢复和建设中，必须根据植被地带性规律来指导树种草种的选择、群落组成搭配、景观配置等实践，才能取得较好的效果。

（2）植物群落演替规律问题

现在的黄土高原植被稀少，土壤接近母质水平，只有局部地区条件较好。所以，要恢复植被，必须因地制宜，区别对待。结合农林牧的发展，进行生态区划，宜林者造林、宜草者种草、宜灌者植灌。理论上讲，从裸地到形成森林要经过一系列演替阶段，一般的演替顺序为：草本植物群落——灌木群落——乔木群落，在黄土高原不同的地区，它所含的群落类型也是不同的。所以，直接在干燥、接近母质的黄土丘陵上造林，违背了这一规律，只能是事倍功半。人工措施只能在条件较好的地区加速演替的进程，但并不能改变演替的方向。因此，在条件较差的裸地上首先发展适宜的草灌等，待生境条件改善后再发展森林群落是可取之举。以前植被恢复与建设中很少考虑植物群落演替的生态关系，多呈现为“植树树不活，造林不成林”。

（3）非地带性因子问题

黄土高原区域面积较大，非地带性因子差别显著，但在过去的植被恢复与建设实践中没有引起重视。黄土高原植被分布的总体特征应该是植被的地带性分布与非地带性分布两者的自然组合。重要的非地带性因子主要有：①黄土厚度和质地组成。由于黄土颗粒组成细，孔隙度高，孔隙以细孔隙为主，在降水不丰沛的半湿润、半干旱区，降水入渗浅，地面蒸发耗水多。所以厚层黄土坡地土壤水分条件相对干旱，自然植被多发展为草原。而薄层黄土坡地，由于下伏不透水岩层埋藏浅，地下水位较高，树木往往可以通过发达的根系吸取地下水，自然植被多为森林。②坡位。黄土高原沟壑密集，地形切割深。由于地表径流和土壤重力自由水向下运移，源面、梁峁等正地形部位，土壤含水量较低，地下水埋藏深；沟谷及沟坡中下部等负地形部位，土壤含水量较高，地下水埋藏浅。在半干旱、半湿润的气候条件下，沟谷及沟坡中下部的土壤水分条件往往适合树木的生长，自然植被为森林，梁峁、源面及沟坡中上部的土壤水分条件往往适合草灌的生长，自然植被为灌丛草原。这一问题在小流域治理研究中得到了重视和应用，但大面积的退耕还林、绿化工程等又被忽略了。③坡度坡向。坡度的大小直接影响着土壤的蓄水保水能力，一般坡度大地方的土壤偏干，对植物的生长发育不利。坡向也是主要影响土壤水分，阳坡坡地的地面蒸发耗水大于阴坡，同一区域阳坡的土壤水分条件往往较阴坡干旱。因此，阳坡的植物群落往往较阴坡更耐干旱。

（4）土壤水分利用问题

土壤水分利用问题一直是植被恢复与建设的核心问题。黄土是库容巨大的土壤水库，但降水补给不充分，地面蒸发耗水强烈。土壤水库储存的巨量土壤水是地质历史时期长期积存的。黄土土壤水活跃层深度一般在 2 m 左右，2 m 以下土层的土壤水一旦耗用，很难补充，补充需要很长的时间。这就意味着 2 m 以下的土壤水是不可动用的净储量，可望而不可及。乔木根系发达，耗水量大，浅层土壤水分不能满足植被生长需要时，不得不通过发达的根系耗用深层土壤水，一旦根系分布深度内的土壤水被大量耗用，形成土壤干层，植物势必衰亡。追求高生长量的人工林建设，不可避免地要掠夺性利用土壤水资源，不可能营造出经得起时间考验的秀美山川。黄土高原近 50 年来的人工林建设，就是因为没有遵循土壤水分的可持续利用原则，效果不佳。所以黄土高原植被恢复必须考虑水资源的承载能力，应合理规划、循序渐进、逐步实施，要有长期建设的思想准备。

（5）植被恢复与建设的规划与实施问题

植被恢复与建设，必须进行合理的、科学的规划，并确保规划的实施。在对有关生态环境科学问题深入研究和认识的基础上，制定切实可行的生态建设和植被恢复的整体科学规划，以及不同自然生态环境区域、不同尺度的分类实施方案，明确近期、中期、长期目标，分步实施。规划必须考虑侵蚀逆境条件下的诸多不利因素，例如干旱、土地和土壤的退化、生态系统的脆弱性等，结合立地条件类型，研究确定各地区自然修复和人工林灌草植被建设的区域范围，确定适宜的林草类型、适宜的规模和合理的结构与布局。确定科学合理的林草覆盖率目标，确定生态林草、经济林草的合理比例与布局等，以确保植被建设目标的实现。建设工程应进行科学规划和设计，做好经济、技术论证，按规划立项、按效益考核，克服植被建设中只重过程不重结果的倾向。以前我们做的规划很多，但真正按规划实施的并不多，这一点必须引起高度重视。

（6）全球变化对植被建设的影响问题

黄土高原地区历史上植被与环境的变迁可以说已基本上搞清楚了，但未来数十年至百年的气候、水、生态环境等的变化趋势，目前还不十分清楚。尤其是随着全球气候变化，未来黄土高原地区的气候环境趋势是进一步变干、还是降雨会多起来，这会直接影响植被恢复与建设的成败。目前的研究结果表明，在全球变化的影响下，黄土高原地区温度会逐渐升高，大概到 2050 年，气温将升高 1～3℃；而降水量会有所增加，但降水季节分配更加不均，且因温度升高，蒸发量增大，黄土高原地区的干旱会加剧。这些方面我们还需要做大量的研究工作，但现在在植被恢复与建设中就必须考虑这一问题，因为它的影响是长期的（张金屯, 2003）。

5.2.2 黄土高原植被恢复的实践问题

（1）适地适树、适树适林

适地适树就是使造林树种的特性，主要是生态学特性和造林地的立地条件相适应，以充分发挥生产潜力，达到该立地在当前技术经济条件下可能取得的高产水平。适地适树是因地制宜原则在造林树种选择上的体现，是造林工作的一项基本原则。适地适树中的“地”包括两个方面的内容，一是栽培区域的自然环境条件，二是社会经济条件。自然环境条件主要考虑的是水热状况和具体的立地条件类型；社会经济情况主要是指该地区在历史上和当前植物生产在各项生产上所占的比重，群众的生产经验和经营方式，国家对该地区水土流失治理、植被建设布局的要求等。适地适树中的“树”是指栽培植物类型、种或品种的生物、生态学特性和栽培管理措施。适地适树的途径是多种多样的，但可以归纳为两条：第一条是选择，包括选地适树和选树适地；第二条是改造，包括改地适树和改树适地。

“适地适树、适树适林”是解决黄土高原植被建设中“三低”问题的主要途径，是多年来黄土高原植被生态工程建设经验的高度概括。“适地适树”指的是针对当地的自然条件选择适宜的树种草种等，以确保栽植的植物能够正常生长发育；“适树适林”是指能够成林的树种或树种组合的选择搭配。有的树种虽然单独生长很好，但不能形成森林，也有的树种形成的纯林很容易衰败，需要与其他树种组合搭配，形成混交林才能稳定发展。以前我们多强调“适地适树”，而忽略了“适树适林”，因此效果较差（张金屯, 2003）。黄土高原的自然条件十分恶劣，适地适树，适树适林技术的应用显得更为重要。

（2）乔木、灌木、草本相结合

黄土高原地形和生态条件复杂多样，在这一地区建造植被，必须遵循植被区划和立地条件类型的生态学原则，而且要把采用乔木树种与灌木树种结合起来，把造林与种草结合起来，把采用传统树种与发掘野生树种结合起来。在造林绿化工作中，不考虑黄土高原的植被地域差异，不注重这一地区的地形多变条件，忽视灌木造林，不重视种草，不把种草放在重要的地位来考虑，不改变树种单一的现状，不能尽快采用试验研究成功的优良野生树种，黄土高原的植被恢复就很难取得理想的效果。宁夏盐池黄土高原干草原主要是长芒草、百里香、冷蒿植被，植被恢复时应当遵循天然植被的分布规律，植被恢复时应注意乔木、灌木和草本相结合，如灌木柠条生长十分茂盛，如传统栽培的紫花苜蓿、白花草木犀、黄花草木犀、沙打旺、红豆草、披碱草、老芒麦等牧草生长十分旺盛，可以说这一地区是我国草地牧草发育的地理条件最为优越的地方（邹厚远等, 1995）。

（3）分类指导，合理布局

根据影响水分集存与流失的坡度及其他地貌因子，可将黄土高原划分为山区、川源区、梁峁缓坡区、沟壑陡坡区和沟谷区。山区地下水位高，宜于发展自然森林，在植被恢复中以自然修复为主，人工造林为辅，发展地带性植被类型。川源区地势平坦，土壤肥沃，水分较为充足，自然条件好，应以农田防护林建设为主体，结合”四旁”绿化、果园、小片速生丰产林以及其他绿化工程，形成网、片、带相结合的综合防护林体系。沟壑陡坡区坡度一般大于 25°，土壤贫瘠，水分不足，自然条件差，以建立稀树草地为主体。应进行水平沟、水平阶等带状整地，林木沿等高线带状布设，在带间、林间及林下种植禾本科、豆科等牧草植物。梁峁缓坡区坡度较小，可以建设水平梯田，发展生态型复合农林业。在 15°

以上条件较好地段发展果园或其他经济林，条件较差地段营造以灌木为主、乔木为辅的生态林。沟谷区沟坡坡度大，土壤极为贫瘠，沟底较为平缓，水分尚可，自然条件较好，应围绕淤地坝、谷坊建设，配置以乔、灌、草相结合的生物措施体系，保持水土（张金屯, 2003）。

（4）系统结合、景观配置

生态系统空间配置非常重要，若配置合理，景观整体生产能力强，对区域环境作用显著。在黄土高原植被恢复与建设中，一是要保持一定的景观多样性，二是景观各单元要交错分布，镶嵌结合，这样可以最大限度地利用地形、土壤、地质、水文等资源，达到景观整体高产高效的目的。维持一定的景观多样性，就是在一定的小区域或小流域内，林地、草地及农田都要占有一定的比例。而林地中用材林、防护林、水保林及经济林也要各有适当的比重，草地中放牧坡地、灌木草地等也要比例协调，农田中各种作物包括粮食作物、疏菜等也要搭配合理。这样景观内由于各生态系统功能上的差异，可以相互促进、相互补偿。景观镶嵌就是以上各类型生态系统的配置问题，即林地、草地、农田等生态系统类型要合理分布，同一生态系统也应与其他生态系统交错分布，单个斑块面积不宜过大。镶嵌结构与地形、土壤以及各生态系统的功能和特征等密切相关，这应在实验研究的基础上进行规划设计。

（5）整地蓄水、提高成活率

整地方法有挖穴、鱼鳞坑、水平阶、水平沟、反坡梯田。实践证明，整地不仅可改善土壤的理化性质，而且可“蓄住天上水，确保地下墒”。提前整地，隔年造林效果更好，可起到“伏雨春用”的作用。据观测，造林整地比未造林荒坡减少径流 72%～98%，减少土壤冲刷 86%～99%；没有整地的荒坡上土壤含水量只有 7%～8%，而进行过整地的土壤含水量达到 13%～15%，含水量增加近一倍。头年整地第二年造林的成活率可达 85%，随整地随造林的成活率为 45%，没有整地就造林的成活率仅有 5%～15%（张金屯, 2006）。

（6）集水拦蓄、发展径流林业

黄土高原地形复杂，降水量不可避免地发生再分配，保留的降水很难满足树木生长的需要。应采取就地拦蓄，合理调配，集中使用的办法，发展迳流林业。根据经验，产流区与蓄水区的面积比例：400～500 mm 降水区为：3 : 1，300～400 mm 降水地区为：5 : 1，经济林为：5 : 1。方法是沿梁峁坡等高线开挖深 60 cm、宽 100 cm，反坡 15°～18°的窄带梯田（亦称植树带），在带土方坡面分别进行不同类型的防渗处理。防渗处理的主要方法有三种：一是铲除坡面杂草，再把表面砸实拍光；二是在坡面砸实拍光的基础上，再喷高分子化合物 YJG-1 号，使土壤表面形成坚硬光滑不透水膜；三是保留原自然坡面。据小区实验观测，在 4～10 月降水仅为 331.6 mm、产流集流区比例为 8 : 1 的情况下，其植被带内在生长季总蓄水量（迳流量+植被带降水量），经 YJG-1 号处理的达到 1162.1 mm；砸实拍光的为 715.3 mm；自然坡面的为 578.5 mm，分别为降水量的 3.5 倍、2.2 倍、1.7 倍，从而提高了造林成活率，促进了林木生长（张金屯, 2006）。

（7）覆盖保墒、提高水分效率

覆盖保墒是目前农林业普遍应用的增产技术，效果明显地表覆盖物有聚乙烯地膜、草纤维膜、秸秆、枯草、沥青乳剂、土面覆盖剂等。同时，应用低等植物如黄果衣覆盖地面，效果也很好。草纤维是采用麦秸、稻草和其他含纤维素的植物为主要原料生产的一种农用纤维膜，其性能接近聚乙烯地膜，同时能被土壤微生物降解，是一种很有希望替代聚乙烯地膜的无污染覆盖材料；但其脆性大，横向易裂，后期的保墒、增温效应远低于聚乙烯地膜。现在已有可降解的聚乙烯地膜和渗水聚乙烯地膜等新型产品，效果更好。

（8）合理使用药物、提高林木成活率

植被建设实践表明，保水剂、生根粉、磷酸二氢钾及黄腐酸钠和腐殖酸钠等在造林时使用，可明显提高造林成活率。施药方法可以在栽树浇水时用药，也可以在树根上蘸含药物的泥浆。实验表明，两种方法均有显著效果，在黄土高原干旱半干旱地区使用蘸浆处理更有实用价值。若将以上药物混合使用，效果会更好。比如先用磷酸二氢钾浸根，再用保水剂泥浆蘸根造林，平均提高造林成活率 45%～22.9%，最高达 48.6%。

5.3 黄土高原干草原植被恢复的具体措施

5.3.1 封山育林育草

封山保育是黄土高原植被恢复最为有效的方式。封禁方式主要包括：（1）全年封禁。指原有林地破坏严重，残留树木很少，恢复比较困难和地广人稀的地区，应实行全年封禁，严禁人畜进入，以利植被恢复。（2）季节封禁。指当地水热条件较好，原有树木破坏较轻，植被恢复较快的地区，应实行季节封禁。春、夏、秋生长季节封禁，晚秋和冬季可以开放，允许村民到林间割草、修枝。（3）轮封轮放。指封禁面积较大，植被恢复较快，当地村民燃料、饲料较缺乏的地区，应将封禁范围划分几个区，实行轮封轮放。每个区封禁 3～5 年后，可开放一年，合理地安排封禁与开放的面积，做到既能有利于林木生长，又能满足群众需要。

封山保育时，应结合封禁在残林、疏林中进行育苗补植，平茬复壮，修枝疏伐，择优选育，促进林木生长，加快植被恢复。同时，建立封山育林技术档案。除记载有关基本情况外，应着重记载封育效果、林木生长和野生动物的繁衍变化等情况。

5.3.2 造林树种选择与林分组成

黄土高原地区造林树种应具备根系发达、能固持土壤，适应性强、具有较强的抗旱、耐瘠薄或耐水湿性能和具有抗病、抗虫及抗鼠害等能力，适宜密植或分枝多、落叶丰富且易于分解，生长迅速、收益早、丰产、稳产性强，产品质量好、经济价值高，且具有一定的经营传统、成熟的栽培经验和技术。当然，任何一个树种很难同时满足上述条件，但是，只要我们抓住抗逆性强的特点，其他条件均可以通过细致的经营管理来弥补。

具体造林时，严格遵循造林规划，根据不同立地条件，选择乡土树种和外来树种，做到适地适树。当然，同一个立地条件类型，可能有几个甚至更多的适生树种可供选择，或者同一个树种可能适用于几个不同的立地条件类型，因此，在最后确定造林树种时，必须通过分析、比较，把立地条件相对较好的地块优先留给经济价值高或对立地条件要求较为严格的树种，把立地条件较差的立地条件类型留给适应性强、经济价值相对较低的树种。不同立地条件类型及适生树种如表 5-2 所示。

表 5-2 黄土丘陵沟壑区立地条件类型及适生树种表

立地质量等级	立地条件	主要适生树种
I	沟坝川水地、石砾河滩地	油松、河北杨、新疆杨、小青杨、国槐、白榆、臭椿、沙枣
II	黄土残源、台旱地、黄土梁间低地	油松、河北杨、新疆杨、小青杨、小叶杨、白榆、刺槐、臭椿、杜梨、毛条、柠条、沙棘、文冠果、沙枣
III	黄土梁阴坡	河北杨、小叶杨、白榆、臭椿、柠条、沙棘、山桃、山杏、毛条、柠条、油松、侧柏
IV	黄土梁阳坡、黄土梁顶	侧柏、白榆树、臭椿、山杏、杜梨、毛条、柠条、沙棘、文冠果、沙柳池松、侧柏（背风面）、柠条、沙棘（迎风面）
V	盐碱河滩地	沙枣、柽柳、紫穗槐

引自吴发启，2008。

人工林组成是指构成林分的树种成分及其所占的比例。由一种树种组成的林分为纯林，而由两种或两种以上树种组成的林分为混交林。在黄土高原地区，提倡营建混交林。营建混交林时，应考虑选用何种树种混交和何种混交方式。

树种的混交类型包括：（a）主要树种与主要树种混交。这种混交搭配组合可以充分利用地力，同时获得多种木材，并可发挥其他有益效能，种间矛盾出现的时间和激烈程度随树种的生物学特性而不同，这种混交为乔木混交类型。（b）主要树种与伴生树种混交。这种树种搭配组合林分的生产率较高、防护效能较好、稳定性较强，林相多为复层林，主要树种与伴生树种的矛盾比较缓和，这种混交为主伴混交类型。（c）主要树种与灌木树种混交。这种树种搭配组合树种种间关系缓和、林分稳定，灌木可以给主要树种的生长创造各种有利条件，这种混交为乔灌木混交类型。（d）主要树种、伴生树种与灌木混交。这种类型为综合性混交类型，可用于立地条件较好的地方。

混交方法包括：（a）星状混交。星状混交是将一树种的少量植株点状分散地与其他树种种在一起的混交方法。（b）株间混交。株间混交又称行内混交、隔株混交，是在同一行内隔株种植两个或两个以上树种的混交方法，株间混交不同树种间出现相互影响的时间较早，造林施工相对较麻烦，一般多用于乔灌木混交类型。（c）行间混交。行间混交又称隔行混交，是一树种与另一树种隔行栽植的混交方法，这种混交方法种间矛盾比株间混交容易调节，施工较简便，适用于乔灌木混交类型或主伴混交类型。（d）带状混交。带状混交是不同树种分别连续种植 3 行以上构成的“带”间混交方法。（e）块状混交。块状混交又叫团状混交，是不同树种分别栽成小片的混交方法，块状棍交一般分成规则的块状混交和不规则的块状混交两种。

5.3.3 黄土高原人工种草

在荒山、荒坡、荒沟、荒滩及退耕的陡坡地，可采取人工种草的措施。人工草种的选择应考虑种植地的生境条件（表 5-3）。

表 5-3 主要水土保持草种

荒山、荒坡	退耕地、轮歇地	堤防坝坡、梯田坎、路肩	低湿地、河滩、库区
草木犀、沙打旺、苜蓿、野豌豆、羊草、红豆草、披碱草、野牛草、狗牙根、扁穗草、冰草、碱地肤	苜蓿、白草、苏丹草、沙打旺、马兰、无芒雀麦、鹅冠草、黄芪、披碱草	野牛草、鹅冠草、紫羊草、马兰、白草、黄花、芨芨草、沙生冰草、草地早熟禾	芦苇、黄花、扁穗冰草、马兰

人工种草时应进行整地。播种前需进行耕翻，深 20 cm 左右，沿等高线并按条播的行距做成水平犁沟，以有利于保水保土。翻耕后应及时耙耢保墒，有条件的可采取与造林相似的工程整地，前一年先修水平阶（或反坡梯田）等工程，秋冬容蓄雨雪，第二年种草。

播种时，最好将草种丸粒化，以利于机械化播种。丸粒化就是利用一定材料对种子进行包衣处理。包衣剂可根据需要加入各种防病剂、防虫剂、营养及生长调节剂等成分。丸粒化的种子发芽势强，发芽率高。

播种时期应据土壤商情而定。不同草类在不同立地条件下各有不同的最佳播种期，一般可根据当地实践经验确定。大多数草本植物播种时期为春播或秋播，一般春播在 3～4 月，秋播在 9～10 月。

播种方法一般有条播、点播、撒播和飞播。条播是按一定行距在畦面横向开小沟，将种子均匀播于沟内，条播适用于地面比较完整、坡度在 25°以下的地区。点播也称穴播，按一定的株行距在畦面挖穴播种，每穴播种子 2～3 粒，发芽后保留一株生长健壮的幼苗，其余的除去或移作补苗用，点播适于大粒种子或地面比较复杂部位。撒播是把种子均匀地撒在畦面上，疏密适度，过稀过密都不利于增产，撒播操作简便，能节省劳力，但不便于管理，适于小粒种子或对退化草场进行人工改良时采用。此外，还有飞播，飞播方法适用于地广人稀且种草面积较大时采用，现已形成成熟的技术，可参照 GB/T16453.5 执行。

人工种草的播种量是指单位面积土地播种种子的质量。播种量主要根据播种方法、密度、种子千粒重、种子净度、发芽率等条件来确定。播种量计算公式为：

$$播种量(kg/hm^2)=每公顷需要苗株数\times种子千粒重(g)/[种子净度(\%)\times种子发芽率(\%)\times10^6]$$

用这个公式计算出的播种量是理论播种量，生产实践中并不能保证使每粒种子都发芽成苗，因此，实际播种量应将上式求得的播种量乘上损耗系数，损耗系数主要依种子大小、是否育苗及播种管理技术等而变化，种粒愈小，损耗愈大。

播种深度应依植物种类和种子大小而定。大粒种子要深些（3～4 cm），小粒种子可浅些（1～2 cm）。禾本科草类种子要浅些，豆科草类种子可深些。凡种子发芽时子叶出土的应浅播，子叶不出土的应深播，种子的盖土厚度一般为种子大小的 2～3 倍，无论哪种情况，播种后都需镇压。

6 沙丘地植被恢复

据中国科学院寒区旱区环境与工程研究所（王一谋, 1991），盐池县境内固定沙丘地面积为 55.7 km^2，占全县总土地面积的 0.82%；半固定沙丘地面积为 407.0 km^2，占全县的 6.02%；流动沙丘地面积为 285.8 km^2，占全县的 4.23%。

6.1 工程治沙技术

工程治沙技术现在已比较成熟（朱震达等, 1998），它是稳定沙面的基础。

6.1.1 机械沙障固沙

机械沙障是采用柴、草、树枝、卵石、板条以及水泥混凝土等材料，在沙面上设置备种形式的障碍物，以此控制风沙流动的方向、速度、结构，改变侵蚀状况，达到防风、阻沙、固沙、改变风的作用力及地貌状况等目的，它是工程治沙的主要措施之一。机械沙障按照所用的材料、设置方法、配置形式以及沙障的高低、结构、性能等不同，有多种类型。

（1）高立式沙障

高立式沙障的地上高度为 50～100 cm，材料为发麦草、芦苇、板条和高秆作物。其设置方法为：把秆高质韧的草类裁成 70～130 cm 长，在沙丘中规划好的线道上，随挖沟随均匀地插放于沟中，沟深 20～30 cm，梢端朝上，基部插入沟底，使之密接排紧，下部适当加些较短的梢头，使密度稍大些，两侧培沙，扶正踏实，培沙要稍高出沙面 10 cm 左右，以使沙障稳固。插设季节以秋末冬初为好。

高立式沙障防沙效果好，但被保护对象附近不宜采用此类沙障，最好用于沙源距被保护区较远、沙量较多的高大沙丘上，或在需要积沙以提高低洼地形处（如风口）使用最适宜。

（2）半隐蔽式草沙障

半隐蔽式草沙障的材料为：麦秆、稻草和芦苇等（图 6-1、图 6-2、图 6-3）。其设置方法为：将革按沙障规格所划好的线道均匀地横铺在线道上（与线道垂直），然后在平铺的草条中段施压，直至压人沙层中 10～15 cm，使草两端翘起，再从两侧培沙压实，地上保留 20 cm 左右。其中：①格状麦草沙障的优点是取村方便，施工方法简便，成本相对较低，能显著地增大地表粗糙度，降低流沙表面风速。此法已被大力推广使用。②黏土沙障的优点是成本低，固沙时间较长，正常设置一般可维持 4～5 年，施工简便，可呈行列式也可呈格状式设置，根据风向决定。其具体效果与草障近似，具有改土效果。黏土沙障内栽植固沙植物，黏土慢慢与沙土掺和，可改变沙土结构，提高沙土肥力，有利于固沙植物生长。当 4～5 年沙障损坏时，障内植物可代替沙障起持久固沙作用。熟土沙障的地区性强，只能在有黏土分布的沙区应用。

图 6-1　塔里木沙漠公路芦苇半隐蔽式沙障

图 6-2　盐池花马池镇沙边子麦草半隐蔽式沙障

图 6-3 盐池王乐井乡周庄子麦草半隐蔽式沙障中种植杨柴

（3）平铺式沙障

平铺式沙障利用柴、草、卵石、熟土铺盖在沙面上。主要有两种。

①砾石沙障。既可稳定持久地发挥固沙效益，又有较强的保水性能，对植物的生长发育无任何不良影响，特别是在沙区水库、铁路、公路、路堤及路堑边坡加固，防止风蚀等效果更为明显。

②平铺泥土沙障。主要适用于绿洲内部孤立的流动沙丘，或村庄附近、厂矿周围的零星沙丘。用此法彻底封固沙丘，可立即消除流沙危害，取得立竿见影的效果。但这种全包式会影响降水的下渗速度，使沙丘水分条件变差，不利于植物生长；而且遇暴雨时易产生迳流，从而冲坏沙障。平铺泥土沙障如能与行列式沙障结合，在行间铺一薄层土块，则可消除上述缺点。

6.1.2 化学固沙

化学固沙主要是采用石油化学工业的副产品如沥青乳剂等，在流动沙地上喷洒化学胶结物质，使其在沙地表面形成一层有一定强度的防护壳，避免气流对沙表面的直接冲击，达到固定流沙的目的。化学固沙收效快，但成本高，一般多用于风沙危害能造成重大经济损失的地区，如机场、国防设施和重要工矿区，并常和植物固沙相配合，作为植物固沙的辅助性措施。

化学固沙材料的选择标准为：①保护壳具有一定的强度和耐久性；②成本低；②使用简便，③不需要特殊设备；④对植物发芽和生长没有影响；⑤不污染环境。

目前，国内外用做固沙的胶结材料主要是石油化学工业的副产品，一般常用的有沥青乳液、高树脂石油、橡胶乳液和油—谷胶乳液的混合物等。其中，沥青乳液使用最广，原因是它在常温下具有流动性，便于使用，价格也较低。

沥青乳液又名乳化沥青，也称水包油式乳液。它是一种在乳化剂作用下，沥青以微粒（直径 0.1～10 μm）的形式分散于水中而形成的乳液。固沙时，沥青乳液带留于表面沙层一定厚度中，将沙子胶结成为多孔状的固结沙层，以达到固沙的目的。因此，乳化沥青要求具有很高的稀释稳定性和较高的分散度，以便于喷洒并渗入沙层中，而这一性质是由乳化剂的性质和使用量所决定的。用硫酸处理（亚硫酸法或苛性钠法）后的造纸废液是一种较为理想的乳化剂。用碱金属脂肪酸盐作乳化剂时，要求水的硬度不能大于 80 mg / L，否则乳化剂的使用量将大大增加。用纸浆废液作乳化剂时，对水的硬度影响不大。

根据中国科学院寒区旱区环境与工程研究所（兰州沙漠研究所）的材料，固沙用的沥青乳液，以亚硫酸盐纸浆废液（木质磺酸盐）作乳化剂，其配方（按质量计）为沥青（60～200 号中的任何一种）占 40%～50%，水占 50%～60%，纸浆废液干涸物占用水量的 12%～14%。水与纸浆废液混合而成的水溶液（乳化液），pH 值为 7～8，比重为 1.06（20℃）。亚硫酸盐纸（木）浆废液或苇浆废液可不经过处理直接使用，但为增强乳化沥青的稳定性和分散度，也可选用下述任意一种方法加以处理：①加入 Na_2CO_3 27 g / L（就水溶液而言）；②加入 Na_2SO_4 37 g / L；③加入 Na_2SO_4 约 3 g / L 和 H_2SO_4 约 5 g / L，两者对纸浆废液中 CaO 的置换量分别为 80%和 20%。

喷洒沥青乳液形成的固结沙层（平均厚度为 20～30 mm）有一定的抗风蚀能力。根据铁道科学研究院西北研究所的试验，沥青用量为 0.5～1.0 kg/m^2（用水 15 kg/m^2）时，能抵抗 30 m/s 的风速。同时，该固结沙层还有一定的透水性，并能促使水分扩散凝结，减少沙地水分蒸发，使沙地的水分状况得到改善，有利于植物生长。在喷洒沥青乳液的沙丘上所栽培的和宜播的柠条、油蒿等植物，生长情况良好。

6.2 植物固沙技术

植物治沙比较经济、作用持久、稳定，并可改良流沙的理化性质，促进土壤形成，改善和美化环境及提供木材、燃料、饲料和肥料等，具有多种生态和经济效益，成为防治土地沙质荒漠化最有效的措施。沙漠化地区植被建设技术主要包括流沙地封育恢复技术、飞机播种技术和人工造林种草技术等（治沙造林学编委会, 1984）。宁夏盐池自 1986 年开始，多次对沙地进行了成功的飞播。

6.2.1 飞机播种造林种草固沙技术

飞播造林种草具有速度快、用工少、成本低和效果好等特点，是治理风蚀荒漠化土地、恢复植被的重要措施之一，也是绿化荒山荒坡的有效手段，尤其是对地广人稀、交通不使、偏远荒沙荒山的地区，恢复植被意义更大。

（1）飞播植物种子的选择

因流动沙丘迎风坡有剧烈风蚀，背风坡有严重沙埋，故要求飞播植物种子易发芽、生长快、根系探，地上部分有一定的生长高度及冠幅，在一定的密度条件下，可形成有抗风蚀能力的群体；同时还要求植物种子和幼苗能适应流沙环境，忍耐沙表高温。经过大量试验，在草原带飞播最成功的植物有花棒、杨柴、籽蒿、沙打旺等，在荒漠草原飞播最成功的有花棒、蒙古沙拐枣、籽蒿等。

（2）飞播种子的处理

在流动沙丘上，为防止某些体积大而轻的种子（如花棒）被风吹跑发生位移，可对种子进行大粒化处理，并且通常用骨胶和沙子来代替黄土进行种子大粒化处理。具体方法是：如要大粒化 50 kg 花棒种子，用骨胶 28 L，加水 25 kg，在大锅里熬 4 h，准备好过筛的细沙 40 kg；在容器中将熬好的胶水倒在花棒种子上，立即搅拌，接着将沙子倒进，趁热迅速搅拌均匀，使每个种子都沾一层胶水，外面沾满沙子；拌匀后铲出晾在毡布上，晒干收好以备用。种子沾沙后质量上增加了一半，但体积增加不多，从而达到了既提高固结力又减轻质量的目的，应用效果良好。

（3）飞播期的选择

适宜的飞播期要保证种子发芽所必需的水分、温度条件和苗木生长足够的生长期，使种子能迅速发芽，既能减少鼠、虫对种子的危害，又能使苗木充分本质化以提高越冬率，还能保证苗木生长一定的高度和冠幅，满足防风蚀的需要；同时，还要考虑种子发芽后能避开害虫活动盛期，减少幼苗损失。盐池沙区飞播期宜选在 5 月下旬至 6 月上旬，并应保证播后有雨和阴天，以利于种子发芽。

（4）飞播量的确定

根据实际调查资料，花棒一年生幼苗 1 m^2 需要 20 株，杨柴 16 株可抵抗风蚀。一般来说，杨柴的播量为 11.25～15 kg/hm^2，花捧的播量为 15～22.5 kg/hm^2。近年来，由于飞播技术的不断改进，播量不断下降，花棒、杨柴的播量降到 6.75 kg/hm^2，油蒿由原播量 7.5 kg/hm^2 降到 4.5 kg/hm^2，明显地节省了种子用量，降低了飞播成本。实践证明，混播效果优于单播，有更好的群体固沙效果。如能使沙生先锋植物与后期耐旱植物混播成功，固沙效果会更稳定。

（5）飞播区立地条件的选择

飞播区立地条件是影响飞播成效的重要因素。盐池流动沙地基本上可分为两大类型。一种是沙丘高大密集（沙丘密度为 0.75～0.82），沙丘间低地较窄，地下水较深；另一种是沙丘比较稀疏（沙丘密度为 0.54），丘间地较宽阔，地下水较浅。后者水分条件较好，飞播出苗率、保存率高，植株生长量大，易形成大面积幼苗群体，因而飞播成效高。

（6）兔、鼠、虫、病害防治

飞播花棒等豆科植物种子受鼠、虫害较严重，小面积播种种子受害可达 90%以上，大面积播种种子受害达 13%～64%。花棒、杨柴发芽后受大皱鳃金龟子为害严重，该虫活动高峰正值种子发芽期，其幼虫会在地下为害根系。兔害在播种当年结冻前及次年解冻后.可成片咬断受风蚀的幼株，受害率可达 17%～31%。因此，对兔、鼠、虫害必须加以防治。

对鼠害可采取化学和机械、生物捕杀措施。防治金龟子可用人工捕杀或放鸡捕食，1 只公鸡 1 天可食 300 只金龟子。兔害可狩猎捕杀，设套捕杀，或用胡萝卜丝拌磷化锌毒杀。如发现花棒幼苗立枯病，应采用化学药剂防治。

（7）飞播区的封禁管护

飞播后数年，播区要严加封禁保护，防止人畜破坏。管护工作除保护播区防止人畜破坏外，还可移密补稀，以及在播区条件好的地方栽植樟子松等容器苗。播区管护需要专门组织，形成保护网络，由专人负责；此外，还需要对群众进行广泛深入地宣传，真正提高群众的认识，把护林变成群众的自觉行动。

6.2.2 人工植物固沙技术

人工植物固沙是通过人工造林种草等手段，达到防治沙漠化、提高群落生产力的一种技术措施，是沙地治理最有效的途径（治沙造林学编委会, 1984）。在我国，人工植物固沙技术已比较成熟（刘新民等, 1982; 赵兴梁, 1991; 何兴东等, 2001）。

（1）人工植物固沙的方式

①直播固沙

直播是用种子作材料，直接在沙地播种建立植被的方法。从直播技术上看，选择适宜的植物种、播期、播量、播种方式、覆土厚度、采取有效的配合措施，都可以提高播种成效。就播期来看，春夏秋冬都可进行直播，生产的季节限制性比植苗、扦插小得多。我国西北 7、8、9 月降水集中，风蚀沙埋及鼠、兔、虫害均较轻，对直播出苗有利，但当年生长量较小，木质化程度低，次年早春抗风力弱，保苗力差。为延长生长季，可将播期提至 5 月下旬至 6 月上旬，以保证播种成功的降雨条件，从而获得好效果。

直播播种方式可分为条播、穴播和撒播 3 种。条播即按一定方向和距离开沟播种，然后覆土。穴播是按设计的播种点（或行距穴距）挖穴播种覆土。撒播是将种子均匀地撒在沙地表面，不覆土（但需自然覆沙）。条播、穴播容易控制密度，因播后覆土，种子稳定，不会位移，但种子应播在湿沙层中。条播播量大于穴播，苗木的抗风蚀作用也比穴播强。如风蚀严重，可由条播组成带。撒播不覆土，播后至自然覆沙前，在风力的作用下，易发生位移，稳定性较差，成效更难控制。播大、圆、轻的种子时需要进行大粒化处理。

直播播种深度即覆土深度，一般根据种子大小而定。沙地上播小粒种子，覆上 1～2 cm，如沙打旺、花棒、杨柴、柠条等，过深会影响出苗。对于出苗慢的草和树种，实际上在沙地上播种是不适宜的。

直播播种量是一个重要因素，撒播用种最多，穴播用种最少，条播用种居中。直播固沙一般需适当密些，故播种量要保证。

在草原地区流动沙丘直播成功的植物种主要是花棒、杨柴和油蒿。在半荒漠地区平缓流沙地播种沙拐枣、籽蒿、花棒也有大面积成功的范例，但生产上应用时应该慎重，而且播种后要注意保护和防治病、虫、鼠、兔害。

②植苗固沙

植苗是以苗木为材料进行植被建设的方法，根据苗木种类不同，可分为一般苗木、容器苗、大苗深栽 3 种。

苗木质量：植苗时应选用健壮苗木，一般固沙多用 1 年生苗木。苗木必须达到标准规格，保证一定的根长（灌木 30～50 cm）、地径和地上高度；根系无损伤、无劈裂，过长或损伤部分要修剪。不合格的小苗、病虫苗、残废苗坚决不能用来造林。

苗木保护：从起苗到定植前要做好苗木保护，以减少根系损伤。起苗前 1～2 天要灌透水，使苗木吸足水分，软化根系土壤，以利起苗。起苗必须按操作规程保证苗根具有一定长度，防止根系劈裂。机器起苗质量较有保证。起苗时，要边起苗边拣边分级，立即假植，去掉不合格苗木，妥善地包装运输，并要保持苗根湿润。

苗木定植：苗木定植是将健壮苗木根系舒展地植于湿润沙层内，使根系与沙土紧密结合，以利水分吸收，迅速恢复生活力，一般多用穴植。穴植要根据苗木大小确定栽植穴规格，一般穴的直径和深度均不小于 40 cm，以使根系舒展而不致卷曲，并能伸进双脚周转踏实。对于紧实沙地，加大整地规格对苗木成活和生长发育大有好处。定植前，苗木要假植好，栽植前最好将假植苗放入盛水容器内，随栽随取，以保持苗根湿润。栽植时取出苗木置于穴中心，理顺根系后填人湿沙，至坑深一半时，将苗木向上略提至要求深度（根茎应低于干沙表 5 cm），用脚踏实，再填湿沙，至坑满，再踏实（如有灌水条件，此时应灌水，水渗完后），然后覆一层干沙，以减少水分蒸发。如沙地疏松，水分条件较好，栽植侧根较少的直根性苗木时，也可用缝植法，即用长锹先扒去干沙层，将锹垂直插入沙层深约 50 cm，再前后推拉形成口宽 15 cm 以上的裂缝.将苗木故人缝中，向上提至要求深度，再在距缝约 10 cm 处插入直锹至同一深度，先拉后推将植苗缝隙挤实、踏平。

植苗季节：植苗季节以春季为好，宁早勿晚，土壤一解冻便应立即进行，通常是在 3 月中旬至 4 月下旬。如需延期栽植，则需对苗木进行特殊的抑制发芽处理，如假植于阴面沙层中。秋季也是植苗的主要季节。此时，气温下降，植物进入体眠状态，但根系还可生长，沙层水分较充足、稳定，利于苗木恢复吸水，次年春生根发芽早。有时为避免冬春大风抽干茎干，也可截杆栽植，地面上留下长度 5～20 cm。秋季植苗期长，从苗木落叶至结冻前均可进行，一般在 10 月中旬至 11 月中旬。

树种选择：实践证明，栽植固沙成功的植物种有油蒿、紫穗槐、花棒和杨柴等。

③扦插造林固沙

很多植物具营养繁殖能力，可利用营养器官（根、茎、枝等）繁殖新个体，如插条、插杆、埋杆、分根、分茎、地下茎等多种培育方法，其中应用较广、效果较大的是插条、插杆造林，简称扦插造林。

选插条：从生长健壮无病虫害的优良母树上选 1～3 年生枝条。插条长约 30～80 cm，条件好用短枝条，条件差用长枝条；插条粗 1～2 cm，于生长季结束到次年春树液流动前选割。选割时，用快刀一次割下，上端剪齐平，下端马蹄形，且切口要光滑。

插条处理：插条采下后立即扦插效果较好（但紫穗槐条以冬埋保存者为好）再扦插有利于提高成活率。若插穗需较长时间存放，可用湿沙埋藏；进行催根处理，可加速生根，提高成活率，促进嫩枝生长。插条采下后浸水数日若用刺激素（ABT 等） 进行催根处理，可加速生根，提高成活率，促进嫩枝生长。

造林季节和方法：扦插一般在春秋两季进行，多用倒坑栽植，随挖穴随放入插条（勿倒放），然后挖取第二坑湿沙填入前坑内，分层踏实，再将第三坑湿沙填入第二坑，如此效率较高。插深多与地面相平；沙层水分较差及秋插时，插深应低于地表 3～5 cm。陕北、宁夏沙区群众用沙柳簇式栽植法，以 0.5 m ×1.5 m 穴行距簇式扦插（每丛 4～5 个插条）生长最好，风蚀最轻。赤峰巴林右旗林业局于 1996 年选取长 150 cm 以上的健壮枝黄柳插条，在流动沙丘上垂直主害风等高挖间距为 2 m 深的平行沟，沟宽 25 cm，深 80 cm 密植扦插，株距 3～5 cm，在垂宜主带间距 2 m，平行挖副带扦插沟，扦插杨柴条，形成 2 m × 2 m 规格网格活沙障固沙取得成功，次年春，黄柳、杨柴成活发芽生枝，成活率在 80%左右，流沙即得到固定。

（2）风沙区固沙造林树种的选择

选择适宜树种对于保证固定目标的实现十分重要（刘媖心, 1988）。不同地区沙地有相应的适宜造林树种，有些树种换了地方后生长不良，因此，分地域选择相应固沙树种是成功的基础，刘媖心（1988）曾具体地分析了各地适宜的固沙造林树种。盐池固沙造林的主要树种有油蒿、籽蒿、小叶锦鸡儿、柠条锦鸡儿、沙柳、乌柳、紫穗槐、沙打旺、杨柴、花棒、新疆杨、合作杨和小叶杨等（图 6-4）。

（a）油蒿　（b）籽蒿　（c）小叶锦鸡儿　（d）柠条锦鸡儿

图 6–4　盐池优良固沙植物

（3）沙地造林方法

①前挡后拉造林法

前挡后拉造林法由沙湾造林（前挡）和迎风坡造林（后拉）两部分组成。在沙丘起伏较大的沙地，在流动沙丘湿润丘间地背风坡前面营造乔木林或乔灌混交林，起挡沙作用，阻止沙丘前进；同时，在沙丘迎风坡下部造灌木林，起削弱沙丘流动的作用。丘顶可被逐步削平，为以后全面造林创造条件。普遍的做法是：距沙丘背风坡脚留出沙压带 3～5 m 后，开始插若干行沙柳，往外再栽几行乔木，林下种草木犀，而在迎风坡中下部设置柴草或菇土沙障，种植草、灌木，固定沙丘，次年在沙丘前移退出的退沙畔再造乔、灌木林和种牧草。这样连续造林种草 3～4 次，就可将沙丘拉平。对一个流动沙丘来说，前后的丘间低地都造林后，即构成了“前挡后拉”的固沙造林技术，如图 6-5 所示。

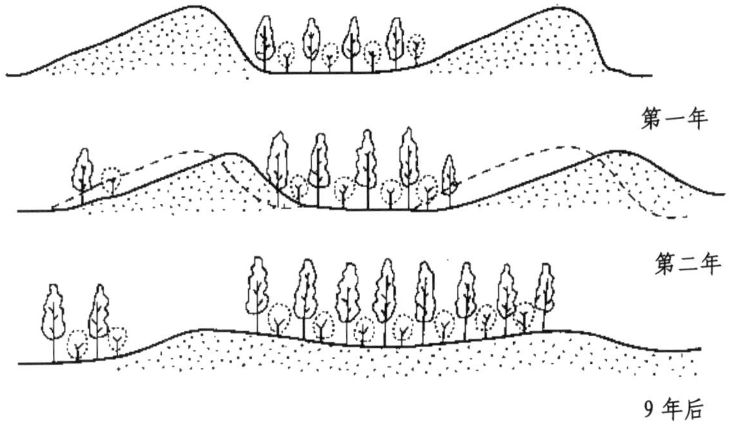

图 6–5　前挡后拉固沙造林示意图

②撵沙腾地造林法

撵沙腾地造林法即在荒漠、荒漠草原流动沙丘丘间地比较湿润的条件下，人工促进迎风坡风蚀，从而扩大丘间地造林面积，并在吹蚀下方造林，使沙子堆积在林内，用沙埋促进林木生长。经沙埋的树木有的树高生长量可达同龄林的 5 倍，而且堆积的沙子还可保墒，防止次生盐渍化。这种造林法被概括为“撵沙腾地，腾地造林，引沙入林，以林固沙”，在陕北也叫做又固又放造林法。具体做法是在一排排沙丘中把前后 2 排沙丘固定，中间沙丘用清除植被或大风时人工扬沙等方法促进沙丘移动，使沙粒堆积在前面团定的沙丘上，中间的沙丘则逐渐变成宽阔而较平坦的沙地，以作农田和果园之用。

③背风坡高杆造林

清明前，选 3～4 年生、粗 4～6 cm 的旱柳枝条，截成长插杆（长度取决于沙丘高度，以造林后不过度沙埋为宜），将插杆底部浸在水中，待清明后天气变暖，水温升高，再将插杆全部浸入水中 10～15 天，到谷雨时将插杆取出栽植。栽植部位应选在落沙坡与丘间地交界处，造林时随整地随栽植。整地时，先将干沙层除去，再挖穴，穴深 1～1.5 m，穴口径 0.5 m × 0.6 m。将插杆放入，填湿沙砸实，株距 2～3 m，过 1～2 年沙丘向前移动，在新的落沙坡脚再进行高杆造林。因杆长不怕风蚀、沙埋利于旱.成活率高达 90%以上，且收益快。

④钻孔深植造林技术

中国林科院 1981 年由意大利引进“杨树插杆钻孔深栽造林技术”，选择水位 1.3 m 的沙土或沙壤土地，株行距为 4 m × 6 m 或 5 m × 6 m 左右，孔径为 12 cm，用钻孔机钻孔到地下水位 20 cm 左右，孔径 12 cm。苗木为 3 年生杨树截根插杆，高约 5 m，胸径 3 cm 以上，苗扦插到栽植孔底，然后用干沙填孔，摇动树干分层捣实。栽后应在幼树四周和株间翻土除草，钻孔前不要整地。钻孔机 1 小时可钻孔 45 个。春秋两季均可造林。

⑤大苗深栽与长插条深插

具体做法是：在草原带流动沙丘上采用花棒、杨柴大苗深栽，沙柳、乌柳、柽柳长条深插，合理密植的方法造林固沙，一般苗高 1～4 m，条长为 0.7～2 m 或更长，植深为 0.5～2.0 m 或更深。

⑥抗旱造林系列技术

具体内容是：（a）选用良种壮苗；（b）起苗与运输防止伤害；（c）苗木浸泡吸水保墒；（d）大犁开沟整地（深 40～50 cm）；（e）栽植时严格操作规程；（f）培抗旱堆厚 20 cm，以延缓和减少土壤水分蒸发。

⑦两行一带造林法

在较好的沙地条件下（平坦、细粉沙土），采用株距 2 m，行距 2 m，2 行 1 带，带距 10～25 cm，用抗旱造林法营造速生树种，以杨树为主。林带间可以根据实际需要和具体条件发展灌、草、作物、药材等，若将带距再适当加大，则可建成林农牧果复合生态系统，以取得良好的生态与经济效益。

⑧沙地杨树嫁接更新法

具体做法是：一是秋季落叶后，选良种杨树 1 年生 1 m 粗健壮枝条，割下长约 1 m 放于 0～4℃的窖内或湿沙中储藏，作嫁接插穗备用。二是第二年春，将劣质杨树主干从地面以上 5～10 cm 处伐掉，作为良种杨嫁接的砧木，锯口要平整，当检查伐墩杨树皮能离骨时，将锯口用利刃刮光，准备嫁接。三是取出备用杨树枝条切成 8～10 cm 长接穗，留 3～5 个芽，将接穗下部用嫁接刀削成长圆形，放于盛水容器内备用。四是嫁接时先将接穗下部长圆接口部分进一步削薄漏出韧皮部，然后用镰刀头在砧木木质部与韧皮部之间挠开一道缝，将削好的接穗木质部向内插入、插牢；每株伐墩接几穗取决于伐墩粗细，20 cm 直径可接 4 个穗，15 cm 直径可接 3 个穗，10 cm 直径可接 2 个穗，而且分布要均匀。若伐树过早，伐墩表面已干，可先用镰将砧木老皮削下一片，直到韧皮部木质部，在削口处橇开一道缝接 1 个穗。五是将事先备好的黄土（或熟土）和水成糊状于小捅内，用此黄泥将接好插穗的外露缝隙全部抹严。六是用锹在行间取湿土将伐墩接穗培土盖严，形成土堆，厚度要超过接穗上端 6 cm 左右，培土动作要轻，勿使插穗移动，用锹将土堆轻轻拍实、拍平。七是嫁接后，砧木、接穗 1 个月后萌芽破土而出，高 10～20 cm 时，将砧木上的萌芽全部去掉，接穗上发的芽只留一个健壮者，余者全部去掉，以后还要多次检查，以将插穗上新生枝条叶腋的芽子及时去除。八是加强林地保护和水肥管理，防治病虫害。九是数月后湿土培护下的插穗接口附近就会开始生出自生根，母树（伐株）根系 3 年后死亡，新生幼株生长极快，当年可达 3～5 m 高，地径 3～5 cm 以上，叶片像向日葵叶片大小，表现了突出的生长优势。

⑨沙地乔木根蘖苗更新法

利用毛白杨、刺槐等乔木萌蘖能力强的特点，伐后产生大量萌蘖苗，选择其中 1 株最壮者培养，余者均去掉，加强水肥管理，利用原根强大的吸收水肥的能力，促进萌蘖苗迅速生长，实现优质林分的更新，尽快发挥防护作用，也可用于饲料林，实现乔木的灌木状经营。

或者利用乔木树种根蘖繁殖能力强的特点，将其伐后挖去主根，留下支侧残根在土壤中，当年就会萌出一定数量的根蘖苗，通过加强水肥管理，调节密度，1 穴留下 1 株最好的，其他幼苗可以移出栽于无苗穴中，从而实现优秀林分的更新。此法有效快速、成本低，但此类更新苗可能会出现苗木强弱高低不齐、分布不均等现象，因此需要加强管理。

⑩沙地樟子松造林

樟子松造林需要整地。春季栽植要在前一年雨季或秋季整地，抑制杂草，保蓄水分。春天若随栽随整地，土壤会很快风干，成活率低。为避免风蚀，要带状整地，整地带宽 60～70 cm，保护空留草带等宽或稍宽。若植被少，也可铲草皮，铲去 4～5 cm。丘高 7 m 以上者，丘腹上部可块状整地（50 cm × 50 cm）。

樟子松苗木一般采用健壮 2 年生苗木，规格为：地径 0.35 cm 以上，高 12-15 cm，主根 20 cm 以上，且顶芽要健全。若用 1 年生苗木，要求苗木健壮，整地细致，条件稳定，加强管理。

樟子松的造林时间可在春、雨、秋季，但春季最好，秋栽到冬春易受风吹沙打、牲畜危害。为保护苗木，在冬前要埋土越冬，次年 3 月下旬天气变暖时再扒开；雨季要在透雨后趁阴天栽植。另外，要随时保持苗根湿润，尽量不受风吹日晒，以保证成活率。

樟子松初期生长馒，适合密植，株距宜小，行间抚育，行间留有草带，可保护幼苗免受风蚀沙打，行内可提早郁闭，利于幼树生长。密度为 4995～6000 株/hm^2，规格为 1 m × 2 m 或 1 m ×1.5 m，簇植常用 3 m× 3 m，每簇 3 株。

6.3 沙地天然植被封育

在原有植被遭到破坏的地段，设置围栏保护，严禁人畜破坏，给植物以繁衍生息的时间，逐步恢复天然植被，即为封沙育林育草。封沙育林育草是防治土地荒漠化、促进荒漠化地区天然植被恢复的重要措施。

封沙育林育草的面积大小与位置要考虑需要与可能，因干旱沙区沙源物质、风力强度、绿洲规模、绿洲水源和植被破坏程度不同，所以封沙育草带的宽度与规模应有所差别。各地方应根据迎风侧的沙源状况和残留植物多少加以确定。如果沙源广，流动沙丘高大，连绵分布，残留植物少，植被覆盖度低（<10%），则封育面积大，封育带宽度应为 1000 m 以上；如果沙丘较低矮，残留植物覆盖度较高（>10%），则封育宽度可规划为 500～1000 m。在能对目标保护物生存构成威胁的地段，均应划出封沙育草带，以形成目标保护物外围的生物保护屏障。

封育时间的长短要看植被恢复的情况。封育要重视时效性，封育区必须存在植物生长的条件，有种子传播、残存植株、幼苗、萌芽、根蘖植物的存在等。在以往植被遭到大面积破坏，或存在植物生长条件，附近有种子传播的广大地区，都可以考虑采取封育措施，以改善生态环境。

依据沙地类型，封育可划分为重点封育和一般封育两个类型。流动沙丘及危害目标保护物沙丘的主要风口地段，应划分为重点封育类型治理区，进行重点投入，末治理好前进行全封闭管理，严禁一切形式的开发利用。其他区段可划入一般封育治理类型，主要是进行监护，促进天然植物的自然更新。育草技术要因地制宜，根据可能进行。多数情况下，春季或秋季可以进行人工撒播沙生旱生草种，促进植物繁殖。条件许可和立地条件较好的地段，可辅以飞机播种；有些地段可以利用水源进行灌溉，以改善育草环境。

7 退化草原植被恢复

宁夏盐池县植被主体还是草原植被（干草原和荒漠草原），干草原中主要有长芒草草场、胡枝子草场和百里香草场以及华灰早熟禾+隐子草草场，荒漠草原主要有短花针茅草场、戈壁针茅草场、蒙古冰草草场、牛枝子草场以及大苞鸢尾草场等，这些草场不同程度地都存在退化问题，有些草场退化相当严重，针对这些草场，植被恢复主要采取围栏封育和草地补播管理技术。

7.1 草场围栏封育

7.1.1 围栏封育对生物多样性的影响

侯瑞萍和张克斌等（2004）对哈巴湖国家级自然保护区外围区（对照）、边缘区、核心区植被围栏封育做了研究，结果表明，采取围栏封育措施的固定样地植被的多样性呈现规律变化，Shannon-Wiener 多样性指数和 Simpson 多样性指数变化最为明显。由表 7-1 可知，2002 年，封育区 Shannon-Wiener 多样性指数和 Simpson 多样性指数由外围（对照）、边缘、核心依次增大。核心区 Shannon-Wiener 多样性指数比边缘区、对照区分别增加 23%、43%，Simpson 多样性指数增幅更为明显，分别增加 52%、71%。均匀度指数则变化不大。到 2003 年，边缘区多样性指数（SW=3.595）增加了 44%，超过核心区（SW=3.309）的 9%，对照则相反，比上年减少了 46%，不难发现，多样性指数及均匀度排序发生变化：即边缘>核心>外围（对照）。草场围封以后生物多样性指数增大，也就是说，围封地内物种数有所增多、物种的个体数也有所增多，这恰恰说明围栏封育是一种恢复植被的有效方法，对破坏程度较轻的地段通过围栏封育，可使退化植被在较短期内得到一定程度的恢复。

表 7-1 哈巴湖国家级自然保护区不同地段草原围封后群落 α-多样性变化

年份	指标	保护区核心	保护区边缘	保护区外围
2002	Shannon-Wiener 指数	3.081	2.502	2.153
	Simpson 指数	5.823	3.83	3.412
	均匀度指数（基于 Shannon-Wiener 指数）	0.754	0.657	0.679
	均匀度指数（基于 Simpson）	0.333	0.265	0.371
2003	Shannon-Wiener 指数	3.309	3.595	1.174
	Simpson 指数	8.169	9.877	1.477
	均匀度指数（基于 Shannon-Wiener 指数）	0.89	0.862	0.37
	均匀度指数（基于 Simpson）	0.458	0.511	0.157

注：引自侯瑞萍等, 2004。

李学斌等（2013）对高沙窝镇禹记圈自然村（37°57'01.34″N，107°00'44.99″E）甘草群落围封做了研究，结果表明，通过围栏封育后，甘草群落的盖度、密度、地上生物量等均有了明显的变化（表 7-2）。植被覆盖度由恢复 1 年的 55.1%提高到恢复 8 年的 91.4%，植物组成种数也由 9 种增加至 20 种左右，开放草场一些消失的草种如长芒草、草木樨状黄芪等得到了很好地恢复，特别是豆科、禾本科草种变化尤为显著，比例明显增加。草地生产力有了极大的提高，生物量由 0.087 kg/ m^2 提高至 0.267 kg/m^2。以菊科蒿类、1 年生禾草为主的植物群落向以甘草、牛枝子、冰草、针茅等多年生的豆科、禾本科为主的群落演替。

表 7-2 高沙窝镇甘草群落围封后植物种类变化

围封时间	种数(种/m^2)	盖度(%)	干生物量(kg/m^2)	所占比例(%)			
				豆科	禾本科	菊科	其他科
封育 1 年	9	55.1	0.087	8.1	7.3	38.5	46.1
封育 3 年	16	73.3	0.163	13.8	9.7	33.2	43.3
封育 5 年	19	85.7	0.212	15.6	14.1	30.8	39.5
封育 8 年	20	91.4	0.267	15.3	15.4	30.5	38.8

引自李学斌等, 2013。

由表 7-3 可看出，围栏封育明显改变了甘草群落的物种多样性，群落物种丰富度指数、多样性指数变化均随着围栏封育年限的增加呈增加的趋势，均匀度指数则随着围栏封育年限的增加呈先增加后降低的趋势。可以看出，随着围栏封育年限的增加，甘草群落物种数不断增加，但由于封育 1～5 年，群落处于快速恢复期，物种种类相对较少，分布较为均匀。当封育 5～8 年时，尽管物种种类趋于稳定（多样性指数变化很小），但此时物种丰富度指数增加，种间竞争加剧，物种聚集性增加，均匀度降低。随着围封年限的增加，群落物种数趋于稳定，但个体数显著增加，这表明围封改变了甘草群落的结构特征以及功能特征。

表 7-3 高沙窝镇甘草群落围封后生物多样性变化

围封时间	Margalef 指数	Gleason 指数	Shannon-Wiener 指数	均匀度指数(基于 Shannon-Wiener 指数)
封育 1 年	3.004	4.551	1.597	0.678
封育 3 年	5.341	6.132	1.885	0.799
封育 5 年	6.342	7.472	1.936	0.802
封育 8 年	6.676	7.678	1.933	0.413

引自李学斌等, 2013。

研究结果表明（表 7-4），采挖后的甘草群落经过围栏封育，在 1～5 年时期，甘草密度、盖度和生物量均呈增加的趋势，密度由封育 1 年的 6.5 株/m^2 增加到封育 5 年的 15.1 株/m^2（封育 1 年与封育 3 年、封育 5 年差异均呈极显著 $p<0.01$）；盖度由封育 1 年的 8.8% 增加到封育 5 年的 49.9%（封育 1 年与封育 3 年、封育 5 年差异均呈极显著 $p<0.01$）；生物量由封育 1 年的 0.054 kg/亩增加到封育 5 年的 0.182 kg /亩（封育 1 年与封育 3 年、封育 5 年差异均呈极显著 $p<0.01$）。但当围栏封育 5 年后，甘草密度、盖度和蓄积量却均呈现降低的趋势。

表 7-4　高沙窝镇甘草群落围封后群落特征变化

围封时间	密度(株/m²)	高度(cm)	盖度(%)	地下生物量(kg/m²)	重要值
封育 1 年	6.5±1.8	31.29±5.6	8.8±2.2	0.054±0.031	29.11
封育 3 年	11.8±1.2	34.17±4.9	39.7±3.2	0.141±0.003	24.56
封育 5 年	15.1±1.5	34.82±3.9	49.9±4.2	0.182±0.004	9.38
封育 8 年	11.6±1.3	34.05±4.5	31.5±3.8	0.131±0.003	7.13

引自李学斌等, 2013。

对比甘草群落多样性指数、丰富度指数，在封育的 1～8 年内均呈增加的趋势。可以看出，在恢复最初的 1～5 年，群落整体处于恢复期，甘草在此时期恢复较快，采挖后土壤中剩余的水平根茎成长成新的植株。随着封育年限的增加，根茎不断扩散，密度进一步增加，因此甘草种群密度、盖度和地下生物量呈快速增加的趋势。

7.1.2　围栏封育对群落生产力的影响

据安耕和王天河对沙丘间低湿草地围封研究表明（表 7-5、表 7-6），围栏封育 3 年，植被盖度由 33%提高到 61%，提高了约 84.8%；多度由 6.9 株/m² 增加到 9.8 株/m²；植物平均高度由 30.1 cm 提高到 45.8 cm，增高约 52.2%，平均每年增高约 5.2 cm；地上生物量增加了 534 kg/hm²；可食牧草增加了 546 kg/hm²。

表 7-5　沙丘间低湿草地围封后群落特征变化

测定时间	处理	植被盖度（%）	多度（株/m²）	植物平均高度（cm）	地上生物量（kg/hm²）	可食牧草产量（kg/hm²）
2004-08-20	围栏封育区	33 a	6.9 a	30.1 a	1359 a	938 a
	对照	24 b	3.1 b	25.9 b	1154 b	719 b
2005-08-21	围栏封育区	49 a	8.3 a	37.4a	1662 a	1233 a
	对照	25 b	3.2 b	26.2 b	1197 b	755 b
2006-08-23	围栏封育区	61 a	9.8 a	45.8 a	1893 a	1484 a
	对照	22 b	3.0 b	25.5 b	1168 b	703 b

引自安耕和王天河, 2013。

表 7-6　沙丘间低湿草地围封后群落生产力变化

测定时间	处理	莎草科		禾本科		杂草类		可食鲜草总产量（kg/hm²）
		鲜草产量（kg/hm²）	比例（%）	鲜草产量（kg/hm²）	比例（%）	鲜草产量（kg/hm²）	比例（%）	
2004-08-20	围栏封育区	637.3 a	53.6 a	46.4 a	3.9 a	505.3 a	42.5 a	1189.0 a
	对照	531.7 b	50.3 b	40.2 b	3.8 a	485.1 b	45.9 b	1057.0 b
2005-08-21	围栏封育区	824.6 a	54.9 a	141.2 a	9.4 a	536.2 a	35.7 b	1502.0 a
	对照	520.4 b	49.8 b	38.7 b	3.7 b	485.9 b	46.5 a	1045.0 b
2006-08-23	围栏封育区	1007.4 a	57.7 a	248.0 a	14.2 a	490.6 a	28.1 b	1746.0 a
	对照	512.9 b	49.4 b	35.2 b	3.4 b	489.9 a	47.2 a	1038.0 b

引自安耕和王天河, 2013。

围栏封育 1、2 和 3 年都显著增加了封育草地的产草量（$p<0.05$），莎草科和禾本科牧草产量和比例逐年增加，且显著高于对照，尤其是禾本科牧草，其所占比例由 2004 年的 3.9% 增加到 2006 年的 14.2%；杂类草所占比例显著减少，围栏内 2006 年的杂类草产量与对照差异不显著（$p>0.05$），但比例逐年降低，2005 和 2006 年均显著低于对照；同时由于减少人畜干扰，牧草冠幅也逐年增大，显著大于对照（$p<0.05$），防风固沙和草地生产能力明显增强。

7.1.3 围栏封育对土壤种子库的影响

据王蕾等（2014）对高沙窝镇荒漠化草原围封种子库研究表明，从样地土壤种子库中共统计出 15 种植物，分属 7 个科，其中禾本科 7 种、豆科 3 种、大戟科、远志科、蔷薇科、菊科、藜科各 1 种。未围栏封育草地有中亚白草、牛枝子、丝叶山苦荬、稗草和远志 5 种植物种子；围栏封育 5 年的草地有中亚白草、甘草、赖草、糙隐子草、稗草、狗尾草、地锦 7 种植物；围栏封育 7 年的草地有短花针茅、牛枝子、甘草、二裂委陵菜、糙隐子草和冰草 6 种植物。

从种子库物种的生活型构成分析，整体上多年生草本植物种子所占比例较高。围栏封育草地土壤种子库的生活型构成明显好于未围栏封育草地，禾本科和豆科牧草增多。这说明对退化草地采取围栏封育措施后，给植物休养生息的机会，植物种子成熟后能够自然散落到土壤中，为土壤种子库的更新提供了物质基础，从而有效提高了土壤种子库的物种数。统计表明，围栏封育 4 年的草地与未围栏封育草地土壤种子库组成的相似性系数最高，为 0.727；围栏封育 6、7 年的草地土壤种子库相似性系数最低，为 0.167。围栏封育年限相近的草地相似性系数较低。

不同围封年限草地土壤种子库发芽实验表明，围封 5 年和围封 6 年草地土壤种子库发芽率最高（图 7-1），这显然与土壤中种子库的多少有关（图 7-2）。

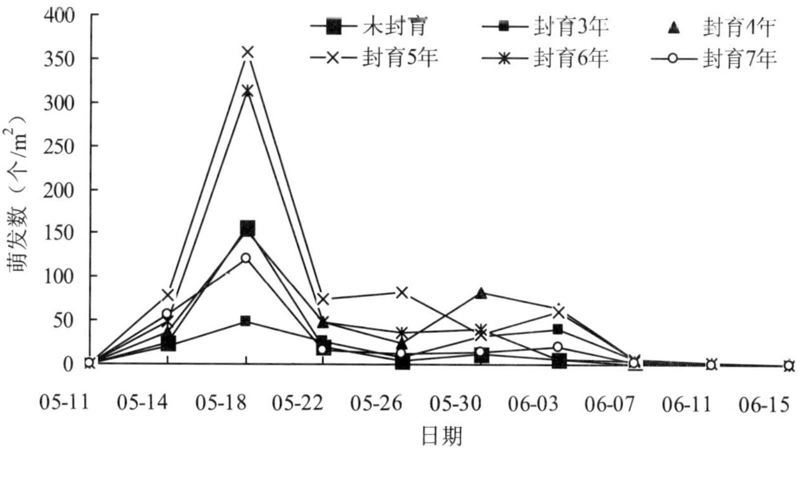

图 7-1 高沙窝不同围栏封育年限草地土壤种子库种子萌发数量

引自王蕾等, 2014

由图 7-2 可知，围栏封育 5 年草地的土壤种子库密度最高，为 690 粒/m^2；随围栏封育年限的继续增加，种子库的密度有所降低。围栏封育 3 年草地土壤种子库密度比未围栏封育的草地低，为 190 粒/m^2。不同围栏封育年限草地土壤种子库密度随围栏封育年限的增加呈现出先增加后降低的趋势。

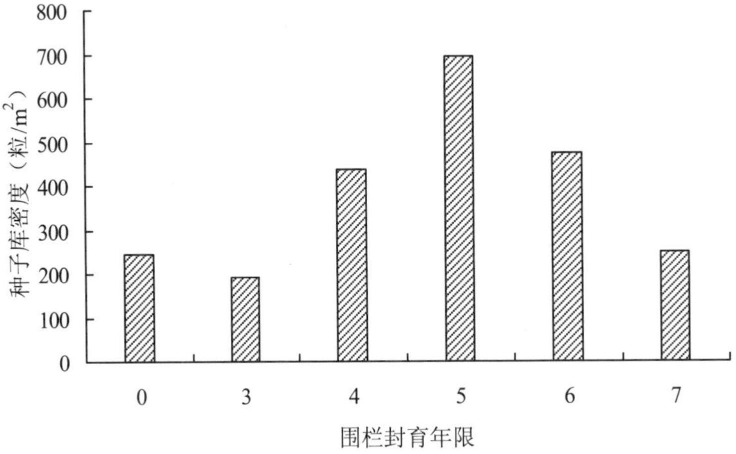

图 7-2 高沙窝不同围封年限草地土壤种子库密度

引自王蕾等, 2014

7.2 退耕还草与草地补播管理技术

退耕还草是我国农业结构调整、发展质量效益型农业和可持续农业的一个重要措施，自 1998 年实施以来受到各级政府的高度重视。

退耕还草技术要特别注意两方面内容，一方面是要根据生态适应性原则，即根据不同气候水文条件和土地类型及其组合；另一方面，还要根据当地农、林、草、畜各业长远发展的战略布局，特别是产业化发展的需要，合理选择草种和树种，做到因地制宜，乔灌草合理配置，农林牧相互结合。

退耕还草技术主要分为退耕地自然恢复、人工恢复和**草田轮作**。

退耕地的自然恢复是指退耕地（撂荒地）在弱干扰或无干扰情况下，可凭借其本身的“自然力”恢复至原始的地带性植被，相当于次生裸地上发生的植被进展演替。自然恢复是一种较为经济的措施，其技术关键是利用现代技术手段，使演替控制在中期阶段，充分发挥该阶段优质高产性能，亦将是我国西部地区草地植被恢复的有效途径。对退耕地进行封育是自然恢复的典型方法。封闭退耕地，使这些地区不受人类活动的影响，同时防止火灾及杂草入侵，就能加强自然更新。这种方法具有投资小、效益高、经过演替形成的植被稳定性高等优点。但恢复的时间要长一些、有时要经历若干个演替阶段。

退耕地的人工恢复技术，即通过农业工程措施建立适合当地生态环境的人工草地。该方法最关键的是依据当地的土壤、气候条件，进行牧草品种选择。比较适合我国北方地区种植的牧草有披碱草、老芒麦、无芒雀麦、羊草、冰草、碱茅、黑麦草、紫花苜蓿、沙打旺、草木樨、红豆草、毛苕子、野豌豆等，饲料作物有玉米、苏丹草、燕麦、豌豆等；其次是选择适宜的播种时期和播种方法，我国多采用春播和夏播，可单播或混播，常见的混播模式有："禾本科+豆科"、"黑麦草+三叶草"、"披碱草+苜蓿"、"老芒麦+沙打旺"等。

退耕地草田轮作是指在退耕地内作物种植若干年后，连续种植一年生或多年生牧草。该技术要求：退耕地地势平坦；在同一块土地上种植 2～3 年豆科牧草，然后再种植 3～4 年粮食作物，并在一定区域内形成轮换制度，这样依靠豆科牧草生物固氮肥田，并使土地得以休憩，既为家畜提供了大量优质干草，也使作物单产提高 20%～30%。退耕地草田轮作充分改善了生态系统的物质循环和能量流动。

同时，对于严重退化的草原，尤其是严重沙化的地段，需要补播草本植物。草地补播技术简介如下：

（1）牧草种植地的准备

牧草的生长同其它农作物一样也离不开光、热、空气、水分和养分，其中水分和养分主要是通过土壤供给的。因此，在牧草播种以前要进行地面清理、耕地、施底肥、整地。地面清理就是要清除种植地上的石块、杂草。用于种植牧草的土地经清理后进行翻耕，翻耕的深度深比浅好，一般在 20 cm 以上。土地翻耕后，每亩地一般施农家肥 2000～3000 kg，复合肥 20～30 kg。所施的农家肥必须经过发酵腐熟。翻耕后，进行耙地，用圆盘耙将翻过的土块破碎，将翻过的地进行平整。

（2）牧草品种选择

一是选择的牧草品种要适合当地的土壤、气候条件。牧草种子像农作物的种子一样，是科研育种单位经过长期的选育和培育而成的。它是在一定的区域和气候条件下培养出来的，适合在一定的土壤、气候条件下种植。因此在选择种什么品种牧草时，一定要搞清楚这个品种的适宜种植区域。二是根据所饲养的畜禽种类来确定所种植的牧草品种。在选择牧草的品种时要根据自己所饲养的畜禽类型来选择适当的牧草。如饲养牛、羊等草食家畜可选择种植黑麦草、紫花苜蓿等。

对于退化的草地，应根据当地的土壤性质、水分条件种植适合本地的优良牧草，一般来说，在湿滩地适宜种植披碱草等耐水性的牧草；在碱地适宜种植紫花苜蓿、草木犀等耐碱性牧草；在沙丘地带适宜种植柠条、沙蒿等牧草。

草种的选择至关重要。多年的实践经验表明，草种的选择必须兼顾物种的生态效益和经济效益。盐池地区降雨量少、土壤盐渍化严重，草种必须具有良好的抗风沙和耐盐性。为了调动广大人民群众参与退耕还草的积极性改善当地人们的物质生活，草地建群种应具有较高的经济价值（如优良饲草、中草药、工业原材料等）。比较适合盐池地区种植的草种有：老芒麦、冰草、披碱草、看麦娘、羊草、红豆草、紫花苜蓿、毛苕子、草木樨、木地肤、细枝岩黄芪、小叶锦鸡儿、柠条锦鸡儿等。

（3）牧草种子的准备

选择好要种植的牧草品种后，要到有牧草种子经营许可证的商家或经有牧草种子经营许可证的单位授权经营牧草种子的商家（必须经营有包装的种子）去购买牧草种子。购买牧草种子时一定要看包装上的标签，标鉴上注明了种子产地，经营许可证编号、种子质量标准等。如果是进口种子，标鉴上还应注明进口许可证编号等。

（4）牧草的播种

牧草播种季节的确定一是要考虑水、热条件适合于牧草种子的发芽，确保苗全苗壮；二是杂草病害危害较轻；三是适合牧草的生长发育。从盐池的气候条件来看牧草的播种季节分春、秋两季。春播适用于一年生牧草，由于播种当年收获，必须实行春播。如杂交苏丹草、苦荬菜。对于多年牧草也可以春播，也可以秋播，如苜蓿、紫花苜蓿。秋播适合越冬牧草和春播受杂草危害较大的牧草品种，如一年生黑麦草、冬牧-70、紫花苜蓿等。

（5）牧草的播种方式

牧草的播种方式主要是条播，其次是撒播和点播。

条播：条播的好处是便于田间管理，如除草和施肥。条播一般使用播种机播种，面积小的也可人工用锄头条播。条播时每行之间的距离一般 15-30 cm。

撒播：撒播是在土地平整后用人工或撒播机把牧草种子撒播在地表，然后用耙或人工将土覆盖在种子上。撒播的不足是出苗不整齐，不均匀、不规则，较难除草和管理。撒播主要用于育苗，如菊苣育苗等。

点播：按一定的行距、株距用锄头打一个小坑，然后在坑里点下牧草种子，再覆盖上土。点播适于坡地。点播节省种子、出苗容易、管理方便。点播一般适用于玉米、菜类牧草，如菊苣等。

（6）牧草种子的播种量

牧草种子的播种量与牧草种子的大小、种子的品质、土壤肥力、播种方法、播种季节、播种气候等因素有密切关系（参见第 6 章）。

（7）牧草种子的播种深度

牧草种子大小差别明显，覆盖的土层厚度直接影响牧草的种植成败。当然，土壤水量、土壤类型也影响到牧草种子的播种深度。一般来说，牧草种子以浅播为好。土壤干燥可稍深，潮湿可浅一点，疏松土壤可稍深一点，黏土可稍浅。

8 湿地的恢复

湿地是指天然或者人工的、长久或者暂时性的沼泽地、泥炭地或水域地带，这里的水域地带是指静止的或流动的淡水、半咸水、咸水水体，流动的水体又包括低潮时水深不超过 6 m 的水域以及临近湿地的河湖沿岸、沿海区域以及位于湿地范围内的岛屿或低潮时水深不超过 6 m 的海水水体（Crowe，2000）。在现实中，湿地也包括下湿滩地。湿地与森林、海洋一起并称为全球三大生态系统。湿地是自然界最富生物多样性和生态功能最高的生态系统，为人类的生产、生活提供多种资源，是人类重要的生存环境，被誉为“地球之肾”。然而，由于自然因素和人为干扰的影响，当今世界各地的湿地处于不断退化或即将退化的过程中。因而，湿地生态的恢复，对于维护生态平衡，改善生态状况，实现人与自然和谐，促进经济社会可持续发展，具有十分重要的意义。

8.1 湿地生态恢复

湿地恢复是指通过生态技术或生态工程对退化或消失的湿地进行修复或重建，再现干扰前的结构和功能，以及相关的物理、化学和生物学特性，使其发挥应有的作用（彭少麟等, 2003）。它包括提高地下水位来养护沼泽，改善水禽栖息地；增加湖泊的深度和广度以扩大湖容，增加鱼的产量，增强调蓄功能；迁移湖泊、河流中的富营养沉积物以及有毒物质以净化水质；恢复泛滥平原的结构和功能以利于蓄纳洪水，提供野生生物栖息地以及户外娱乐区，同时也有助于水质恢复。目前的湿地恢复实践主要集中在沼泽、湖泊、河流及河缘湿地的恢复上。

8.1.1 湿地生态恢复的目标

总体目标：采用适当的生物、生态及工程技术，逐步恢复退化湿地生态系统的结构和功能，最终达到湿地生态系统的自我持续状态。

基本目标：①实现生态系统地表基底的稳定性。②恢复湿地良好的水状况。③恢复植被和土壤，保证一定的植被覆盖率和土壤肥力。④增加物种组成和生物多样性。⑤实现生物群落的恢复，提高生态系统的生产力和自我维持能力。⑥恢复湿地景观，增加视觉和美学享受。⑦实现区域、社会、经济的可持续发展。

8.1.2 湿地恢复的基本原则

（1）可行性原则。主要包括两个方面，即环境的可行性和技术的可操作性。通常情况下，湿地恢复的选择在很大程度上由现在的环境条件及空间范围所决定。

（2）稀缺性和优先性原则。计划恢复一个湿地必须从当前最紧迫的任务出发，应该具有针对性。

（3）美学原则。美学原则主要包括最大绿色原则和健康原则，体现在湿地的清洁性、独特性、愉悦性、可观赏性等许多方面。美学是湿地价值的重要体现。

8.1.3 湿地恢复的理论

（1）自我设计和设计理论

由 Mitsch 和 Jorgensen（1993）与 van der Valk（1999）提出并完善的湿地自我设计理论认为，只要有足够的时间，随着时间的进程，湿地将根据环境条件合理地组织自己并会最终改变其组分。Mitsch 和 Jorgensen（1993）认为，在一块要恢复的湿地上，种与不种植物无所谓，最终环境将决定植物的存活及其分布位置。Mitsch（1996）比较了一块种了植物与一块不种植物的湿地恢复过程，他发现在前 3 年两块湿地的功能差不多，随后出现差异，但最终两块湿地的功能恢复得一样，他与 Odum（1969）均认为湿地具有自我恢复的功能，种植植物只是加快了恢复过程，湿地的恢复一般要 15～20 年。

设计理论认为，通过工程和植物重建可直接恢复湿地，但湿地的类型可能是多样的。这一理论把物种的生活史（即种的传播、生长和定居） 作为湿地植被恢复的重要因子，并认为通过干扰物种生活史的方法就可加快湿地植被的恢复。这两种理论区别在于：自我设计理论把湿地恢复放在生态系统层次考虑，未考虑到缺乏种子库的情况，其恢复的只能是环境决定的群落；而设计理论把湿地恢复放在个体或种群层次上考虑，恢复可能是多种结果。这两种理论均未考虑人类干扰在整个恢复过程中的作用。

（2）入侵理论

在湿地植被恢复过程中，植物入侵是非常明显的。一般地，退化后的湿地恢复依赖于植物的定居能力（散布及生长）和安全岛（适于植物萌发、生长和避免危险的位点）。

Johnstone（1986）提出了入侵窗理论，该理论认为，植物入侵的安全岛由障碍和选择性决定，当移开一个非选择性的障碍时，就产生了一个安全岛。例如，在湿地中移走某一种植物，就为另一种植物入侵提供了一个临时安全岛，如果这个新入侵种适于在此生存，它随后会入侵其它的位点。入侵窗理论能够解释各种入侵方式，在恢复湿地时可人为加以利用。

（3）边缘效应理论

湿地位于水体与陆地的边缘，又常有水位的波动，因而具有明显的边缘效应和中度干扰，是检验边缘效应理论的最佳场所。

边缘效应理论认为两种生境交汇的地方由于异质性高而导致物种多样性高（Forman, 1995）。湿地位于陆地与水体之间，其潮湿、部分水淹或完全水淹的生境在生物地球化学循环过程中具有源、库和转运者三重角色，适于各种生物的生活，生产力较陆地和水体的高。

（4）河流理论

位于河流或溪流边的湿地与河流理论紧密相关。河流理论有河流连续体概念、系列不连续体概念两种。该理论认为沿着河流不同宽度或长度其结构与功能会发生变化。根据这一理论，在源头或近岸边，生物多样性较高；在河中间或中游因生境异质性高生物多样性最高，在下游因生境缺少变化而生物多样性最低（Ward, 1989）。在进行湿地恢复时，应考虑湿地所处的位置，选择最佳位置恢复湿地生物。

（5）洪水脉冲理论

洪水脉冲理论认为洪水冲积湿地的生物和物理功能依赖于江河进入湿地的水的动态。被洪水冲过的湿地上植物种子的传播和萌发，幼苗定居，营养物质的循环，分解过程及沉积过程均受到影响（Middleton, 1999）。在湿地恢复时，一方面应考虑洪水的影响，另一方面可利用洪水的作用，加速恢复退化湿地或维持湿地的动态。

8.1.4 湿地恢复的内涵

（1）湿地基质恢复

湿地的基质恢复是通过采取工程措施，维护基底的稳定性，稳定湿地面积，并对湿地的地形、地貌进行改造。

对于有机质含量过高的基质，需降低营养元素含量，同时增加矿质土壤，在恢复实践中可采用基质清淤、客土覆盖等技术；对于石驳岸、陡坡以及不适合湿地植物生长的浅滩，可通过地形改造、客土覆盖等技术，以矿质土营造浅滩基质，同时添加改土添加剂；而对于只有矿质土的区域，需要添加还原性土壤。

（2）湿地水文恢复

水是维系湿地生态系统稳定和健康的决定性因子。湿地是敏感的水文系统，湿地水文条件在维护湿地结构和功能以及确定物种组成等方面是需要考虑的重要因素。在恢复工程中，对湿地进行水文控制的部分包括堤坝和土地工事、沟渠和水道、水流和水位控制设施等。这些设施的建设有利于创建良好的土壤和水环境，为持续发展湿地植物和吸引野生物种创造条件。

湿地需要相关设施和建筑以向湿地内提供水源、控制水位和减小洪涝灾害，如果正确设置和使用水流控制设施，就能够最大限度地类比自然水文系统，充分发挥其生态功能。水依靠重力自然流入优于用水泵送水，因此，在恢复实践中应尽可能通过上游拦坝分流等形式来营造形成重力自然水流的良好环境。

目前，湿地恢复工程有多种水流控制方法，其中大多数都包括调节水位、排水以及区域内小区块之间的截断或导向水流。常见的水流控制设施有槽堰、水闸等，槽堰的设计和建造简单，并能测量水流量等水力学参数，在湿地恢复中应用较广。然而，在高污染负荷条件下，高水位容易造成淤塞，导致湿地水力传导系数降低，处理效果下降。

（3）湿地水环境恢复

湿地水环境恢复是通过控制污染源去除污染物，并结合换水、补水等措施改善湿地水体，以提高自净能力。湿地水质恶化的主要形式为水体富营养化，其消除的关键在于削减水体中的氮、磷污染负荷，以消除水体中藻类疯长的基础，降低藻类生物量，提高水体的透明度。

（4）湿地植物修复技术

以湿地植物为主的富营养化水体修复系统是通过植物的吸附、过滤和沉淀以及根区微生物的降解作用来实现的。

水生植物的根能够释放出多种有利于降解有机物或吸附固定有毒金属的有机化学物质，如低分子单糖、氨基酸、脂肪酸等，而且这些物质能够促进污染物向植物脱落组织的转移，并能够通过形态转化减少向地下水的迁移或淋溶。用收割法去除重金属的策略在湿地恢复实践中取得的效果是有限的，植物修复应考虑选用生长迅速、生物量较大，且富集能力较强的植物。

（5）湿地微生物和动物修复技术

目前，以微生物进行湿地水环境修复的研究较多，其技术研发也取得了一定的成果。中国科学院南京地理与湖泊研究所利用固定化增殖氮循环细菌群 SBR 法（序批式活性污泥法）净化富营养化湖水，经固定化细菌群 SBR 工艺净化后，湖水总氮下降了 75%，氨氮下降了 91.5%，COD（化学需氧量）下降了 75% ，水质得到明显的改善。研究发现，利用真菌生产生物菌肥，既可以增加农作物产量，又可减少农业面源污染对水体的污染。

部分鱼类以藻类等浮游植物为食，通过放养鱼类等水生动物，可以在一定程度上减缓水体的富营养化进程。较成熟的水生动物修复技术为鲢鳙混养技术，其技术关键是对放养数量的控制，在湿地水环境修复过程中，据不同生物所占据的生态位空间差异，合理配置不同组分，充分利用其净化功能，从而既能够治理富营养化水体，又能够提高经济效益。

（6）人工湿地修复技术

人工湿地能够通过物理、化学和生物的协调作用有效去除包括有机物、氮、磷、悬浮物、微量元素、病原体等在内的污染物，从而实现对污水的高效净化。目前，较常见的人工湿地类型包括表流湿地和潜流湿地。表流湿地通常用于处理各种已初步处理的工业和生活废水以及雨水等，潜流湿地较适合于净化低污染物浓度的废水。

不同的人工湿地类型在污染物去除能力上不同，但是它们都能很好地去除氮、磷等营养元素，以及 BOD（生物需氧量）、COD（化学需氧量）、石油类、油脂类等多种污染物。其中，物理沉降过程、植物的还原过程和过滤作用是最重要的去除过程，能有效去除 90%～98%的悬浮物质、颗粒有机物和重金属离子，而通过围隔、光降解和微生物过程能有效去除 95%～99%的油脂。同样，通过沉降和过滤、自然死亡和 UV 降解等过程，对病原体的去除率可达到 70%～95%。

目前，表流湿地在北美应用较多，约有 2/3 的人工湿地属于表流湿地类型，其处理场地面积维持在 10～100 km^2，系统水深范围在 30～40 cm；而潜流湿地在欧洲发展较快，特别是德国等西欧国家已经开展了商业化运营，并取得了较好的经济效益，其技术体系也日趋成熟，如丹麦、德国、英国等国家都保持约 200 个潜流湿地系统在正常运行 。

（7）湿地生物与生境恢复

湿地生物是湿地生态系统保持健康稳定的关键组分。目前，适合湿地生物恢复的主要技术有种选育和培植技术、物种引入和保护技术、种群动态调控技术、种群行为控制技术、群落结构优化配置与组建技术、群落演替控制与恢复技术等。随着生物技术的长足进步，又涌现出一批高效、可靠的分子生物技术，如基于微卫星 DNA 物种保护技术、基于随机扩增多态性 DNA 物种保护技术、基于扩增片段长度多态性物种保护技术以及基因重组技术等。

湿地生境恢复技术旨在通过各类工程技术措施提高生境的异质性和稳定性，维持物种适宜的栖息环境，包括湿地基质和地形恢复技术、湿地水文恢复技术和湿地岸带恢复技术。

总之，健康的湿地生态系统是国家生态安全体系的重要组成部分，对经济社会发展发挥着越来越大的作用。应针对不同类型的退化湿地生态系统，开展湿地生态系统的恢复。

8.1.5 湿地恢复方法

（1）自然恢复

自然恢复又称为主动恢复，是指依靠湿地生态系统自身的抵抗力稳定性和恢复力稳定性，只要时间足够，随着时间的进程，湿地将根据环境条件合理地组织自己并最终改变其组分，达到自我修复的目的。当已退化的湿地仍然保持湿地的基本特征，而且导致湿地退化的因素能够被消除时，自然恢复是最佳的恢复方式。

（2）人工恢复

人工恢复又称为被动恢复，是人类直接控制湿地恢复的过程，以修复、新建或改进湿地生态系统。当一个湿地严重退化，或者只有通过湿地建造和最大程度的改进才能完成预定的目标时，主动恢复模式是一个最佳的恢复模式。具体包括一系列的恢复工程如湿地植被的恢复工程、湿地动物栖息地的恢复工程以及湿地清淤疏浚工程等。通过工程措施改变湿地的水文特征，种植植物，引入外来物种、引入适合于本地物种的土壤或基质等。

8.2 湿地中盐碱化土地的植被恢复

盐碱化低湿草地治理方法可分为生物、化学及物理方法。

生物方法是使用有机质改良盐碱化土壤，然后种植耐盐碱植物进行治理的技术。具体可采用枯草与盐碱土进行混合，再种植相应植被。其主要原理是枯草在腐解过程中形成有机酸对碱性盐类物质可对碱性土壤起到中和作用，改善了土壤的理化性质，枯草的混入也增加了土壤孔隙度，使土壤结构变得疏松，改善了土壤透性，且由于枯草具有保水和储水能力，也会改善土壤的水分状况。

化学方法是治理重度盐碱化土壤的有效方法。常用石膏处理土壤，其主要原理是，石膏增加了土壤钙离子含量，置换土壤胶体上吸附的钠离子和镁离子，使钠质亲水胶体变为钙质疏水胶体，从而改善了土壤结构和通透性，起到了脱盐和抑制返盐的作用。经过处理后土壤化学性质有明显改善，碳酸氢钠含量增加，土壤 pH 下降。

物理方法中常用的是压碱。压碱是改良盐碱土一项主要物理方法。其主要原理是沙掺入盐碱土后，改变了土壤结构，增加了土壤通透性，改变水盐运动方向；促进了团粒结构的形成，增大了保水储水能力，降低地表蒸发，抑制深层盐分向上运动，使表层土盐碱化程度降低。

盐渍化草地的恢复与重建要在遵循自然规律的基础上，通过人类的作用，根据技术上适当、经济上可行、社会能够接受的原则，使受损或退化的盐渍化草地生态系统重新获得健康并有益于人类生存与生活的重建与再生过程。目前，成熟的恢复手段有水利工程措施、物理措施、化学措施、农艺生物措施等。下面将对盐渍化草地的治理途径进行简述。

（1）水利工程措施

通过水利工程措施来改善盐碱地环境条件，这是治理盐渍土的主要措施。实施水利工程所示的前提是建立完善排水系统，包括明沟排水、暗管排水、井灌井排和机电排水。常用工程措施包括蓄淡压碱、排水防碱、冲洗改良、灌溉淋洗和井、沟、渠相结合水利工程措施。

（2）物理措施改良盐渍土

根据盐渍土水盐运动“盐随水来，而随水去”的特点，只有控制土壤水分蒸发才能减轻盐分表聚。在盐渍土改良的初期，人们用物理措施对其进行改良，结果表现出一些喜人的成果。研究显示在盐渍地上覆盖作物秸秆后，可明显减少土壤水分蒸发，抑制盐分表聚，它阻止水分与大气间直接交流，对土表水分起到了阻隔作用，同时还增加光的反射率和热量传递，降低土表温度，从而降低蒸发需水。秸秆覆盖不但能够节水，抑制土壤盐渍化加剧，而且还能培肥改土。不仅减轻土壤的盐渍化程度，而且改善了土壤性质，提高了土壤肥力。

用免耕覆盖法可使原生植被所形成的黑土层（有机质层）不致被破坏，再通过人工种植绿肥，切碎茎叶覆盖，更能提高土壤保水保墒能力，减少机具对土体的压实和覆盖作物根系。除利用秸秆覆盖外，还有利用地膜覆盖、水泥硬壳覆盖进行盐碱地改良。从减少水分蒸耗的角度看，施用土壤改良剂亦能起到同等的效果。用沥青乳剂作地面覆盖进行盐渍土改良，表明其可抑制水分蒸发，提高土温，改善土壤结构，降低土壤含盐量，提高出苗率及产量。

（3）化学措施改良盐渍土

通过施加化学改良剂代换土壤中的交换性钠离子，或者施用酸性肥料如磷酸二氢钾、柠檬酸等，来改良盐碱土。改良碱化土壤的化学改良剂大致可分为三类：第一类是含钙物质，如石膏、磷石膏、浮石、亚硫酸钙等；第二类是酸性物质，如黑矾、风化煤、糖醛渣、酸性肥料等；第三类是大分子聚合物，如聚丙烯酰胺、沥青等。糖醛渣、酸性肥料等酸性物质用来改良盐碱土让，取得了显著的效果。不仅改良了土壤的化学性状，增加了土壤养分，而其土壤无力性状如孔隙度、体积质量等也有所改良。在土壤中诸如聚丙烯酸酯溶液，与土壤形成 0.5 cm 的不透水层，从而减少土壤水分的蒸发，减少盐分随毛管蒸发向表土累积，可使作物常量明显增加。运用聚合阳离子多糖、瓜耳胶衍生物，负电性聚丙烯酞胺浇灌盐含量及 SAR 均不相同的土壤，可增加水力传导率，提高土壤的团聚体稳定性，进而起到淡盐改碱的作用。置换出的 Na^+通过水的淋洗而排除土壤。

（4）生物措施治理盐渍土

在治理盐渍土的各项技术中，物理措施改良的程度有限；化学措施成本昂贵，并且污染环境；工程措施用水量大，耗资大，限制其发展.；而生物措施可以克服以上措施的不足，被普遍认为是最优有效的改良途径，即通过农艺生物措施，如平整土地、深翻改土、合理耕作、增施有机肥、客土压沙改良、种植耐盐碱作物等，可以有效减少土壤蒸发，防治返盐，降低耕地盐碱化程度，提高作物产量。还可使土壤中现有的盐分重新分配，表层含盐量降到植物耐盐极限以下，保证植物出苗生长，达到治理盐碱土的目的。

8.3 宁夏盐池湿地现状与湿地恢复措施

8.3.1 宁夏盐池县湿地状况

据中国科学院寒区旱区环境与工程研究所（王一谋, 1991），宁夏盐池县境内湿地面积为 74.72 km^2，占全县总土地面积的 1.10%。据哈巴湖湿地资源调查报告（2010），宁夏哈巴湖国家级自然保护区有湿地斑块 36 块，湿地总面积 10720.88 hm^2，占保护区总面积的 12.76%。包括河流湿地 201.99 hm^2，湖泊湿地 3294.29 hm^2，沼泽湿地 7224.60 hm^2，主要湿地型包括季节性河流 201.99 hm^2，季节性咸水湖 3294.29 hm^2，内陆盐沼 4146.57 hm^2，季节性咸水沼泽 3078.03 hm^2。

王鲜鲜①结合 Landsat-5 TM 遥感影像以及实地野外调查，对盐池县湿地进行分析研究，结果表明，1988、1994、2003、2010 和 2013 年，盐池县及其周围地区的湿地面积依次为 12311.95、14903.48、20464.57、14129.67 和 15019.95 hm^2，面积呈现为先升后降的趋势；斑块数量依次为 49、39、36、41 和 42 个，湿地斑块密度依次为 0.398、0.262、0.176、0.290 和 0.280 个/ km^2，整体上以 2003 年为转折点，湿地斑块数量与密度整体呈先减少后增加的趋势，一定程度上可反映其景观破碎化程度及结构复杂性。

据王鲜鲜①资料，1988 年至 2013 年间，宁夏盐池湿地面积总的增加了 21.99%，其中，1988 年至 1994 年，湿地面积变化幅度为 21.05%，平均每年增加 3.51%；1994 年至 2003 年，湿地面积变化幅度为 37.31%，平均每年变化 4.15%；2003 年至 2010 年，湿地面积变化幅度为-30.96%，平均每年减少 4.42%；2010 年至 2013 年，湿地面积变化幅度为 6.30%，平均每年增加 2.10%。由此也可以看出，整体上宁夏盐池湿地面积呈增长趋势。

2010 年以后，盐池县政府和哈巴湖保护区管理局恢复了花马湖湖面面积 160 hm^2，恢复了哈巴湖湖面面积 10 hm^2。生境的改善为鸟类增加了良好的栖息生境，保护区水鸟新增记录有 18 种。显然，这是由于水面面积增大所致。

8.3.2 宁夏盐池县湿地类型

盐池县湿地状况以哈巴湖国家级自然保护区为例。哈巴湖自然保护区内共有三种类型的湿地：湖泊型湿地、沼泽型湿地及人工型湿地。其中以沼泽型湿地为主。

沼泽型湿地：主要由沼泽地和湿草甸构成，该类型的湿地水源来自降水和地下水；湿地植被主要是芦苇、苔草等，同时该类型湿地也是重要的野生生物栖息地，是重要的蓄洪区。

湖泊型湿地：包括永久性咸水湖和季节性咸水湖两类，主要由水面、盐碱滩及湿草甸等构成。水源主要是周围山洪、河流与地下水。该类型湿地具有巨大的防洪蓄水能力，且可为野生动物提供栖息地，为人类提供休闲娱乐等重要功能。

人工湿地：该类型湿地在保护区较少，主要是由水面、湿草甸构成，水源来自山洪、河流地表迳流及地下水以及黄河水引水。对防洪蓄水、控制土壤侵蚀具有重要作用。

8.3.3 宁夏盐池县典型湿地

（1）哈巴湖湿地

①地理位置：位于哈巴湖管理站境内，北西与王乐井乡郑记堡子村、官滩村相邻，南与冯记沟乡相邻，东到南海子。地理坐标：107°7′E、37°42′N。

②湿地类型：季节性咸水湖、沼泽。

③海拔高度：1385～1510 m。

④湿地描述：哈巴湖湿地是保护区境内面积最大的湿地，属季节性咸水湖，湿地由湖

① 王鲜鲜. 宁夏盐池县湿地动态变化及其驱动力分析研究：[学位论文]. 北京：北京林业大学，2014

面、沼泽、沙丘及湿地草甸构成。周围分布星形沙地。该湿地水源主要来自：地下水补给；周围山洪及月儿泉沟（多年平均径流量 200 m^3/d）、鄯记梁沟地表径流及哈巴湖沙漠地下径流的渗漏补给；降水渗漏补给。

⑤地理环境：哈巴湖湿地位于陈记台—铁柱泉坳谷中心，地势低洼，水面面积 92 hm^2，水深一般 0.5 m 左右，雨季水面可达 320 hm^2，水深 1.0 m。pH 值 7.9～8.8，盐结皮 pH 值达 9.5，含盐量 0.1%～0.9%，盐结皮含盐量高达 19.56%。

⑥生态描述：哈巴湖湿地湖面较小，主要以沼泽和湿地草甸构成，主要植物群落有沼泽植物、盐生草甸和湿地草甸，主要生长碱蓬、碱地风毛菊、西伯利亚蓼、小芦苇、假苇拂子茅、芨芨草、赖草及盐爪爪和白刺灌丛。

⑦主要动物种类：该湿地多样化的生物资源为候鸟和留鸟提供了栖息和繁殖的场所，同时也是各类野兽出没的地方，一些池塘中还有泥鳅、鲤鱼、鲫鱼等水生动物。主要湿地鸟类有大鸨、小鸨、黑鹳、大鵟、猎隼、斑翅山鹑、雉鸡、沙鸡、赤麻鸭、琵嘴鸭等，主要野生兽类有赤狐、沙狐、荒漠猫、兔狲、蒙古兔等。

⑧社会经济价值：湖泊和沼泽湿地对调节当地的气候和空气都有巨大的作用，同时它又是鸟类和各种野兽的栖息和繁殖地，对维护生态平衡有极其重要的作用。

（2）花马湖湿地

①地理坐标：107°23′E、37°44′N。

②地理位置：花马湖湿地位于保护区城南管理站境内，东靠盐惠公路，南与盐池火车站相邻，西至曹泥洼，北靠城南管理站。

③湿地类型：水库、沼泽。

④海拔高度：1345～1350 m。

⑤湿地描述：该湿地是人工水库，由水面、沼泽及湿地草甸构成。该湿地水源主要来自：周围山洪及红山沟（多年平均径流量 1200 m^3/d）地表径流补给；降水渗漏补给。

⑥地理环境描述：该湿地位于盐池南北分水岭东侧洼地，湖面面积 160 hm^2，湖泊水深一般 1～10 m 左右，土壤主要有风沙土、盐土和潮土组成，年平均气温 7.7℃，无霜期 128 天。

⑦生态描述：花马湖湿地湖面较大，中间积水较深处以芦苇为代表的禾本科植物密度大，分布广，浅水的洼地上生长海乳草、蒲公英、苦荬菜、西伯利亚蓼等，在沼泽地及地势较高的盐碱地上主要生芦苇、赖草、草地风毛菊、碱地凤毛菊、西伯利亚蓼等。水中具有许多浮游生物和藻类，湖四周分布着星形沙地。该湿地多样的生物资源为候鸟、留鸟提供了栖息和繁殖场所，同时这里也是旅鸟迁徙的重要驿站，主要湿地鸟类有大天鹅 、苍鹭、大白鹭、草鹭、石鵎、燕鸥、渔鸥、绿头鸭、罗纹鸭、琵嘴鸭、赤嘴潜鸭、骨顶鸡等。

（3）二道湖湿地

①地理坐标：107°22′E、37°39′N。

②地理位置：位于保护区二道湖管理站境内。北与青山乡二道湖村、庙湾村、牛记圈村相邻，西到二道湖管理站，东南与陕西省相邻。

③湿地类型：永久性咸水湖、沼泽。

④海拔高度：1320～1400 m。

⑤湿地描述：该湿地是永久性咸水湖，由湖面、水库、沼泽及湿地草甸构成、周围分

布星形沙地。该湿地水源主要来自：地下水补给；周围山洪及猫头梁沟（多年平均径流量400 m^3/d）、陡沟子、高窑子泉水地表径流补给；降水渗漏补给。

⑥地理环境描述：二道湖湿地位于盐池南北分水岭东侧洼地，水面面积 82 hm^2，水深一般 40 cm 左右，雨季水面可达 280 hm^2，水深 1.2 m，pH 值 7.8～8.4，含盐量 0.04%～0.24%。土壤主要有风沙土、盐土和潮土组成，年平均气温 7.5℃，无霜期 128 天。

⑦生态描述：二道湖湿地湖面较大，中间积水较深处以芦苇为代表的禾本科植物密度大，分布广，浅水的洼地上主要生长海乳草、蒲公英、西伯利亚蓼等，在沼泽地及地势较高的盐碱地上主要生长碱篷、小芦苇、赖草、碱地凤毛菊等。沙地中生长着盐爪爪、白刺、细枝柽柳灌丛，水中具有许多浮游生物和藻类，湖四周分布着星形沙地。该湿地多样的生物资源为候鸟、留鸟提供了栖息和繁殖场所，同时这里也是旅鸟迁徙的重要驿站，主要湿地鸟类有大、小天鹅、苍鹭、草鹭、灰鹤、银鸥及赤麻鸭、针尾鸭、罗纹鸭等鸭类。

（4）苟池西畔湿地

① 地理坐标：107°28′E、37°47′N。

② 地理位置：位于保护区骆驼井管理站境内，东与陕西省相连，南到长城，西北到得胜墩。

③海拔：1300～1310 m。

④湿地类型：永久性咸水湖、沼泽。

⑤湿地描述：该湿地是永久性咸水湖，由湖面、沼泽、湿地草甸和沙丘组成，湿地水源主要来自：地下水补给；周围山洪及红山沟（多年平均径流量 250 m^3/d）、严记湾沟地表径流补给；降水渗漏补给。

⑥地理环境描述：苟池西畔湿地位于盐池南北分水岭东侧洼地，地势西高东低、湖面面积 126 hm^2，湖泊水深一般 1.5 m，雨季水面可达 230 hm^2，水深 2.5 m 左右，pH 值 8.1～8.8，含盐量 0.2%～1.25%。土壤主要由风沙土、盐土和潮土组成，年平均气温 7.7℃，无霜期 128 d。

⑦生态描述：苟池西畔湿地湖面较大，但含盐量较高，水生植被种类较少，以一年生草本植被、盐地潜水落叶灌丛和盐中生草甸植被为主，主要有碱蓬、小芦苇、碱地风毛菊、西伯利亚蓼、盐爪爪、白刺等。

（5）八字洼湿地

① 地理坐标：107°27′E、37°54′N。

② 地理位置：位于骆驼井管理站境内，东北与陕西省、内蒙古自治区相邻，西与花马池镇柳杨堡村相邻，南与花马池镇王记圈相邻。

③海拔：1329～1340 m。

④湿地类型：季节性咸水湖、沼泽。

⑤湿地描述：该湿地是季节性咸水湖，由湖面、沼泽、湿地草甸和沙丘组成。湿地水源主要有：地下水补给；周围山洪及土沟（多年平均径流量 800 m^3/d）、八岔梁沟等河沟地表径流补给；降水渗漏补给。

⑥地理环境描述：八字洼硝池滩位于西井滩坳谷洼地中心，地势地洼。湖面面积 17 hm^2，水深一般 0.5 m，雨季水面可达 60 hm^2，水深 1.8 m 左右，pH 值 7.9～8.6，含盐量 0.1%～1.45%。土壤主要有风沙土、盐土、潮土，年平均气温 7.7℃，无霜期 128 d。

⑦生态描述：八字洼硝池滩湖面较小，主要以沼泽和湿地草甸构成，主要植物群落有沼泽植物和盐生植物，主要生长芨芨草、赖草、小芦苇、碱蓬、盐爪爪、碱地风毛菊、白刺、西伯利亚蓼等，主要湿地鸟类有赤麻鸭、鹡鸰科鸟类和雀鸟类等。

宁夏盐池各主要典型湿地见表 8-1。

表 8-1 宁夏盐池典型湿地统计

湿地名称	地理坐标	海拔(m)	所在地点	湿地类型	构成	主要土壤类型
哈巴湖湿地	107°7′E 37°42′N	1385～1510	哈巴湖管理站	季节性咸水湖	湖面、沼泽、沙丘、湿地草甸	风沙土、盐土、潮土
花马湖湿地	107°23′E 37°44′N	1345～1350	城南管理站	水库	水面、沼泽、湿地草甸	风沙土、盐土、潮土
二道湖湿地	107°22′E 37°39′N	1320～1400	二道湖管理站	永久性咸水湖	湖面、沼泽、湿地草甸	风沙土、盐土、潮土
苟池西畔湿地	107°28′E 37°47′N	1300～1310	骆驼井管理站	永久性咸水湖	湖面、沼泽、湿地草甸	风沙土、盐土、潮土
八字洼湿地	107°27′E 37°54′N	1329～1340	柳杨堡管理站	季节性咸水湖	湖面、沼泽、湿地草甸	风沙土、盐土、潮土

8.3.4 宁夏盐池县湿地退化原因

宁夏盐池湿地退化的原因可分为自然因素和人为因素两方面。自然因素在于盐池县年降雨量远低于蒸发量，导致湿地内的水分不断减少，湿地蓄水量显著下降。人为因素在于多种多样的人类活动改变了湿地生态系统的结构，从而导致了湿地生态功能的下降。

据王鲜鲜 1988 年至 2013 年间，宁夏盐池县湿地面积波动较大，湿地主要与草地之间的进行转化，湿地植被群落多样性与稳定性与湿地面积的变化紧密相关，湿地面积缩减与增加的过程中，湿地植被群落的多样性与稳定性均降低，当湿地面积趋于稳定时，湿地植被群落多样性与稳定性增加。

8.3.5 宁夏盐池县湿地生态恢复措施

（1）采用生态补偿保护湿地

生态补偿是以保护和可持续利用生态系统服务为目的，以经济手段为主调节相关者利益关系的制度安排。更详细地说，生态补偿机制是以保护生态环境，促进人与自然和谐发展为目的，根据生态系统服务价值、生态保护成本、发展机会成本，运用政府和市场手段，调节生态保护利益相关者之间利益关系的公共制度。对宁夏盐池这样的老、少、边区，采用生态补偿促进湿地保护是切实可行的。

2014 年 9 月，哈巴湖国家级自然保护区“中央财政湿地补助资金——宁夏哈巴湖国家级自然保护区湿地生态效益补偿试点项目”正式实施，项目补助资金 3000 万元，主要用于保护区内及周边地区受损耕地补偿、湿地生态修复和社区环境整治。2014 年 9 月到 2015 年 8 月，对辖区内受保护区鸟类和野生动物活动、迁徙、繁殖等损害的 5 个乡镇 5464 户农民的 19 万余亩受损耕地，分配项目补偿资金 1161.08 万元，亩均 60 元，户均超过 2000 元，预期会有较好的效果。

（2）对湿地采取分级保护措施

侯瑞萍[①]从湿地保护与恢复的角度，对哈巴湖国家级自然保护区 6 大湿地提出 4 个保护等级。哈巴湖湿地为一级保护湿地，是哈巴湖自然保护的核心保护区域。哈巴湖湿地未来保护与恢复措施的重点在于生物多样性保护与恢复。具体可采用封育、湿地盐渍化治理、湿地清淤、外部水资源的注入等措施。此外，加强森林防火，禁止人为挖掘、狩猎等，加强该湿地的核心地位。二级保护湿地包括骆驼井湿地和四儿滩湿地。骆驼井湿地和四儿滩湿地生态系统较哈巴湖湿地脆弱，主要表现在湖泊面积较小，地形起伏大；湿地较为低挂，不利于水分向周边生态系统的输送。该类湿地的保护重点在于进一步加大投资力度，进行全面封育，杜绝放牧、挖掘等人为破坏活动。同时，在资金允许的情况下，可适当进行湿地盐渍化改造，改善植被生长环境。三级保护湿地包括二道湖湿地和柳杨堡湿地。二道湖湿地和柳杨堡湿地受人为影响较大，保护重点在于加大植被封育力度，加强管理，杜绝人为破坏活动。此外，在受荒漠化影响的区域，外围需设置沙障，防止湿地收缩。高沙窝湿地为四级保护湿地。该湿地受荒漠化影响较为严重，湿地有收缩的趋势，应加大区域荒漠化防治力度，保护宝贵的湿地资源。

（3）对湿地水源进行开源节流

引外来水补水，给湿地进行开“源”；限制湿地周围打井用于灌溉，为湿地进行节“流”，这将有助于盐池的湿地保护。2014 年 9 月，宁夏哈巴湖国家级自然保护区管理局利用“宁夏哈巴湖国家级自然保护区湿地生态效益补偿试点项目”中央财政湿地补助资金，给保护区内的湖泊及湿地补水 100 万 m^3，并为湖泊清淤 22 万 m^3，这将较好地促进保护区内湿地的保护。

① 侯瑞萍. 近 20 年来宁夏盐池县湿地动态与植被特征研究. 北京林业大学博士论文，2015

9　宁夏盐池主要造林树种育苗技术

9.1　国家育苗技术规程

中华人民共和国国家标准（GB 6001-1985）《育苗技术规程》适用于露地培育的供植树造林的苗木，不适用于供城市绿化和果树的苗木。国营苗圃必须贯彻执行，集体苗圃和个体育苗户可参照执行。

1 苗圃的建立

1.1 固定苗圃

1.1.1 苗圃要设在交通方便，劳力充足，有水源、电源的地方。面积大小，根据植树造林对苗木的需要量和苗圃耕作制度来决定。

1.1.2 选择地势平坦，排水良好；地下水位最高不超过 1.5 m；土层厚一般不少于 50 cm；微酸性至微碱性的沙壤土、壤土或黏壤土做圃地。新建苗圃和原有苗圃圃地不符合上述条件的，要逐步平整和进行土壤改良。

1.1.3 根据生产规划和充分利用土地、合理布局的原则，搞好区划。原则是：

a. 便于科学管理，提高劳动生产率；

b. 对圃地、道路、输电、排灌设施和房屋建设，要统一规划，合理安排，便于生产和机械作业；

c. 生产区、试验区、辅助用地的位置和所占的比例要合适。辅助用地不超过总面积的25%；

d. 在风沙地区和面积较大的苗圃，要设置防护林带。原有苗圃区划不合理的，要重新区划。

1.1.4 根据区划设计和生产需要，建设和备置以下设施、设备：

a. 办公、生产、生活用房；

b. 机械、机具和作业工具；

c. 役畜；

d. 气象、土壤测定和科学试验等必需的简易设备、仪器。

1.2 临时苗圃

1.2.1 山地育苗要在山坡的中、下部，地势较平缓，土层深厚、肥力好、接近水源的生荒地、采伐迹地或林间空地上开辟圃地。坡度较大时，要采取相应的水土保持措施。

1.2.2 农耕地育苗，要选有排灌条件、肥力较好的土地。不可选用前茬作物对苗木易感染病害和地下害虫严重的土地。

2 作业设计

2.1 育苗前要做好作业设计。其内容包括：各树种的作业方式，育苗方法，育苗面积，苗木产量、质量、圃地安排，育苗技术措施，种（条）子、药、物、肥料消耗定额，劳动定额，苗木成本等。

2.2 作业设计，由苗圃业务负责人组织技术、财务人员共同编制。在作业过程中遇有特殊情况或发现问题，要及时组织审议修改。

3 土壤管理

3.1 整地

3.1.1 育苗前必须整地。包括翻耕、耙地、平整、镇压。要求做到深耕细整，清除草根、石块，地平土碎。

3.1.2 秋（冬）翻耕深度 25 cm 以上，冬季无积雪的地区随耕随耙，圃地湿润或土壤黏重和冬季有积雪的地区，耕后可不耙，翌年早春耙地。春季翻耕深度 20 cm 以上，随耕随耙，及时平整、镇压。

3.1.3 山地育苗地，在主要杂草种籽成熟前开垦好。育苗前整地。

3.1.4 育苗地前茬是农作物的，先浅耕灭茬再整地。

3.2 土壤处理和改良

3.2.1 育苗前要根据具体情况分别采取药剂消毒、烧土等方法进行土壤处理。土壤处理常用药剂。

3.2.2 圃地土壤瘠薄的要逐年增施有机肥料；偏沙的混拌泥炭土；偏黏的混沙；偏酸的施石灰、草木灰等；偏碱的混拌生石膏或泥炭土、松林土。盐碱地区的圃地修筑台、条田及挖排水沟。

3.3 轮作

根据育苗树种的特性和圃地肥力，实行不同树种苗木的轮作或苗木与绿肥、牧草、农作物轮作。做到对圃地“养用结合”。

4 施肥

4.1 苗圃要广开肥源，常年积肥和种植绿肥。施肥要坚持以有机肥为主，化肥为辅和施足基肥，适当追肥的原则。

4.2 每 3～5 年测定圃地土壤理化性质，掌握土壤的水、肥和 pH 值的变化。

4.3 堆肥、厩肥、饼肥、人粪尿等有机肥料必须经充分腐熟后才能施用。

4.4 基肥以有机肥为主。为了调节各种养分的适当比例，也可以施无机磷、钾肥和少量无机氮肥。结合耕翻，均匀施入深土层中。土壤瘠薄或培育需肥较多的树种，耕翻时施入大部分，留少部分在作床（垅、畦）时，施入上层土壤。

4.5 种肥用以磷为主的颗粒肥料和种子均匀混拌在一起或用微量元素的稀薄溶液浸种（条、根）。催过芽的种子，不可与种肥混拌，先将种肥施于播种沟内。

4.6 追肥用速效肥料，在苗行间开沟，将肥料施于沟内，然后盖土；亦可用水将肥料稀释后，全面喷洒于苗床（垅、畦）上（喷洒后用水冲洗苗株）或浇灌于苗行间。追肥次数、时间和用肥种类、用量，根据树种、育苗方法和土壤肥力确定。一般在苗木生长侧根时进行第一次追肥，在苗木封顶前一个月左右，停止追施氮肥，最后一次追肥不得迟于苗木高生长停止前半个月。

5 作业方式

5.1 作业方式、分床作、垅作、畦作、平作。

5.1.1 苗床的床面要高出步道15～30 cm。沙壤土低些，黏壤土高些。床宽1～1.5 m。床长：手工作业的10～20 m；机械作业的可达数十米。床间步道30～50 cm。

5.1.2 苗垅的垅底宽60～70 cm，垅面宽30～35 cm，垅长根据地形确定。

5.1.3 苗畦的畦面要低于畦埂15～20 cm，宽1～1.5 m，畦长10～20 m，畦埂宽30 cm。

5.1.4 平作育苗地要带状作业，带间留出30～50 cm步道，培育大苗可不留步道。

5.2 气候湿润、多雨地区和水源充足、灌溉条件好或地下水位高的苗圃，采用床作或垅作；气候干旱地区或水源不足，灌溉条件差的苗圃，采用畦作或平作。

5.3 苗床、苗垅、苗畦要在播种（扦插、移植）前做好。要求达到土粒细碎，表面平整。

6 播种育苗

6.1 播种地的安排

6.1.1 播种地要安排在土质好、灌溉方便、排水良好、便于管理的生产区内。松类树种宜连作，不能连作时，有条件的要人工接种菌根菌。

6.1.2 对发芽出土难的珍贵树种和种子紧缺的树种可采取芽苗移栽，先播种于沙床中，子叶出土后，移植于圃地；对播种当年主根长侧根少或苗木分化程度大的树种可采取小苗分床移植，先密播于圃地或沙床中，苗木进入生长初期后，分床移植。

6.2 种子处理

6.2.1 播种前做好种子处理。处理的程序：检斤→净种→检斤→发芽试验（或生活力测定）→消毒→催芽。随采随播的种子可不催芽。

6.2.2 不同树种、品种、批号的种子，不能混杂处理。用不同方法处理的种子不能混播。

6.2.3 使用药剂消毒。

6.2.4 种子催芽。

6.3 播种期

根据育苗树种特性和当地气候条件，确定播种期。春季要适时早播，当土壤5 cm深处的地温稳定在10℃左右时，即可播种。对晚霜敏感的树种应适当晚播；秋（冬）播种要在土壤结冻前播完，土壤不结冻地区，在树木落叶后播种；夏季成熟易丧失发芽力的种子，宜随采随播。

6.4 播种量

按下式计算播种量：$X(\mathrm{g/m^2或g/m})=\dfrac{P\cdot n\cdot 10}{E\cdot K}\cdot C$

式中：X为播种量；P为种子千粒重（g）；E为种子净度（%）；K为种子发芽率（%）；C为损耗系数；根据种粒大小、圃地环境条件、育苗技术和经验确定。n为计划产苗量（株数）。

6.5 播种方法

6.5.1 微粒种子用撒播；小粒种子用撒播或宽幅条播；中粒种子用条播；大粒种子用点播或条播。撒播要均匀；条播要根据留苗密度确定播幅和行距；点播要根据留苗密度确定株行距。

6.5.2 播种要尽量使用播种机具。覆土厚度要根据种粒大小，发芽类型，育苗地土质，播种季节和覆土材料确定。覆土厚度为种子横径的1～3倍，但微粒种子以不见种子为度。子叶出土的树种覆土要薄，子叶不出土的树种覆土要厚。土壤黏重的圃地覆土要薄，土壤水分差的圃地覆土要厚；春季覆土要薄，秋（冬）播覆土要厚。

6.5.3 播种微、小粒种子和发芽出土缓慢的种子，覆土、镇压后及时覆盖。

6.5.4 用塑料薄膜小棚或地膜覆盖，有利苗木生长，要积极试验利用。

7 营养繁殖

7.1 采穗圃

7.1.1 选用适应当地生长的优树和优良无性系种条建立采穗圃，生产扦插（嫁接）、育苗的穗条。

7.1.2 采穗圃的作业方式，根据树种特性分别采用灌丛式或乔林式。栽植密度根据作业方式和经营年限确定。

7.1.3 建立采穗圃要细致整地，施足基肥，精心栽植。建立后及时做好中耕、除草、追肥、排灌、除蘖定干和病虫害防治工作。并绘制品系排列图，采集穗条时，防止发生品种、系号混杂。

发现采穗圃的母树退化或病虫害严重时，要更新重建。

7.2 扦插育苗

7.2.1 种条种根的选用

7.2.1.1 硬枝种条：采穗圃母树上生长健壮的穗条或扦插苗当年生长的干条；幼、壮年树上当年生长健壮、节间距离较短的主轴枝或从根部萌生的当年生健壮的萌芽条。

7.2.1.2 嫩枝种条：采穗圃母树上或其他幼年树木上生长健壮、半木质化的枝条。

7.2.1.3 种根：苗圃起苗切断和修剪下来的侧根或挖取幼、壮年树木周围的侧根。

7.2.2 硬枝种条和种根在晚秋或早春采取。采取后放于室内沙藏或窖藏。嫩枝种条在夏、秋的早晚或阴天采取。采取后要特别注意保鲜，做到随采、随截、随扦插。

7.2.3 扦插前，将种条（根）按一定长度截制成插穗。插穗上至少有 2 个节间。针叶树种的硬枝和嫩枝插穗都要保留全叶。常绿阔叶树种的硬枝和嫩枝插穗的顶端保留 1～3 个叶片。插穗截制后，按粗度分级捆扎，及时扦插或妥善假植，防止失水。截制插穗的刀具要锋利，要求做到切口平滑、不破皮、不劈裂、不伤芽。

7.2.4 硬枝扦插除圃地湿度大，冻拔严重地区，不宜过早插植外，在早春土壤解冻后进行，土壤不结冻地区晚秋至早春可随时进行。按一定株行距直插于土中。寒冷干旱地区和土质疏松的圃地，插穗上端与地面平，温暖湿润地区和土质较黏的圃地，地面上可露出1～2个芽。插前圃地灌足底水，插后踏实插缝，勿使插穗在土壤悬空。嫩枝扦插在夏、秋早晚或阴天进行，插前剪去插穗入土部分上的枝叶。扦插深度为穗长的 1/3 左右。在未成活前圃地要经常保持湿润。根插在春季进行，直插的上端与地面平，或露出地面 1～2 cm，覆以土堆。如分不清根的上、下端可平埋于土中。

7.2.5 生根缓慢和难生根的插穗，可用萘乙酸、吲哚丁酸等生长激素和水浸、沙藏进行催根再扦插或先插于沙（石）床中，待其生根成活后移植于圃地中。毛白杨亦可先嫁接于其他易生根的杨树砧木上再扦插。

7.2.6 单位面积上扦插（移植）株数，要比计划产苗量多百分之五到十。

7.3 嫁接育苗

7.3.1 选抗逆性强与接穗亲和力强的1～2年生阔叶树，2～4年生针叶树的壮苗作砧木。某些种粒大的树种，如核桃、板栗、油茶等，也可用芽苗作砧木。

7.3.2 接穗要从采穗圃或品种优良的母树上选生长健壮的当年生枝条，采来的枝条要贮存在低温湿润处，防止失水、霉烂和发芽。

7.3.3 嫁接方法要根据树种特性，培育目的和季节采取枝接、芽接和芽苗砧嫁接。

8 移植育苗

8.1 培育二年生以上的苗木，一般都要经过移植，除高寒山区外，播种后不能连续留床三年。

8.2 要移植的苗木，先选苗、剪根（芽苗不剪根），并剔除带有病虫害、机械损伤、发育不健全和无顶芽（针叶树）的，然后按高、粗分级。

8.3 移植在早春土壤解冻后或秋、冬土壤结冻前进行，土壤不结冻地区，在苗木停止生长期间都可进行。幼苗分床移植，在苗木生长期间的阴天或早、晚进行。

8.4 根据树种和培育目的，确定株行距，单位面积上定植的株数，要比计划产苗量多百分之五到十。要求做到分级栽植，根不干、不窝、栽正、踏实、栽后及时灌水。

9 苗期管理

9.1 撤除覆盖物和遮荫

9.1.1 有覆盖的育苗地，幼苗出土后，要及时分批撤除有碍苗木生长的覆盖物。

9.1.2 对耐荫性强，易受日灼、干旱危害的播种苗，嫩枝扦插和常绿树种硬枝扦插苗，要在高温季节，分别不同情况，采取遮荫降温、保湿措施。高温季节过后及时撤除。对某些树种播种苗（落叶松、杉木等）可全光育苗，采取灌木降低地表温度的办法防除日灼危害。

9.2 灌溉和排水

9.2.1 根据苗圃的自然、经济条件，搞好排灌设施，采取喷灌、浇灌、沟灌等方法。不论采取什么方法，均须做到将水分均匀地分配在苗木根系活动的土层中。

9.2.2 灌溉要掌握适时、适量。出苗期（特别是幼苗出土前）要适当控制灌溉，只要地面处于湿润状态，土壤不板结就不必灌溉；苗木生长初期（特别是保苗阶段）采取少量多次办法；苗木速生期要采取多量少次办法；苗木生长后期控制灌溉，除特别干旱外，可不必灌溉。

9.2.3 圃地发现有积水立即排除，做到内水不积，外水不淹。

9.3 除草和松土

9.3.1 除草要掌握除早、除小、除了的原则。人工除草在地面湿润时连根拔除。使用除草剂灭草，要先试验后使用。

9.3.2 松土除结合人工、机械除草进行外，降雨，灌溉后也要松土。松土要逐次加深，全面松到，不伤苗，不压苗。不能松土的撒播苗，在床面上撒盖细土。

9.4 间苗和定苗

9.4.1 当年播种苗要及时间苗，拔除生长过于密集，发育不健全和受伤、感染病虫害的幼苗，使幼苗分布均匀。间苗的同时，对幼苗过于稀疏地段进行补栽。

9.4.2 间苗时间与次数。要根据树种、幼苗生长发育状况和培育目的决定，一般进行二到三次，阔叶树幼苗展开2～4个（对）真叶时，针叶树幼苗出齐一月后进行第一次间苗。

以后根据幼苗生长情况进行第二、三次间苗和定苗。

9.4.3 单位面积上保留的株数比计划产苗量多15%左右。

9.5 其他管理措施

9.5.1 对阔叶树苗，要控制少生侧枝，及时摘芽除蘖。

9.5.2 嫁接苗成活后，及时解除绑扎物，并在接口上方1～2 cm处剪掉砧干、抹去砧木上的不定芽。培土的要及时将埋土轻轻扒开，使穗芽裸露萌发，保留1个健壮的萌芽为主干，多余的和砧木上的萌发全部抹去。为防止新梢风折，要绑缚支柱。

9.5.3 主根发达，侧根少并不准备移植的播种苗，可进行截根。时间和深度要根据树种特性和苗木生长发育情况确定。截根后及时镇压、灌溉。

10 灾害防除

10.1 病虫害防治

10.1.1 掌握病虫的发生规律，做好病虫害的预测、预报，采取综合防治办法，对可能发生的病虫害做好预防，对已经发生的病虫害及时除治。

10.1.2 以预防为主，加强管理措施：出圃的苗木和调进的种（条、根）苗，要进行检疫，发现病虫害感染严重和属于检疫对象的，要立即烧毁；搞好苗圃环境卫生，做到圃内无杂草；适时早播，加强肥水管理，促进苗木生长，增强抗性。

10.1.3 对捕杀、诱杀有效的害虫，可用人工和光、电、热等办法捕杀、诱杀。

10.1.4 使用药物防治，要根据农药，被保护的苗木种类和病虫害三者相互关系，正确选用农药品种、剂型、使用浓度、用量和施用方法，做到既能最大限度的发挥药效，又不产生药害。

10.2 其他灾害防除

10.2.1 针叶树播种苗，在幼苗出土期要防止鸟害。苗圃发现鼠、兔危害，要人工捕杀和毒饵诱杀。

10.2.2 不耐霜冻的苗木，采取架设暖棚、薄膜封闭等办法，防止霜冻。或在霜冻来临前浇水、熏烟防除。已受霜冻的苗木，日出前浇水缓苗。

10.2.3 不耐寒的留圃越冬苗木，封冻前灌足底水，并根据树种特性、苗木大小分别采取埋土、盖草、塑料棚和风障等防寒措施。易发生生理干旱的树种，在防寒结束后，立即灌一次透水。

10.2.4 易受风沙危害的苗圃，在播种区要设置防风障。

11 苗木调查和出圃

11.1 苗木调查

11.1.1 在苗木地上部分生长停止前后，按树（品）种、苗木种类、苗龄分别调查苗木质量、产量，为做好苗木生产、供销计划，提供依据。

11.1.2 要求有90%的可靠性；产量精度达到90%以上；质量精度达到95%以上。

11.2 苗木出圃

11.2.1 苗木出圃包括起苗、苗木分级、假植、包装和运输等工序。

11.2.2 起苗时间要与造林季节相配合。冬季土壤结冻地区，除雨季造林用苗，随起随栽外，在秋季苗木生长停止后和春季苗木萌动前起苗。

11.2.3 起苗要达到一定深度，要求做到：少伤侧根、须根，保持根系比较完整和不折断苗干，不伤顶芽（萌芽力弱的针叶树）；根系最低留长度要达到GB 6000—85《主要造林树种苗木》标准的规定。

11.2.4 起苗后要立即在蔽荫无风处选苗，剔除废苗。分级统计苗木实际产量。在选苗分级过程中，修剪过长的主根和侧根及受伤部分。

11.2.5 不能及时移植或包装运往造林地的苗木，要立即临时假植。秋季起出供翌春造林和移植的苗木，选地势高，背风排水良好的地方越冬假植。越冬假植要掌握疏摆、深埋、培碎土、踏实不透风。假植后要经常检查，防止苗木风干、霉烂和遭受鼠、兔危害。在风沙和寒冷地区的假植场地，要设置防风障。

11.2.6 在寒冷地区，春季萌发早的针叶树种苗木，应在温度-3～3℃，空气湿度85%以上，通风良好的冷库、地窖中贮藏越冬。

11.2.7 运输苗木根据苗木种类、大小和运输距离，采取相应的包装方法。要求做到保持根部湿润不失水。在包装明显处附以注明树种、苗龄、等级、数量的标签。苗木包装后，要及时运输，途中注意通风。不得风吹、日晒，防止苗木发热和风干，必要时还要洒水。

12 科学实验

12.1 有条件的苗圃应建立科学实验小组。研究掌握苗木生长发育规律及苗木与生育环境间的关系，寻找培育壮苗丰产的新途径。

12.2 试验以单因子田间小型试验为主，做好设计方案。定期观察记载，对数据进行统计分析，取得成果指导生产。

12.3 有计划地引进、繁育和推广良种，积极开展生产技术、机具的革新和引进、应用新技术，取得成功经验后大力推广。

13 苗圃档案

13.1 苗圃要建立基本情况、技术管理和科学试验各项档案，积累生产和科研数据资料，为提高育苗技术和经营管理水平提供科学依据。

13.2 基本情况档案的内容包括：苗圃位置、面积、自然条件、圃地区划和固定资产、苗圃平面图、人员编制等。如情况发生变化，随时修改补充。

13.3 技术管理档案的内容包括：苗圃土地利用和耕作情况；各种苗木的生长发育情况及各阶段采取的技术措施；各项作业的实际用工量和肥、药、物料的使用情况。

13.4 科学试验档案的内容包括：各项试验的田间设计和试验结果、物候观测资料等。

13.5 苗圃档案要有专人记载，年终系统整理由苗圃技术负责人审查存档，长期保存。

9.2 樟子松一般育苗技术

中国树木志编委会（1977）总结樟子松育苗技术如下：

1 樟子松种子采集和调制

樟子松种子在9月中、下旬开始成熟，即可采集。为开裂的成熟球果留着在树上的时间有6～7月之久，便于长期采种。采种最好在春秋两季。因冬季气候严寒，不便组织采种工作，而且这是樟子松枝条脆弱，容易损伤母树和发生事故。摘取球果时，要特别注意保护母树，不要折断枝条。尤其着生在新枝梢的1龄幼果极易碰掉。

球果坚硬，短期不易开裂，须进行露天日晒或在干燥室调制，干燥室内搭木架，在木架上安放数层铁丝网筛子，底层离地面高 80 cm，个层间隔 60 cm，每层筛子摊放 1～2 层球果。室内温度经常保持 45℃，最高不要超过 55℃。经过 3～4 天，就有 70%～80%的球果开裂。脱落的种子收集后，再将未开裂的球果放入 25～30℃温水中浸 5～10 分钟，再放在架子上干燥，使之完全开裂，经过第二次干燥后仍未开裂或开裂不完全的球果，挑出再浸水和干燥，直至全部开裂。共需 5～8 天。处理出来的种子要去掉种翅，出去夹杂物，使种子纯度达到 90%以上。

2 良种选育

2.1 优树选择

目前生产上多采用 3 株或 5 株优势木比较法。优树的主要标准是：胸径超过 3 株优势木的 10%以上，或 5 株优势木的 10%以上；或以不同地位级樟子松生长过程表各树龄的胸径、树高生长量为基础，胸径提高 70%，树高平均提高 20%以上；干性圆满通直，行率在 0.6 以上；自然整枝良好，无大死节，侧枝细（树冠中部 1 级侧枝基部粗在 7 cm 以下），侧枝与主干的夹角呈 90°；主干单一，树皮无冻裂、扭曲、畸形等缺陷；树冠匀称而窄，一般不大于 3 株或 5 株优势木的平均值；无感染樟子松瘤锈病及其他病虫害；结实能力不低于周围其他优势木。

2.2 嫁接

首先采集接穗，在树液开始流动前采集优树树冠中、上部外围的枝条作接穗，这样不但嫁接成活率高，且能提前结实。采集后立即包装，迅速运输到嫁接地点，存放在地窖里，地窖温度保持在 0℃左右。其次是培育好砧木。砧木生育的优劣不仅与嫁接后成活率有关而且还影响到无性系植株以后的生长发育。所以，应选择换床后 3 年生苗壮的一级苗作为培育砧木。并准备好嫁接用的物料和用具。春季嫁接效果好，一般应在砧木的枝液开始流动，树木生长活动旺盛时开始。

嫁接以“髓心形成层对接”和“顶芽劈接”法成活率最高。为了提高嫁接成活率。嫁接时要掌握：“选、天、平、快、紧、勤”六个环节。选——选取粗壮，符合标准的接穗；天——看天气，晴天接，阴雨天不接；平——接穗、砧木的切削面位置准确要平；快——接穗、砧木的切削和捆扎要快；紧——捆扎要紧；勤——嫁接后要勤检查，成活后勤管理。

经过 4～5 星期成活后，应及时拆除绑带并将砧木的顶芽切除，使接穗待代其主枝向上生长。如果砧木生长过于旺盛，还可剪去一部分侧枝。但当年不要把砧木的侧枝全部剪掉，避免把接穗“饿死”。同时应进行适时的除草、松土、灌水和施肥，促进接穗迅速生长。

3 育苗

3.1 种子催芽处理

樟子松播种前，须经催芽处理，使种子出芽迅速、整齐、早日生根，并能增长抗病能力。催芽处理的方法：将种子用 0.3%高锰酸钾溶液浸泡几分钟灭菌，取出用清水洗净，再用约 30℃温水浸泡一昼夜，捞出种子稍晾干，将种子与河沙按体积 1 ∶ 2 混拌，保持含水量为饱和含水量的 60%，种、沙温度为 15～20℃，每天翻动一、二次，催芽 10 天左右，裂嘴达 5% 时即可播种。如系陈种子，浸泡时间可长些。如地冻或土湿不能播种，应将种子放入地窖中，降低温度，控制发芽。

3.2 整地、作床、施肥

樟子松对土壤肥力要求不高，氮对水热条件、通风条件要求严格。播种地要在冬季进行翻耕，同时施入基肥量的 40%，耙碎土块，翌春经过重复耙地后，作床时施入总基肥量的 60%。床高 15 cm，宽 100 cm，长度不限，要求床平整，床内无土块。在降雨量少，旱风又大，蒸发旺盛地区，可用低床。

播种地应以基肥为主，基肥与追肥相结合；迟效肥与速效肥相结合；有机肥料与无机肥料相结合的原则，采取分期分层的方法进行施肥。一般情况下施厩肥或草炭，但在沙地可用河泥，以利保水和调节地表温度。

3.3 播种

春季播种，在立枯病严重地区，于播种前要进行土壤消毒。每平方米用 40～60 mL 的工业用硫酸，加水 6 L 或稍多，灌溉床面，要灌匀，使土层湿润 3 cm，经一周后播种。播种量一级种子每亩 3.5 kg；二级种子 4 kg；三级种子 5 kg。覆土厚为 0.5～1 cm，要均匀。以草炭粉、锯木屑和土混合物作覆盖物，覆土后镇压。减少水分蒸发，播种后灌水，经常保持土壤湿润。在灌水条件好，春季风速小的地方，可以不必覆草。在播种后的覆土面上，喷灌除草醚（按有效量）每平方米 0.5～1 g 灭草。在干旱地区或沙地，要覆草，以保持土壤水分和控制床面温度。

3.4 苗期管理

一般情况，播种后 15～20 天苗木出齐。出苗后为防止立枯病，每周喷一次 0.5%～1.0% 的波尔多液，至 6 月下旬为止。在高生长速生期结束前，要注意灌溉，前期要掌握量少次多的原则，既供苗木所需水分，又调节床面温度，减轻日灼；雨季来临后，视降水多少，以定灌溉与否；生长后期，应降低土壤湿度，以免苗木徒长，影响越冬。西部地区风大，播种后应在上风向设防风障，至 6 月上旬季风已过。沙粒不易被风刮起，即可撤除。

3.5 幼苗覆土越冬

为了防止土壤冻结期间苗木失水。尤其要防止春季苗木地上部分开始萌动，而土未解冻苗根不能吸水，造成生理干旱，应在秋季土壤将要结冻前，将步道上打碎，在盖苗床，以苗梢全部埋盖为度。翌春 4 月上、中旬化冻即可撤除。

3.6 起苗

樟子松造林最好是春季随起随造，缩短苗木保管时间，防止发霉和风干，有利于提高造林成活率，但缺点是影响前一年的圃地翻耕和由于苗床化冻不够深，推迟起苗时间，影响造林进度。如有充分的窖藏或假植条件，保证苗木质量，也可秋起春造。无论什么时期起苗；都要先除掉苗床上的覆盖物，然后在苗床一端开出深沟，依次掘取。掘苗前如床土过干，应事先浇水，掘后立即拣苗。拣苗时，须将土块轻轻压碎拣出苗木，如有条件时苗根可带些土，不要拔苗或摔苗，保持苗木根系完整。

此外，在苗木贮藏、包装、运输、假植等各个环节中，都必须注意保护好根系，防止风吹日晒，否则会严重影响造林成活率。

3.7 换床苗的培育

樟子松苗通常在苗圃培育两年。第二年换床培育，换床密度一般为每平方米 200～220 株。换床后要精心地进行田间管理，促进苗全、苗壮。一般每亩产苗 7～8 万株，苗高可达 15 cm，地径 0.4 cm 以上。

4 造林

4.1 造林地选择

在山地石砾质沙土、粗骨土、沙地、阳坡中上部及其他土层瘠薄的地段上均适于栽植棒子松。尤其在排水良好、湿润肥沃的土壤上栽植生长最好，如在黑龙江省嫩江县高峰林场，在深厚肥沃的黑土上营造的樟子松林，生长很旺盛。但在水湿地、排水不良的低洼地和临时性积水地，土坡可溶性含盐量 0.12% 以上的土壤和在林冠下不能栽植。在沙地和含盐量低于 0.1%的碳酸盐土壤上也能生长良好。据辽宁省章古台地区的经验，在沙地造林一般成活率达 80%～90%，而且生长良好。黑龙江省肇东试验林场，在薄层碳酸盐草甸黑钙土上营造的樟子松，20 年生平均树高达 6.28 m，平均胸径 9.4 cm，并已开花结实。

4.2 整地

在山地及土层浅薄，容易引起土壤冲刷的地段，宜进行块状整地，一般规格为 30 cm×50 cm 或 50 cm×50 cm，深 20～30 cm，铲去草皮，打碎土块，掘出树根等；灌丛和低密度萌蘖林地段，在整地前进行割带，一般带宽 1～1.5 m，带内割去树木、灌木和大草，在带内进行带状或块状整地。平坦地，为蓄水保墒，可全面整地。风蚀沙地，随挖坑随栽，不必先整地。

整地在春、夏、秋都可进行，但以夏季最好。因夏季杂草嫩小，草籽尚未成熟，地温高、雨水多、易腐烂，可增加土坡肥力。一般在造林前一年的秋季以前进行整地，实行隔年休闲。新采伐迹地，新撩荒地杂草少，土壤结构好，可随整地随造林。

4.3 栽植

一般采用明穴栽植，但有些地区采用窄缝栽植法，效果好。湿土不离坑，保墒，减少抢土和回填土工序，栽植工效高。

苗木根系纤细，易于风干，新根形成部位的局限性大，根系断伤后不易形成新根，因此，保护好苗木根系对提高造林成活率，是一项极为重要的措施。据黑龙江省林业研究所的试验证明，土壤中的水分虽极为充足，如苗木失去须根，栽植后仍不易成活。

栽植时尽量减少根系的暴露时间，用苗木罐装苗，罐内放水或湿草，或用塑料袋装苗切勿伤根。

苗木大小影响造林成果。生产实践证明，用 2 年生苗木造林效果好，容易成活.保存率稳定，幼林生长也快。1 年生苗过小，对外界抵抗力弱，抚育时易伤苗，越冬死亡率高，3 年生苗木掘取时伤根过多，栽植后成活率低。

4.4 造林季节

樟子松造林以春季为好，要不违“林时”，抢墒造林。早春土壤水分较多，苗木根系生根能力旺盛，是造林的最好季节。一般化冻够深就顶浆造林，但在多风的干旱地区，应躲过大风期，也可以进行雨季造林。

4.5 造林密度

栽植过密，林木的营养面积和空间不足，互相挤压，影响林木生长发育，而且造林时费苗、费工；栽植过稀，树冠大、侧枝多、干形不良、产量低。栽植密度防护林每亩为 444 株。用材林一般每亩为 222～296 株。

4.6 幼林抚育

抚育年限，一般为 3 年，各年抚育次数以二、二、一为宜。但根据杂草繁茂程度和立地条件的不同，可适当地增加或减少。山地造林，松土除草要和培土结合；沙地造林，后期可割大草留草带，以防冬春起沙。在风沙干旱地区，造林当年及第二年（三年）冬季应给樟子松幼苗培土埋苗以防生理干旱及动物危害。培土时间在土壤要结冻以前，撤土要在山桃刚开花或山杏要开花时进行，过早撤土苗木易受风害，稍晚则易引起苗木腐烂，必须做到适时撤土。在撤土时要细心地将土撤净，使侧枝完全露出，切勿损伤顶芽。黑龙江省肇东试验林场在轻盐碱地上秋栽 2 年生壮苗后，连续越冬培土两年，成活率达 85%。

在下木和非目的树种繁茂的造林地，造林 5～6 年后，要及时进行透光伐，应一次伐除全部灌丛和非目的树种。

4.7 流动沙丘和半固定沙丘的栽植技术

关键在于如何保护幼树免受沙埋、沙割（沙粒打击）及风蚀的危害。必须先栽植固沙植物用以固沙，当地面流沙基本上停止流动时，再借助于铺草或插草墙的办法才能进行造林，否则大风一起，严重的沙埋、沙割和风蚀致使幼树死亡。

5 主要病虫鼠害防治

5.1 樟子松疱锈病

为害樟子松树干和侧枝，症状与红松疱锈病相似。

5.2 松苗立枯病

为害情况和防治方法见马尾松猝倒病。

5.3 松球果象虫

一年一代，每年 5 月成虫出外取食，6 月上旬雌虫在球果表皮下产卵，6 月中旬幼虫孵出，幼虫在果内蛀食种子和果轴，导致受害部分腐烂。

防治方法：在母树林内，成虫出现时可用 621 杀虫烟剂熏杀，每亩用药 1.5～2 kg 或用敌敌畏插管烟剂效果更好；还可用 90%敌百虫 500～1000 倍液喷洒林内，和加强母树林管理，及时清除带虫球果等。

5.4 松纵坑切梢小蠹

在辽宁一年一代。成虫在干基皮下过冬。3 月下旬至 4 月下旬咬坑交尾产卵。6 月中、下旬出现新成虫，蛀入新梢补充营养，被害梢枯黄，内部被蛀空，易风折。

防治方法：保持林地卫生，及时清除虫害木、枯立木、风折木及风倒木等；剪除被害新梢；放置饵木；在越冬成虫出现以前可在干基施药（粉）毒杀成虫。

5.5 松梢象虫

在黑龙江一年一代。成虫在枯枝落叶层下越冬，5 月中旬开始活动，啃食顶梢嫩树皮。5 月下旬至 6 月上旬交尾产卵，6 月上、中旬孵化为幼虫。幼龄幼虫在树皮下啃食形成层，造成环状剥皮，使顶梢枯死。到老龄时，取食木质部。6 月下旬化蛹，7 月中旬开始羽化为成虫。

防治方法：5 月中旬成虫上树时可进行烟剂毒杀，如幼林未郁闭，可用其他杀虫药剂毒杀；利用成虫的假死性，进行人工震落捕杀；营造混交林，适当增大造林密度。

5.6 鼠害

为害樟子松的主要害鼠为田鼠。田鼠为害樟子松根际处韧皮及侧根，轻者生长衰弱，引起病虫害的传染，重者树木被环状剥皮而枯死。

鼠害的防治：（1）毒饵灭鼠。常用的杀鼠剂有磷化锌，甘氛，敌鼠。毒饵系将杀鼠剂、饵料和黏着剂按一定比例配制而成。饵料主要为豆秸、玉米秸等。黏着剂为油脚及土面糊。使用浓度，磷化锌和敌鼠为5%～7%，甘氟为0.2%～0.4%。投放多以堆放为主，每堆5～6 g，在人工内按树行每隔5～6 m放一堆。（2）营林措施。适地适树，合理密植，提早成体；清理林场，搞好林场卫生。（3）生物防治。保护和利用天敌，鼬鼠、蛇类、猫头鹰等，均能捕食大量的鼠类，要加以保护和利用。

9.3 樟子松容器育苗技术

云海英（2011）总结了樟子松容器育苗技术。容器苗保湿性好、成活率高等优点，经过多年实践证明是可应用于大面积抗旱造林的先进技术，在干旱、半干旱地区，发展容器育苗势在必行；樟子松具有耐寒、耐旱、耐瘠薄的生态学特性，是干旱、半干旱地区培育容器育苗进行抗旱造林的理想树种，樟子松容器苗育苗具体操作规程如下：

1 模具容器移植育苗

1.1 操作方法

①引模：木制圆形筒状，长110 mm、外径 90 mm（根据塑膜套直径大小而定，要求比塑膜直径小3 mm），内径67 mm、壁厚23 mm，前端断面模壁设6 mm×6 mm的引槽，用于主模接触点，以免套塑料膜时夹模，每组一个即可。

②主模：用薄铁皮或丙烯制成的圆筒，长150 mm、外径87 mm，上端设有立苗架，架中间设有直径15 mm的投苗口。每组至少100 个以上。

③塑膜：用丙烯制成薄膜筒带状，直径93 mm，长度不限。卷成中心空洞状的盘，似卫生纸状。

④切刀：用钢锯条等金属制成。长30 cm以上、宽2～5 cm，固定在刀架上，用于切断塑料薄膜用。

⑤吊膜架：用木杆、家具把等，架设高1～2 m、宽50 cm，呈“一”型的支架（似体育器械单杠）。操作时将塑膜盘穿在架的横梁上，塑膜一头放下，便于操作。

⑥移苗床：挖深15 cm（与主模高一致），宽1 m，长10 m。

⑦铺底膜：将10 m长、1 m宽的地膜（或棚膜）铺床底部，扎孔，以利渗水。

⑧混合土：按土、沙、肥的比例为 6 : 2 : 2 混合，拌均匀，过筛，清除杂质。

⑨备根系发达，高8 cm以上的1年生樟子松实生苗。

1.2 技术操作程序

①装模：先将引模投入吊架上塑膜筒内的前端，引槽端朝下，然后将主模的一端对入引槽内，使塑料薄膜向下推行，套入主模内。

②切膜：当塑膜完全套进主模后，用切刀在引、主模间切断，再把套有塑料薄膜的主模放到移苗床内，将投苗架端朝上，整齐排放，摆至10行以上时，投苗装土，轮回作业，满床为止。

③投苗、装土：分别向摆好的模套投苗口投放1株1年生根系完整的小苗。可用锹将混合土投入主模内。

④提模：土装满后将主模提出，苗和土自然落到塑膜内。

⑤正苗提苗：将苗扶正后提苗，以防止窝根，要用喷壶喷水。

⑥浇水：一床植满立即浇足水。这种方法适宜家庭作业，3～4 人分一组。装切膜，摆放提苗装土，提苗浇水各 1 人即可，人的前方为刀架，右为吊膜架。

1.3 育苗器育苗

①准备塑料袋若干。近几年市场上供应的成品容器袋规格齐全，一般要求直径 8 cm 以上，高 15 cm 以上，下端扎 6～8 个孔，以利排水。

②准备育苗器若干（也就是第一种方法的主模），按作业人员而定，每人一个，要求比塑料袋直径小 3 mm。

③操作方法：打开塑料袋，把育苗器的投苗架端向外，伸向塑料袋内，然后立放。向投苗架内投苗、装土，将育苗器提出，摆放在床内即可。此方法适宜人多时采用。每人每小时可育苗 200 株，提高工效 4 倍以上。

2 普通塑料袋容器育苗

2.1 作床

作苗床宽为 1～1.5 m 的低床，过宽田间管理不便。长度依苗的数量和地势而定，一般为 10 m。床深略高于装满土的育苗袋，床底整平，无石块杂草。床与床之间的步道宽为 30～40 cm，土方量以能满足冬季防寒用土为宜，尽量避免拉土防寒，否则加大育苗成本。

2.2 营养土的配制

营养土要求质地细密疏松，富含营养，通透性好，具有一定的保肥保水能力。根据实际，一般有以下四个配方可供选用：①78%～88%壤土+10%～20%腐熟农家肥+2%过磷酸钙，②泥炭土、沙土、壤土各 1/3，③15%草炭土+10%腐熟农家肥+73%沙土+2%过磷酸钙，④78%壤土+10%腐熟农家肥+10%细河沙+2%过磷酸钙。

针叶树苗木适合于微酸性土壤，pH 值最好在 4.5～5.5 之间，要求营养土的 pH 值必须控制在 7.0 以下。使用黑矾 2%～3%水溶液（每立方米水中 12～18 kg），进行灭菌处理，同时起到调节土壤 pH 值的作用，以及获得补充土壤中铁的含量、避免黄化症发生的良好效果。使用 50%辛硫磷颗粒剂每平方米 2 克，用毒土法进行灭虫。营养土消毒处理后，要求充分混合，搅拌均匀，以防苗木生长不均匀、烧伤苗木根系的现象发生。过干的营养土要喷水搅伴成湿润状态，一周后再用。装袋时营养土干湿要适度，以手握成团、松开即散为宜。

2.3 苗木选择与处理

苗木选择二年生出圃合格苗，要求顶芽饱满，无病虫害，苗木根系完整，要切掉过长的主根，保留侧根。樟子松根系保留在 15～20 cm 之间，将选好的苗木放在庇荫处及时培土假植，灌足水，使苗木充分吸水。总之，不论在苗圃起苗、分级、假植、运输过程中，还是在选苗、修根的过程中，都要尽量缩短苗木根系的裸露时间，这是确保苗木不失水，提高一容器育苗成活率、保存率的关键。

2.4 装容器袋

一般在 4 月中下旬，选用打孔的聚乙烯塑料薄膜袋，袋的大小要适中，育苗袋太小，易造成苗根外露或窝根，影响成活，育苗袋太大，增加容器苗重量，运输困难，增加苗木成本。移植二年生樟子松苗，营养袋规格一般为 18 cm×24 cm，厚度为 2～3 mm。袋的下部打孔 4～6 个，孔径为 3～4 mm，孔间距 4～5 cm，没有通气孔的苗木根系不发达，易造成下面积水使根系腐烂。装袋方法是，首先将容器袋斜放，装 1/3 营养土，放入苗木，并使根系舒展；之后再装 1/3 的营养土，直立容器袋，提苗，防止窝根，使苗木处于袋的中央位置，用手将袋内的土压实；最后将袋内的营养土装满，双手抱袋，轻轻墩实。将装好的容器袋入床，依次直立紧密地摆放在床内，既要靠紧，又要排列成行，这样既防干燥，又能提高土地利用率。摆好后，容器袋间隙及床周围用土填满，土要高出容器袋 2 cm 左右，以便灌溉后床面平整。苗床装满后立即灌透水抗旱保活，等苗床水完全渗透后，再次向苗床渡土至原状，防止透风。

2.5 容器苗管理

容器苗初次灌透水之后，视土壤湿度适时灌溉。一般前一个月每 10 天一次，保证苗木缓苗期间的水分供应，待苗木生长稳定后半个月至 20 天浇一次水，切忌造成土壤湿度过大引起苗木立枯病。苗木追肥除草：一般不需追肥，但为了使苗木达到优质壮苗标准，如果营养土肥力不足，可在苗木生长期追施氮肥，以促进苗木生长。主要病害有捧倒病、立枯病等，防治方法同播种育苗。可每 7～10 天喷打一次波尔多液或用硫酸亚铁、百菌清、敌克松等溶液。主要虫害有蛴螬、地老虎等，使用敌百虫、辛硫磷等进行防治。

2.6 越冬防寒

一般在 11 月上中旬灌足冬水，灌水后 2～3 天就应盖土防寒。防寒时，将苗木压倒，起用床间步道土，把土块打碎后盖严苗木，盖土厚度以不露苗为标准，以防翌年早春苗木生理干旱死亡。翌春撤土时间要掌握好，过早仍易发生生理干旱，过晚易招坏苗木甚至腐烂。要随时掌握气候变化，一般在清明过后，在谷雨前撤土。撤土时要求用手扒撤土，把土存放在床埂上，均匀踩实，床面也要达到防寒前状态为标准，撤土后要及时灌足水。

3 应用效果

3.1 提高造林成活率

常规樟子松造林成活率一般在 40%左右，容器移植育苗可达到 90%以上，往往一次造林成功，不需要补植，降低了造林总体成本。

3.2 延长造林时间

由原来的雨季造林 20 天左右的时间，延长到 6 个月，从春到秋均可造林。

3.3 加快造林进度

由于造林时间长，可大面积造林，特别是能利用农村播种前后、挂锄和雨天等农闲时间进行造林。

3.4 不用浇水

樟子松荒山造林的最大难度就是浇水。容器的本身含一定的水分，能保持一段时间的湿润。因此，除大旱之年外不必浇水。

3.5 省去换床或断根等工序且不缓苗

使用模具育苗解决了口难开的问题，先投苗、后装土解决了窝根、卷根问题，用锹装土解决了装土慢等问题，不但保证了质量，还可提高工效 6 倍以上。模具容器移植育苗及育苗器育苗工艺简单、技术要领容易掌握，应大力推广应用。

9.4 油松育苗技术

油松属松科松属，是我国北方最主要的造林树种之一。它木材坚实，富松脂，耐腐朽，是优良的建筑、电杆、枕木、矿柱等用材。它分布广，适应性强，根系发达，树姿雄伟，枝叶茂密，具有良好的保持水土和保护环境的效能，是营造水土保持林和园林绿化常用的树种。油松的繁育主要采用播种育苗方法，技术简单，成活率高，张义清（2011）总结了油松育苗技术。

1 苗圃育苗技术

1.1 苗圃育地的选择

油松育苗地选择排水良好、土壤肥沃的微酸性或中性沙质壤土或壤土。不宜选择重黏土或排水不良的低洼地。土壤 pH 值 7.5 时幼苗尚能生长，但 pH 值 8 以上的盐碱地苗木生育不良，不宜选作育苗地。

油松根系顶端具有菌根菌共生，菌根菌对促进苗木生长具有良好作用。育苗地接种菌根菌，可以帮助苗木吸收土壤中的水分和养分，并能使土壤中有机质分解成为苗木可吸收状态，提高苗木的抗旱、抗寒、抗病能力。因此，油松育苗地适宜连作（重茬），据调查，油松连作（重茬）苗木生育健壮，增强了抗病能力。如在同一块地上连续育油松苗 8 年，其苗木较轮作的任何茬地都生长得好。据各地经验，油松苗在前茬为落叶松、杨树、柞树、板栗、芝麻、线麻等茬地上生长良好，但在前茬为刺槐、榆树、和君迁子等树种的茬口地上生长不良，在白菜、马铃薯、蔬菜等地上或施用未腐熟的有机肥的土地上，常引起猝倒病。

1.2 整地与做床（垄）

一般秋季起苗后土壤结冻前进行秋翻，深度 20～25 cm，耙压 1～2 次。春季起苗可随起苗、随翻地、耙地，顶浆做床、做垄，以保蓄土壤水分。同时，结合翻地施入腐熟的厩肥或堆肥 5×10^4 万 kg，拌入过磷酸钙 25 kg 左右。

在气候较湿润、雨量较多的地区油松一般采用高床育苗。在辽宁西部地区、河北承德地区和北京等地，多采用高垄育苗，垄底宽 60 cm，垄高 15 cm，在垄面上纵向条播。高垄育苗便于侧方灌溉，机械化作业，且通风透光较好，但单位面积产苗量不如床作育苗高。在特殊干旱地区也常采用低床育苗。

1.3 种子处理

播种前进行选种和大小种粒分级，用 0.5% 高锰酸钾溶液浸种 1～2 h 进行种子消毒，即用 45～60℃温水浸种，自然冷却后继续浸种 24 h，然后将种子捞出，放入容器内置于温暖处用生豆芽的方法催芽。

每天用温水淘洗一次，经 7～8 天，有半数种子裂嘴时即播种。采用低温层积催芽效果较好。一般是在播种前 30～40 天，将种子用 0.5%高锰酸钾溶液消毒后，浸水 24 h，混以 2～3 倍洁净的湿沙，置背阴低温处层积，播种前取出，除去沙粒，即可播种。

目前各地生产上为了苗出得早、快、齐，经常采用催芽效果好的混雪（冰）埋藏催芽处理，冬季降雪少的地区采取混沙埋藏法催芽也取得良好效果。

1.4 播种

油松春播、秋播均可，多采用春播。春播时间因各地气候条件和种子处理方法不同而异，东北地区油松一般在 4 月中、下旬播种，而华北地区在 3 月下旬到 4 月上旬播种。适时早播很重要，由于播种时期不同往往对苗木生长有一定影响。

播种前要灌足底水，待床（垄）面稍干后用铁耙搂成麻面，然后用播种机、播种磙条播或用手工条播，播幅 3～5 cm，行距 15～20 cm。

播后用石磙或木磙镇压，将种子压入土壤中，再用表土覆盖，厚约 1-1.5 cm，最后用磙子稍加镇压。每亩播种量 12.5～15 kg。在灌足底水的情况下，一般播种后出苗前不必灌水。在风沙干旱地区，播种后可覆盖稻草或在床面上覆盖地膜和喷洒稀释的土面增温剂（8 倍液），有利于提高表土地温，保蓄土壤水分，促进种子萌发，可提早出苗 2～4 天，而且出苗整齐一致。为防治猝倒病，在出苗一周后，每隔 7～10 天喷洒一次 0.5%～1%的硫酸亚铁溶液。在河北中北部 6～7 月苗木速生期进行间苗，每平方米留苗 400～500 株。从 5 月下旬幼苗长出侧根时开始，每隔 10 天追施氮肥一次，全年共追施 2～4 次，每公顷放尿素 67～134 kg，每次追肥后及时浇水。8 月中下旬停止追肥灌水，以防苗木贪青徒长，影响苗木木质化。

2 容器育苗技术

由于以往荒山绿化中存在单纯的任务观，对苗土质量认识不够，造成很大的经济损失和浪费。

通过培育容器苗，进行荒山绿化造林，不仅可以提高成活率和保存率，缩短幼林抚育期，降低造林成本，有效地延长造林季节，而且造林后生长状况比较稳定，适应能力强，目前在生产实践中被广泛应用。

2.1 种子处理

种子催芽处理在 4 月 18 日左右，将油松种子用 1/1000～5/1000 的高锰酸钾溶液浸泡 3 h 进行消毒，然后清水清洗，再用混沙埋藏催芽，温度保持在 18～22℃，湿度 60%左右。油松种子催芽处理，方法同落叶松。

2.2 容器规格及营养土的配制

容器规格：高 12 cm，圆底直径 45 cm。营养土的配制:将黑土、栗钙土、羊粪粉碎并在 1 cm×1 cm 的筛子上筛过后，按黑土:栗钙土:沙子:羊粪:三原复合肥= 4 : 2 : 1 : 0.5 : 0.5 的比例拌均匀，装入营养杯中。

2.3 土壤杀菌

用硫酸亚铁或多菌灵喷洒在土壤表面，进行杀菌处理。

2.4 播种

将种子点入营养杯中，并盖上一层覆土，喷上保墒水。

2.5 苗期管理

出苗后要控制好水分管理，晴热天早晚各喷一次水。在伏天，高温天将大棚四周卷起进行通风，如果发生猝倒病，用 3%的硫酸亚铁水溶液进行杀菌、消毒。

2.6 容器苗质量分析

在林业生产中，苗木质量的优劣，主要根据苗高和苗茎两个标准进行分级。其质量越好、造林成活率越高。对落叶松、油松苗在棚内五个月后生长状况调查。通过数据可见，落叶松和油松容器苗均有良好的根系，主根较粗，并具一定长度，苗茎充分木质化，顶芽饱满生长健壮。

3 山地育苗技术

3.1 苗圃地的选择

苗圃地面积的大小，应按荒山面积多少而定，要按照就地造林就地育苗的原则选苗圃地。苗圃地应选择在北向坡、东北向或西北向坡面上，而北向坡面最佳。土层深厚、坡度平坦，砂、石块少的荒坡、荒滩都可作苗圃地，但种过庄稼的农歇地不可用。

3.2 整地

采用带状反坡梯田整地法，在育苗前一年的伏天，进行整地，带应向水平方向开挖，带的两头应挖齐，不要长短不一。带面整成 1.3 m 宽，并成 5°反坡，前高后低。带边用挖下来的草皮垒起，然后垫上肥土、拾净杂草、树根、石块等杂物再深翻 24 cm，打碎土块、整平。

3.3 土壤消毒

在第二年土壤解冻后和育苗的时候，要对土壤进行消毒，每亩撒入硫酸亚铁粉 30 斤，深翻于土层内，耙平再进行育苗。

3.4 种子处理

种子消毒，用高锰酸钾拌种，每 100 斤种子用药 1 斤。种子催芽、播种前用温水浸种三天、捞出阴晾疏散，每 100 斤拌 0.5 斤磷化锌，为防止鸟害，即可下种。

3.5 播种

可在清明节前后播种，或早春雨后抢墒播种，播种时每带播三行，最好用 10 cm 的长方型铁锨挖沟，深度 3 cm，行距 15 cm。带前边留 30 cm，后边留 25 cm。每亩需种子 100 斤。

3.6 苗期管理

专人看守：从播种之日起，就要选派专人看守，直到种壳脱落为止，不然会遭鸟害而造成断垄缺苗，甚至全部毁坏。

及时喷药：在幼苗还未出土，或在出土后种壳未脱落期间，每隔 10 天喷一次波尔多液，对病害有很好的防治作用。

除草：苗圃地应经常保持清洁、无杂草、表土疏松，但忌过早的锄草，以免幼苗损根，碰断死亡。

9.5 榆树育苗技术

榆树是盐池县的乡土树种，于耐芬（1985）总结了榆树育苗技术方法如下：

1 种子准备

榆树一般 4 月下旬前后开花，5 月下旬前后果实（榆钱）由绿变成黄白色成熟。这时，如果村屯附近或院落内有 10 年生以上、发育健壮、生长旺盛的母树，即可就地采种。采种方法，可以在母树周围的地面搜集飞落的榆钱，也可以上树采摘果穗。采后在通风处摊开晾干。种子发芽率 75%～85%的情况下，每亩按净种（去翅种子）6～8 斤，毛种（带翅种子）10～12 斤的播种盘，备足育苗用种。

2 播种

榆树最适合在土质疏松的沙壤土地段育苗。育苗的前一年秋季，将土壤深翻 7 寸左右，当年春季浅耕。施足底肥，施肥量为 4000～6000 斤。打好畦子或筑成大垄，达到地面平整易于浇水为准。

播种前浇足底水，待水渗完，地面稍干，即可边开沟边播种。开沟深度 3 分，沟宽 2 寸，沟间距 6 寸。大垄或一般大田育苗沟间距要放宽。播后覆土 2～3 cm，然后稍加镇压，保持土壤湿润。

利用当年种子育苗可随采随播，利用贮存种子，可在 4 月中下旬，当地土壤表层温度稳定在 10℃左右时播种。

3 苗期管理

在正常情况下，播种后 10～15 天幼苗出土。只要种子在潮湿的土坡中就能正常发芽出土，出苗前不要浇水。

幼苗出土长出 2～3 片真叶，或苗高达到一寸半左右，进行第一次除草（最好是拔草），注意不要带起小苗，同时视小苗稀密情况适当间苗，使幼苗均匀分布。苗高 3 寸左右进行松土除草，全年约 3～4 次。榆树耐旱力较强，除幼苗出土后需立即浇一次水外，不要浇水过勤。视干旱情况，一般约半月至二十天浇一次水，最后一次水不晚于 8 月初，以促进苗木木质化，提高抗旱、抗寒能力。

育苗地如果肥力较差或底肥不足，应结合浇水施化肥 1～2 次，每次约 20 斤，浇水前均匀撒于畦面或垄背。在生长期内，凡苗木下部叶子发黑绿色，顶梢发红，表示不缺水肥。

4 苗木出圃

当年秋末，苗高达到 1 尺以上，地际直径大于 1 分 3，即可出圃造林。起苗时保留根系长 6～9 分。

如果因播种期较晚，当年达不到出圃标准时，可留床再培育一年。第二年要适当松土、除草、浇水，并注意修剪过多的侧枝。

9.6 柠条育苗技术

胡芝芳和 路萍（2002）总结了柠条育苗技术。柠条是豆科锦鸡儿属的一种落叶灌木树种，耐寒、耐旱，耐瘠薄，对环境的适应性强。成林后高 1～3 m，多数丛生，枝叶茂密，根系发达，能牢牢地固结土壤，枝条又是很好的燃料。因此，柠条是用材和防风固沙的优良树种。

1 采种贮藏

选择生长良好，无病虫害的母树林进行采种。6 月中旬至 7 月上旬种子陆续成熟，当荚果由暗红色变为黄褐色，由软变硬时及时采摘。将摘下来的荚果自然曝晒，并用小木板轻轻拍打，使荚果自行开裂，种子散落出来，然后继续晒种，直至干硬。将晒干的种子进行细心筛选，清除杂质及病虫害种子，然后用 25%敌百虫粉剂拌种，以防治柠条豆象虫侵食种子。种子与药剂的重量比为 400∶1，拌种均匀后用麻袋盛装，置于通风干燥的室内。

2 圃地选择

多年的育苗试验表明，柠条在光照时间长，质地疏松、水肥适中的土壤中生长最好，因此在选育苗地时应选择交通便利，半阴半阳，且僻风的缓坡耕地，土壤疏松，土层深厚，保墒能力强的地块育苗，尤以常期使用农家肥的耕地为佳。

3 整地作床

在前 1 年的秋季，对所选苗圃地进行 1 次深耕翻晒。深翻半个月后，再犁地 1 次，结合犁地，施基肥，每 667 m^2 施入过磷酸钙 50 kg，犁后将地面耙平，耙实。4 月下旬至 5 月上旬，进行土壤浅耕，并施入 45 kg/667 m^2 尿素与 10 kg/667 m^2 的混合肥，然后作床。

床面宽 2 m，长度视田面而定，并在易积水的地方挖出 20 cm 深的排水沟。

4 种子处理

在作床的同时可进行种子处理。用 0.5%的高锰酸钾溶液浸种 2 h，捞出再水浸 24 h 后，铺在芦席上置于温热的室内进行催芽。在室内可生火加温，并不断洒水，搅拌；待种子有 50%露白芽时播种。

5 播种

4 月中下旬，在作好的床面上，用锄头开沟条播，播幅 3～4 cm，开沟深度 1～1.5 cm，播后覆土并轻轻镇压，每 667 m^2 播种量 20～25 kg，播种后要经常检查床面的干湿程度和种子发芽情况，如果床面干时，可于傍晚在床面洒水，直至幼苗出齐。

6 田间管理

幼苗长到 4～5 cm 时，及时进行松土除草、疏苗，拔掉病苗、弱小苗，保留 500 株/m^2 左右的壮苗。及时防治病虫害。幼苗期用 0.5%的硫酸亚铁喷洒苗木，防治苗木立枯病。中华鼢鼠是柠条幼苗的大敌，它可将幼苗根系从地下部位咬断，且危害连片。根据其生活习性，可采用地弓、地箭捕杀和洞内投毒的办法预防。

追肥应根据基肥的数量，土壤的肥力和苗木的生长情况确定追肥量。一般在 5～6 月份撒播农家肥，若遇降雨时追施尿素，叶面宝等植物生长调节剂，7 月下旬应停止追肥，以免苗木贪青陡长，不利于苗木越冬。

7 起苗与运苗

秋季造林一般在 10 月下旬至 11 月上旬落叶后起苗。春季用苗在 4 月上旬根系萌动前起苗。高 0.3 cm 以上，地径 0.3 cm 以上的苗木就可出圃造林，起苗时要使苗木根系完整选出合格的苗，每 100 根或 200 根一束捆成把，就地分级，及时包捆装运，不能及时装运的，要临时进行假植。

9.7 紫穗槐播种育苗技术

紫穗槐又称棉槐或紫花槐，豆科紫穗槐属，丛生落叶灌木。原产北美，我国南北各地广泛引种。枝条细长柔韧，通直无节，粗细均匀。生长快，花期长，是北方初夏时节的蜜源植物。适应性很强，耐寒、耐瘠薄、耐盐碱，有一定的耐涝能力。具根病菌，能改良土壤。侧根发达，萌芽力强，是固土护坡的优良树种。近年来市场行情看好，被广泛用作公路护坡、蜜源植物等。夏吾多杰（2013）紫穗槐播种育苗技术。

1 种子采集

紫穗愧的种子采集，首先是选择生长健壮，无病虫害的优良母株，进行采种。果熟期为 9～10 月，荚果椭圆形，微弯曲，成熟时棕褐色，内含 1～2 枚椭圆形或长肾形的种子，光滑，黄绿色，种皮坚硬。

2 种子处理

紫穗槐荚果果皮含有油脂，种子坚硬，硬粒较多，不易吸水透气，发芽缓慢。为使幼苗出土整齐、缩短出苗期、提高种子的发芽率，必须对种子进行处理。采用热水浸种催芽法，将种子（带荚皮）放在大盆中，然后倒入 2 份开水，1 份凉水，水温约 60℃，边倒热水边搅种子，使种子上下受热均匀，当水温约达 30℃时，停止搅拌种子，自然冷却后浸种

24 h。捞出种子后用 0.5%高锰酸钾溶液消毒 3 h，捞出种子用清水冲洗 2～3 遍，控干种子，将 1 份种子混 3 份湿沙（即手捏成团，手松沙散），并均匀搅拌。放置在温暖向阳背风的地方，保持种温 20℃左右，上面盖上麻袋，保持适宜湿度，催芽 6～9 d，每天用温水（约 30℃）喷洒种子，并翻动 1～2 次，使上下种子干湿均匀一致，待种子裂嘴露白时即可播种。

3 整地与作床

紫穗槐幼苗具有耐旱及抗涝的能力，对土壤条件要求不严，但在生产上为培育壮苗，育苗地我们选择地势平坦，排水良好、灌溉方便、土壤深厚的沙壤土为播种地。播种地块前一年的秋季进行深耕 30 cm，使土层充分风化，翌年 4 月上旬播种前细致整地，施足底肥。每亩施入充分腐熟的有机肥料 1500 kg，复合肥 15 kg，浅耕整平，做成宽 1.2 m、长 10 m 的平床，南北方向，床面要平整，土质要细碎。

4 育苗

春播宜早，一般在 3 月下旬至 4 月上旬播种。播种前一天，床面浇透底水，然后用代森锌倒入喷壶中，充分搅拌，每亩用量 10 g 喷洒床面，进行土壤消毒。第 2 天采用顺床开沟宽幅条播，每亩用种量 4～5 kg，沟深 2～3 cm，宽 10 cm，行距 20 cm。开沟后用脚将沟底趟平，均匀的将种子撒入沟中，边播种边覆土，覆土厚度为 1.5～2 cm。浇足水，用草帘覆盖，保持土壤湿润，待幼苗有 60%出土后，及时撤除覆盖的草帘。

5 苗期管理

5.1 浇水

紫穗槐播种后 8 d 左右开始出苗。幼苗生长初期，苗木地上部分和根系开始生长，形成根系，但分布比较浅，如床土水分不足，易引起幼苗死亡。此时要使表层床土经常保持湿润。从苗木速生期一直到速生末期，苗木生长速度快，需水量多，可采取量多次少，充分满足苗木迅速生长所需要的水分。苗木生长后期，为防止苗木徒长，使苗木充分木质化，应停止浇水。

5.2 中耕除草

幼苗出齐后，及时松土除草，除草时为防止伤苗尽量用手拔。苗木生长期，全年约中耕除草 4～5 次。保持土壤疏松，防止杂草与苗木争夺水分和养分。

5.3 追肥

幼苗出土后到初生期施氮肥。苗木速生期适当追施尿素，每亩施用 10 kg 和适量的磷钾肥。苗木生长后期，停止追肥，以促进苗木充分木质化，保证苗木安全越冬。

5.4 间苗

待幼苗高 3～5 cm 时，去掉发育不良、有病虫害、有机械损伤和过于密集的苗子。间苗应留优去劣。苗高 6～8 cm 时，进行第二次间苗，去密留稀，达到疏密适中，分布均匀，以利于通风透光，促进幼苗生长发育。

5.5 病虫害防治

在紫穗槐苗木病虫害防治工作中，应从冬耕、土壤消毒、种子消毒、合理施肥、适时早播和经营管理等方面入手，预防病虫害的发生。紫穗槐很少有病虫害发生，一旦发生，要采用杀虫剂和杀菌剂及时进行防治，防止蔓延。

9.8 杨树插条育苗技术

随着杨树产业的大力发展，有关杨树培育方面的研究已取得了许多成果。刘志龙和董海霞（2012）总结了杨树插条育苗技术。

1 苗圃地的选择

苗圃地应选择交通方便、地势平坦、阳光充足、排灌杨通、靠近水源、电源的地方。土壤疏松、湿润富含有机质，土层厚度在 1 m 以上，地下水位 1 m 以下，pH 值在 6.5～8.5，土壤含盐量在 1%以下。苗圃地连续育杨树苗不得超过 3 年。

2 整地及土坡处理

冬季土壤封冻前进行全垦，深度在 25 cm 以上，翌年春季耙地前，单位苗圃地可施厩肥 7500 kg/hm^2。发现有地下害虫的苗圃地，可用映喃丹 45～60 kg/hm^2，同时混拌炒熟的麦麸均匀地撒于土壤中消灭地下害虫。酸性土壤，可施用生石灰 30～375 kg/hm^2 进行改良；碱性土坡，可施用硫酸亚铁 75～225 kg/hm^2 进行改良。扦插前，苗圃地浅耕细耙，去除草根、石块等杂物后及时平整土地作苗床。苗床方向以南北方向为宜，长度以具体地形而定，苗床间的步道宽 40 cm，深 20～25 cm。并使步道与排灌渠等相靠近，确保旱时能灌，涝时能排。

3 种条选取

首先选择本地已成功育苗生产的杨树品种，这些品种有黑林一号、小 X 黑、白林一号、白林三号等；然后购买生长健壮、侧芽饱满、木质化程度高、无病虫害且无机械损伤的 1 年生种条。购买种条的数量要按单位面积扦插的密度（以 35 cm×60 cm 为宜，需插穗 220000 根/hm^2 左右）确定需总插穗数。再根据每根种条能剪切的插穗数而计算出需总种条数。

4 插稼剪切及处理

扦插前用锋利的剪刀将 1 年生的种条剪切成长 15～18 cm 的插穗，插穗的断面直径以 8～25 mm 为宜，且保持每根插德有 3 个芽。剪切种条时，切口要平滑、不破皮、不劈裂、不伤芽。上剪口要平（即剪口垂直于种条），距上芽 1 cm 左右，下剪口在末尾芽下方 0.5 cm 处向下成 45°角度斜剪。插穗剪切好后，不同粗细的插穗进行分类，再按每 25～50 根为 1 捆进行绑扎，然后装人麻袋，置于清水中浸泡，每隔 1 天将浸在水中的麻袋上下翻转，使所有插穗吸足水。

5 扦插

3 月底 4 月初，地温稳定在 10℃以上时可以进行扦插。扦插前，先将苗圃地灌水，待人能进地时立即扦播；不同粗细的插植要分床来扦插，以减少苗木分化现象；另外有条件的地方可用地膜覆盖苗床（地膜覆盖的作用的是保水保肥保温，促进生根发芽）。扦插时，一般按 35 cm×60 cm 的株行距进行扦擂，先定好行距线，使插穗扦播成行，便于苗期的除草施肥管理。每一行的的第 1 根插穗插在距步道 12 cm 左右。插穗扦插可用扦插锥辅助工具先下插，再将插德的下剪口（斜面）沿扦插孔下插，深度以插穗上部第 1 个芽的基部与土面相平为准，注意不能将芽全部埋在土中，插后将插穗四周的空隙用泥土埋实。

6 苗期管理

一是水分管理。扦插结束后，立即灌 1 次水，使土壤与插穗充分密接;然后每周灌水 1

次，连续浇 3 次；以后是否及时浇水要视土壤墒情而定；9 月中旬灌足最后 1 次水后停止灌水，以促进苗木提高木质化程度;雨水多时，则要及时排水。二是除草松土管理，插穗发芽出苗后，经常检查地膜是否被风鼓起而搜盖在插穗上部芽上，要及时用土围苗压膜。5 月中下旬左右，天气逐渐炎热，防止受太阳辐射后的地膜灼伤幼苗，结合松土除草除去地膜。松土应遵循“行间远苗适当深，株间近苗适当浅”的原则。确保松土不伤根;除草应遵循“除早、除小、除了”的原则，人工除草应结合松土。要勤除、彻底；化学除草，发芽后的苗期可使用百草枯、草甘磷等喷施（没有用地膜覆盖扦插育苗的苗圃地，在发芽前使用除草醚等药剂)。三是定苗管理，插穗发芽 5～10 cm 时，每株苗选留一个长势最好芽，其余芽从基部剪去。四是施肥管理，苗木生长期要施肥 2～3 次，第 1 次在 4 月下旬 5 月初，施碳胺 225～375 kg/hm^2；第 2 次在 6 月中下旬，施尿素 300～450 kg/hm^2；第 3 次在 7 月中下旬，施复合肥 450 kg/hm^2。8 月中旬后不宜再施肥，以免秋梢徒长。追肥后要全面松土除草，以免杂草争肥并且可达到青草还田改良土壤的作用。五是及时打杈，一些杨树新品种生长迅速，苗期不断有萌芽产生，在枝条木质化前及时将萌芽形成的幼嫩小侧枝剪掉，保留主梢。

7 病虫害防治

苗期的主要病害是溃疡病等，在 8 月中旬用 50%多菌灵或 70%甲基托布津，刀倍液喷雾防治。苗期的虫害是大嘴瘊蜻（该蜡虫刺吸杨树后，形成杨树缩叶病）、杨黄卷叶螟、杨小舟蛾、杨扇舟蛾、刺蛾等，在上述害虫食叶危害时可用 40%氧化乐果 1000～1500 倍液防治。

9.9 河北杨嫁接育苗技术

河北杨（*Populus hopeiensis*），属于杨柳科杨属植物，分布于我国华北、西北地区，是干旱地区优良的造林树种。河北杨生长迅速，抗虫性强，耐旱、耐寒，根系发达，树干通直树冠优美，是宁夏北部川区重要的防护林栽培树种，也是宁夏重要的行道绿化树种。河北杨插条生根较为困难，成为影响育苗成败的关键。通过采用生根较易的合作杨、毛白杨作插穗砧木嫁接河北杨芽体的方法，取得了良好的效果，成活率明显提高，且生长量比河北杨扦插育苗生长量高出 10%～30%，当年生幼苗高度达到 2 m 以上，地径达到 1.2 cm，成活率达到 90%以上，缩短了育苗周期，降低了育苗成本。唐建平等（2013）总结了河北杨嫁接育苗技术。

1 砧木和接穗选择

砧木插穗选当年生、木质化程度好、无病虫害、芽体饱满的合作杨或毛白杨种条，亦可选一年生侧壮枝，直径逾 1 cm 插条选好后充分浸水并置于阴凉处待用。接穗可选择一年生河北杨种条，也可选当年生优质侧壮枝，直径逾 1 cm，芽体饱满，无病虫害。砧木和接穗的采集时间在当地为 3 月上旬。

2 嫁接

嫁接采取芽接的方式，选取直径相同的砧木和接穗，从砧木种条下部开始嫁接，边嫁接边截取，插穗长 20 cm，扦插口剪成马蹄形，上口平，距离接芽 1.5 cm 左右。嫁接口用宽 1 cm 的专用嫁接带缠紧，并将芽体包裹在里面。嫁接好的插穗按粗细等级分级捆绑，每

50 个或 100 个为一捆，分级码放于准备好的沙藏坑内，2～3 层为宜，用湿沙覆盖，沙含水量保持在 60%为宜，干时应及时洒水保持湿润。

沙藏坑宜选择背风向阳处，利于接芽愈合。

3 整地做畦

河北杨喜肥，对土壤的肥力要求较为严格，需要较为深厚的土层。3 月中旬，对苗圃深翻整地（深度>25 cm），基施腐熟的厩肥、堆肥等有机肥 45.0～67.5 t/hm^2，机械覆膜（黑色农膜，膜宽 80 cm），人工打埂（埂高 20～25 cm）并踩实，膜间距 20～25 cm，膜行向与当地夏季主风向保持一致。苗床宽以水能灌到全部苗木为宜。

4 扦插

合作杨、毛白杨扦插容易生根，较河北杨扦插时间早。每年 4 月上中旬即可开始扦插。应定期检查插穗砧木切口愈伤组织形成情况，待插穗干体出现凸起时，即可开始扦插。扦插前，将插穗用水浸泡 24 h。扦插采取双行靠，宽行行距 60 cm，窄行行距 40 cm，株距 30 cm，扦插密度约 6 万株/hm^2。扦插时，将插穗马蹄形口垂直插于农膜中，嫁接带以留出地面为宜，然后将周围土压实。扦插后及时浇透水，待床面稍干时，用细土将插穗周围缝隙填实。

5 苗期管理

（1）放苗。5 月上中旬，河北杨接穗开始萌发，应及时将嫁接带划破。

（2）抹芽定苗。河北杨枝条萌蘖能力强，抹芽工作任务重，应及时做好抹芽工作，以减少插穗水分和养分的消耗。抹芽高度不宜过高，以免影响同化产物的形成，应坚持勤抹原则。待接芽生长到 5 cm 时，应将砧木萌发的不定芽全部抹除。对于接芽未成活的插穗，应选择生长健壮的砧木萌发苗留 1 株，其余的全部抹除，待翌年春季进行嫁接补苗。

（3）灌水。进入 6 月上旬后，河北杨幼苗生长加快，需水量加大，应结合天气情况和土壤墒情及时灌水。

（4）松土除草。每次浇水后待地面稍干时，应除草松土。当年扦插的河北杨不能使用除草剂，应人工除去各种杂草，以免影响幼苗生长。

（5）追肥。河北杨速生期应做好追肥工作，坚持薄肥勤施原则，忌一次过量施肥。追肥以氮肥为主，可采用叶面喷施、撒施、沟施等方式，撒施结合灌水每次施尿素 112.5～150.0 kg/hm^2，20～30 d 追施 1 次。

（6）病虫害防治。河北杨幼苗生长期间，病虫害相对较少，发生时应及时采用化学方法防治。

（7）秋季管理。7 月下旬，应加强水肥管理，延长灌水间隔时间，叶面喷施钾肥，促进幼苗尽早木质化，防止冬天风干。

（8）越冬管理。河北杨幼苗的抗寒性好，冬季管理比较简单，入冬前应灌注底水。

9.10 毛白杨插条育苗技术

毛白杨属杨柳科杨属植物，它生长快，材质好，树干高大通直，是我国北方地区特有的优良乡土树种。它为雌雄异株，雌株较少，且雌雄株的花期不一致，不易获得种子，故主要用营养繁殖法培育苗木。常用的方法有插条法、嫁接法、埋条法和留根法等。王丽红

（2011）总结了毛白杨插条育苗技术。

1 插条育苗

1.1 硬枝扦插

毛白杨枝条根原基数量少，分布集中，用常规方法扦插成活率低，故应提前进行插穗处理。方法是将秋季落叶后采集的种条，剪成 18～20 cm 的插穗，按 50～100 根为一单位捆成捆儿，蘸取 250 mL/kg 的萘乙酸滑石粉，外理后立即进行窖藏促根。窖应选择背风、背阴、排水良好的地方。窖深以保证窖内温度维持在 4～7℃为宜。窖底铺 5～40 cm 厚的洁净湿沙或沙土，将捆好的插穗朝上摆在窖中，上面覆盖 5～6 cm 厚的潮润沙土。窖顶用木条、树枝、玉米秸等棚好，以土覆盖。来年春季，当旬平均气温达 8℃时即可出窖扦插。扦插最好采用垄式，用窄缝法或穿孔法，注意保护好已形成的愈伤组织。扦插后及时灌水，并经常保持土壤湿润。

在比较寒冷干旱的地区，可采用容器育苗。方法是：先制备高 20 cm，直径 8 cm 的双层报纸的无底容器，内装无病虫感染的沙壤土，然后逐个排入苗床中。将经过窖藏促根的插穗插入容器中，外露一芽。扦插后喷足水，盖好塑料小拱棚，至展叶初期不需喷水。在生根阶段视气温和苗木状况，每 2～3 天喷水一次，棚内气温不宜超过 35℃，可用遮阴降温的方法加以调节。当插穗已经生根，新梢开始二次生长时，便可逐渐揭膜通风炼苗。炼苗 7～10 天后，撤去薄膜和阴棚，使幼苗在全光下生长。当苗高达到 15～25 cm 时，即可把苗木移栽到苗圃地继续培育。

1.2 嫩枝扦插

一般以遮阴的塑料膜小拱棚或全光自动间歇喷雾装置为育苗基本设备。插壤用洁净的河沙或蛭石。选用当年生半木质化的粗壮枝条作插穗，插穗长 12～15cm，留上部 2～3 片叶。扦插密度为 200 株/m^2。

从 6 月初到 9 月初均可进行。6～7 月份扦插，插穗不必用生长激素处理；8～9 月份扦插，可配制 1000 mg/kg 萘乙酸 50%～70%的酒精溶液，用速蘸 2～3 秒的方法处理。

毛白杨嫩枝扦插成活率很高，一般经过 40～50 天，并经过炼苗的苗木，即可称移栽至苗圃中。

1.3 扦插苗管理

1.3.1 成活期

自扦插时起，到插穗上端发芽放叶，下部生根，新生的幼苗能独立吸收营养时为止，成活期约需 5～6 周左右。插穗无根，也无叶。

插穗在成活过程中的营养来源，主要是插穗本身所贮存的养分；插穗的水分除了插穗原有的，主要是插穗下切口从土壤中吸收的。

毛白杨是生根慢的树种，扦插后一般是先放叶，后生根。发叶既需要养分又需大量水分，如果生根不及时或未生根，待插穗内的养分消耗完，水分又不能及时供应保持水分平衡时，插穗便枯死。

这种现象称为“假活”或“回芽”。北方地区早春扦插后，立即大犁扶垄，灌 1～2 次透水，一般情况下能满足生根时期的需要。但在春季灌溉次数不宜过多，因为灌水多时，土壤温度低而且氧气减少，不利于插穗生根。插穗在放叶、生根、形成愈伤组织的过程中要进行营养物质的转化，并进行着旺盛的吸收作用。所以适宜的土壤温度、水分和氧气条件，对插穗的成活起着重要作用。

如有条件采用地膜覆盖和塑料拱棚育苗，北方地区 4～5 月份可提高地温 4～5℃，不仅能提高地温，又能减少水分蒸发，保持良好的土壤墒情。

1.3.2 幼苗期

自插穗上部叶芽发叶、地下部生出不定根时起到幼苗高生长量大幅度上升时为止。幼苗期持续期大约 5～8 周时间。幼苗地下部生出不定根，能吸收水分和无机营养元素。地上部已发叶能吸收二氧化碳进行光合作用制造碳水化合物。这时根系生长很快，长出多次侧根、须根，并逐渐形成愈伤组织，而地上部生长缓慢。插穗已经生根，能吸收氮、磷、钾、钙等矿质元素时，即可开始追施氮肥，在幼苗期追氮肥 1～2 次，促进苗木生长。

幼苗期前期的幼茎组织幼嫩，对不良环境条件的抵抗力弱，应保持适宜的湿度和良好的土壤通气条件。所以要适时适量地进行灌水和定期中耕、松土除草。杨树插穗有时能萌发数个萌条，选留一株健壮端直的萌条，其余全部摘除掉。

1.3.3 速生期

自高生长量大幅度上升时起，到高生长量大幅度下降时为止。速生期的持续期为 6～8 月。

苗高、地径和根系生长量是全年最大的时期，高生长量约占全年总生长量的 65%-80%，地径和根系的生长量约占全年生长量的 50%以上。

速生期苗木需要肥、水量最多，在速生期应追施氮肥 2～3 次，速生期追肥方法沟施，沟的深度以 10～15 cm 为宜。每亩每次施硫酸铵 8～10 千克。北方地区不要晚于 8 月初停止追施氮肥，以防苗木贪青徒长，木质化不充分。每次灌水量要多，灌后及时中耕、松土除草。灌溉的停止期不宜过晚，在 8 月中、下旬停止灌溉。从幼苗期后期到速生期中期，毛白杨苗木萌发许多侧枝，为防止萌发过多的侧枝，影响主干生长，要在生长期及时摘芽修枝，到秋末保留适当的侧枝，以抑制其高生长嫩梢木质化不充分，也有利于形成良好冠形。

2 嫁接育苗

2.1 嫁接插条法

即一般所称的“接炮捻”。先用易生根的杨树，如加杨、大官杨等一年生苗干作砧木，粗度以 1.5～2.5 cm 为宜，截成 10～12 cm 的枝段，用一年生毛白杨种条作接穗，粗 0.5～0.7 cm，截成长 7～10 cm 的枝段，在秋季落叶后或冬闲期间进行嫁接。嫁接时，在毛白杨接穗下边一个芽的两侧，削成双直边斜面，里薄外厚，长 2 cm 左右，然后将砧木上切面斜削一刀，从切面中心垂直劈口，劈口长 3 cm，将接穗厚边向外插入砧木劈口中，将形成层对齐即可，不用绑缚。

群众总结毛白杨接炮捻系列的技术要点是：“削面平，劈口齐，二层皮对准二层皮；上露白，下蹬空，砧、穗挤紧定成功。”“炮捻”贮藏，接好后按粗细分级，每 50 根 1 捆进行层积贮藏。

选择地势高燥、背风背阴处，挖深 0.6～0.7 m，宽 1.0 m，长度不限的贮藏窖，窖底用水拌成 3-5 cm 泥浆，接穗朝上，每捆并排竖放，用湿河沙填充空隙，填至距地面 15 cm 时全部封土，高出地面呈丘状，上面覆盖成捆草。翌春土壤解冻后，3 月上、中旬适时扦插育苗。

采用床（畦）或垄作育苗，扦插密度以行距 70 cm、株距 20 cm 为宜，每亩扦插 4000～5000 株。为提高扦插成活率，扦插时应随取、随运、随插，不宜久放晾晒，不要碰动接口处愈合组织，以免影响成活，开深沟插入，不可硬插，使劈口顺行，以免封土时碰动接穗，扦插深度以接口略低于垄面 2～3 cm 为宜，插后封以湿润、疏松土壤，与接穗顶端一平，封土后拍实。嫁接苗扦插后要及时灌水，以保持土壤湿润，促进发芽生根。接穗成活后及时抹除砧芽，减少养分和水分的过度消耗。接穗抽芽后应适时进行灌水、中耕除草、打药和摘芽等，以促进苗木迅速生长。当年出圃，苗高可达 3～4 m，地径达 2 cm 以上，亩产大苗 4000 株左右。

2.2 多芽嫁接法

用扦插容易生根的杨树如加杨、大官杨的一年生苗作砧木，进行多芽嫁接。嫁接在生长期进行。

一般是以砧木、接穗发育充实，能够离皮，嫁接后接芽不萌发时为宜，北方一般在 8 月份进行。采用 T 字形芽接法。在当年生已木质化的苗干上，每隔 20 cm 左右接一毛白杨芽。接后绑紧，成活后及时解绑。砧木苗落叶后或次年发芽前，把接活毛白杨芽的苗干剪成插穗，插穗的上切口，要高出接芽 1.5～2 cm。

方法和管理，同扦插育苗。不同的是要采用沟插，插穗上接芽低于地面 3～5 cm。当苗高达 15 cm 左右时，进行基部培土，促进毛白杨接芽苗木基部产生新根。出圃时，去掉砧木后再造林，以免产行“小脚”现象而影响林木生长。

3 侧灌埋条育苗

采条及冬藏：选用苗高 2～3 m，地径 2～3 cm 的 1 年生苗，秋季自基部剪掉，去侧枝和顶梢后，进行越冬贮藏。

整地与埋条：进行细致整地；理条行距 60～80 cm，挖一条宽 15 cm、深 10 cm 的沟，把两根种条首尾颠倒放置在沟的两侧，面端进行培土，修侧灌渠，侧灌渠宽 0.4 m，种条上覆土 1～2 cm。

管理：7～10 天灌溉一次，除第一次采用床面灌水外，其它全部采用侧灌沟内灌水；在出苗前对埋条过厚的地方进行扒芽，有利于侧芽萌发；进行培土保根，幼苗期进行 2～3 次培土，厚度 30～40 cm。

9.11 沙枣扦插育苗技术

沙枣（*Elaeagnus angustifolia*）属胡颓子料，阳性深根性树种，落叶小乔木，枝条红褐色或黄褐色，多具变态茎的短刺。沙枣具有抗寒、抗风、耐旱、耐水湿、耐高温、耐盐碱、生长快的特性，是“四旁”绿化、盐碱地和固沙造林的优良树种。沙枣多为种子育苗，扦插育苗，技术简单，成苗快，而且能更好保存母本性状，当年扦插育苗，当年秋季就可出圃造林，加快了育苗周期。为了提高沙枣繁育速度，可进行沙枣扦插育苗。彭浩（2008）总结了沙枣扦插育苗技术。

1 沙枣的扦插技术

沙枣的扦插技术包括采穗、整地、插穗处理、扦插时间的掌握、苗期管理等。

1.1 采穗

种条质量的好坏是决定扦插成活率高低的关键之一。种条最好采用一年生扦插苗或萌芽条，但都必须是枝条健壮、芽苞饱满、木质化较好，无病虫害枝条。种条粗度以 0.6～1.5 cm 为宜。采条时间最好在春季树液流动之前（2 月中、下旬）进行。对采好的种条进行分级，每 50 根捆成一捆，浸泡于水中。

1.2 整地

育苗地在扦插前要深翻细整，施足基肥，一般施农家肥 60～75 t/hm^2 或二铵 450 kg/hm^2，且耙磨平整好。在扦插前 10 d 用硫酸亚铁、呋南丹或甲拌磷进行土壤处理，深度为 18～25 cm，并灌足水。3 月中旬扦插前在平整好的圃地上沿水流方向铺设地膜，地膜间距 40 cm，边缘压土 10～15 cm，在地膜中间每隔 1～1.5 m 适当压土（一般一锨为宜），使地膜与土壤紧密接触。

1.3 插穗处理

种条浸泡 15～20 d 后，即在 3 月上旬剪穗，插穗长度 18～20 cm，粗度 0.8～1.2 cm 为宜。插穗上端剪成平口，下端剪成斜面，并注意切勿损伤插穗上的芽苞，一般第一个芽要与上切口相距 2 cm。剪好后，按粗度分级包扎成捆，便于扦插和浸泡。剪好的扦穗用 ABT 生根粉处理，即用 1 号生根粉 1 g 溶于 500 g 酒精中，再加入 10 kg，配制成浓度为 100 mg/kg^{-1} 将插穗浸泡 5 h 后即可扦插。

1.4 扦插时间与方法

在土壤解冻 25 cm，地温保持在 10℃时开始扦插。根据地膜宽度，株行距以 20 cm×80 cm 或 30 cm×70 cm 为宜。扦插时注意上切口必须露出地膜 2～3 cm 上端留 1～2 个芽，插穗下端要避免黏上地膜，以利插穗与土壤充分接触和插穗的生根以及对养分、水分的吸收，然后覆土压紧地膜，以防风吹掀起地膜。

1.5 苗期管理

苗期的管理包括浇水、除草、追肥等。

1.5.1 扦插后，要把握好土壤湿度，以满足生根间插穗对水分的要求。扦插后及时灌水一次。灌水应从地膜两侧渗入为好，禁止用大水漫灌，以免在地膜上淤积泥沙，影响采光。

1.5.2 待土壤稍干后，立即将歪斜的插穗扶正、踏实，若地膜下展出的叶子，需要及时放出，以免灼伤幼芽，影响成活率。

1.5.3 同时对未成活的插穗，及时补植。幼苗生长期需追肥 2 次，施肥方法采用条施或点施。可追施尿素 375 kg/hm^2，分别在 5 月上旬和 6 月中旬各一次，施肥应在灌水之前进行。

1.5.4 苗木生长期要及时松土除草，地膜下的杂草用土压法，使地膜与杂草充分接触灼伤死亡。地膜间的杂草用人工清除，以利用提高的地温，改善通风条件，减少蒸发，从而促进幼苗生长。

2 效果分析

沙枣扦插育苗采用地膜铺设，扦插育苗当年的生长量达 120 cm 以上，翌年春即可出圃，但种子育苗当年高生长量只有 25 cm 左右，2～3 a 才能长到扦插生长一年的生长量。进行了不同穗长、不同穗粗、不同采穗部位的扦插效果比较试验。

2.1 沙枣一般的生根部位为皮部生根，其次才发展为愈伤组织生根。4 月 10 日扦插，10 d 后观测发现开始生根，20 d 后生根达到高潮，30 d 后生根结束。

2.2 从不同穗长的扦插效果来看，成活率以 18 cm 穗长成活效果最好，高生长则以 20 cm 穗长效果最好，但是与 18 cm 穗长的效果相比，也只不过高了 1 cm。

2.3 从不同插穗粗度扦插效果来看，成活率以 0.8～1.2 cm 粗度的插穗成活率最高，年生长量则以 2.0 cm 插穗粗度最高。不过与成活率最高的 0.8～1.2 cm 粗度的高生长相比，高度仅高了 2 cm。

2.4 从不同的采条部位的扦插效果来看，成活率以插条中部的效果最好，年生长量以基部的效果最好。

2.5 密度最好采用 66667 株/hm^2，即 30 cm×50 cm 的株行距，密度过大会影响生长，密度过稀，又浪费土地。

沙枣硬枝扦插操作技术简单，采用枝条中基部作为插穗，插穗粗 0.8～1.5 cm 为好，插穗长 18 cm 左右，早春解冻后，适时早插，密度保持在 60000 株/hm^2。从生长量来看，当年扦插，秋季当年就可以出圃造林。

9.12 青海云杉育苗技术

王瑞霞等（2013）总结了青海云杉育苗技术。

1 种子处理

将杂物捡除后，用 30～40℃温水浸泡 24 h，然后用 0.3%耀 0.5%高锰酸钾溶液浸泡 2 h，用清水清洗 2～3 遍后直接层积，用麻袋覆盖后放在 20℃左右的房间里，每天翻 1 次。4 d 后开始出芽，出芽量达到 30%～40%时即可播种。

2 播种

采用大地直播方式、穴盘点播后移植 2 种方式进行育苗，播种深度 1～3 cm。

（1）大地直播后移植：做床前 1 周灌水，然后做成宽 1.2 m、长随田块而定、高 20 cm 的高床，步道宽 25 cm。土壤要进行消毒，即床做好后将辛硫磷 7.2 L/hm^2 拌毒土均匀撒于床面深翻，再将硫酸亚铁 300 kg/hm^2 过筛后均匀撒于床面后再次深翻，然后将床面土壤打碎成粉状，用耙子抓融，使形成弓形床面，以利于排水。于 4 月 16～18 日，用开沟器开沟，播幅 8 cm（种子撒播均匀），用种量 150 kg/hm^2。播种深度 1 cm 左右，覆森林腐殖土或沙 1 cm 厚，以把种子盖严为宜。播种后及时喷水，喷水要喷透。

（2）穴盘点播后移植：将草炭土拌湿后捂 2～3 d，装穴盘（装满压实后点种），点种深度及管理同大地播种。

3 播种后管理

（1）喷水：播种后到出苗齐全为保证苗床湿润，每天可喷水 2 次，每天 7:00 之前、18:00 之后进行喷水；出苗齐全后保持见干见湿原则浇水，待地皮泛白再进行喷水，以促进小苗木质化。总的原则是：先期少量多次，后期多量少次。

（2）药防：苗木出齐后，用 0.02%高锰酸钾溶液进行药防，但喷后 30 min 内立即用水冲洗，防止高锰酸钾烧苗。每隔 3 d 药防 1 次，用福美霜、多菌灵、甲基托布津等 600 倍液进行细致全面的喷雾。1 个月后每隔 7 d 药防 1 次（药量同上），直至 9 月。全年都要遮荫，及时除去杂草。

（3）施肥：6 月中旬左右，待小苗长出一级侧根，为了降低基质 pH 值，将硫酸铵 231.5 kg/hm^2 与水按照 1：6 的比例混合后喷施，喷后立即浇透水洗苗（以防“烧苗”），每 7～10 d 喷 1 次，全年共喷 4～5 次。为防小苗徒长，影响苗木木质化，到 8 月上旬应停止追肥，且追肥前一天不能浇水，保持床面干燥。

（4）越冬防寒：10 月末至 11 月初，灌透越冬水，然后用沙土覆盖苗木，厚度约 10 cm，四边拍实，苗木不能裸露在外。

9.13 宁夏枸杞硬枝扦插育苗技术

宁夏枸杞（*Lycium barbarum*）是茄科枸杞属植物中重要的“药食同源”功能型特产资源。枸杞子既是名贵的中药材，又是保健食品，我国对枸杞的利用已 2000 多年，宁夏是我国和世界枸杞的原产地和主产区。近年来宁夏枸杞种植在国内发展十分迅速，已发展到新疆、内蒙古、河北、青海、陕西、甘肃等十多个省区。随着全国种植面积的不断扩大，宁夏枸杞种苗的需求量与日俱增，价格不断上涨。为了满足枸杞产业发展的需要，必须进行大量的种苗繁育，硬枝扦插育苗是十分高效而技术简便的育苗方法。何军等（2009）总结了宁夏枸杞硬枝扦插育苗技术。

1 苗圃地准备

宁夏枸杞的适应性很强，对土壤条件要求不高，在各种质地的土壤上都能生长，而要提高育苗成活率，获得壮苗，苗圃地还应选择地势平坦、土质肥沃、有排灌条件的土地，土壤深厚，有效活土层 30 cm 以上;土质为通气性良好的轻壤、沙壤和壤土;土壤有机质含量在 1.0%以上，含盐量 0.5%左右，pH 值为 8 左右，地下水位 1.2 m 以下。

苗圃地选好后，首先要进行平整，平整后的地高差不超过 5 cm，上 1 年应结合秋季深翻施入腐熟的农家肥（牛、羊、鸡粪等）3～4 m^3/667m^2，灌足冬水，立春土壤表层化冻 10 cm 时浅耕，同时施入磷酸二铵 20 kg/667m^2，为防地下害虫，还要加入辛硫磷颗粒剂、毒死蜱、乐果粉、呋喃丹等其中一种药剂进行土壤处理。

2 种条采集

专业化育苗应建立采穗圃，好处是种条整齐健壮，易于获得大量优质种条。采集生产园中的较好树体上的徒长枝、中间枝、强壮结果枝，直径为 0.5～0.8 cm，时间春季最好在萌芽前一星期，秋季保护地扦插在 9 月底以后为好。

3 种条保存

由于种条采集时间不一或不到扦插时间，采集下的种条最好以长条贮放为好，堆放在地窖或冷藏库，堆放高度不超过 1 m，堆放好后用湿沙土覆盖，湿度以手攥成团为准，还要经常检查，缺少水分时可洒少许水，保持沙土湿度，过湿时可摊开散湿，储藏地方温度不宜过高，最好在 5℃以下。

4 种条处理

4.1 剪成插条

种条采集好后，在扦插时剪成长 13～15 cm 长的茎段，通常 50～100 根 1 捆。

4.2 生根激素处理

枸杞插条多用α-萘乙酸、吲哚丁酸、ATP生根粉等。生根剂多不易溶于水，而易溶于有机溶剂，通常先用少量酒精或高浓度白酒溶解后加水，不溶时稍许加热即可溶解。一般使用α-萘乙酸、吲哚丁酸浓度为50～100 mg/kg，100 mg/kg浓度浸泡2～4 h，以透髓心为好，50 mg/kg浓度浸泡10 h左右。2种药100 mg/kg浓度药液配置方法，1 g原药用少量酒精溶解，加水10 kg；50 mg/kg浓度药液配置时加水20 kg。ATP生根粉等其他生根剂按说明使用。

4.3 浸泡方法

浸泡插穗下部5 cm左右。

5 扦插技术

分平地、起垄，畦床不易太大，以333～667 m^2为好，行距50 cm，株距5～10 cm，可插1.5～2.5万插穗。

平地不覆膜，墒情好的轻壤地，用锹按行距劈缝插入插条，上留一饱满芽踏实，少许封土即可，好处操作方便，缺点墒情不好控制，易造成发芽难。平地覆膜按上面方法插好后覆膜可保墒，但要随时检查发芽情况以免发芽后芽体出不了膜或遇高温灼伤芽体。起垄覆膜:也分覆膜扦插和先扦插后覆膜。覆膜扦插:按行距起垄覆膜，膜上再洒土3 cm左右，插条踏实，溜小水。先扦插后覆膜:起垄、劈缝、浇水，插条插入后踏实、覆膜、边缘压严即可，60～80 cm宽膜插2行，行距30 cm，行间距60 cm。

6 插后管理

6.1 破膜

是硬枝扦插育苗很重要的环节，插穗发芽后要及时破膜，以免烧苗。破膜工作有整行破膜和以苗破膜2种，无论哪种破膜，破膜后要及时用土将地膜压好，使覆盖工作继续起到增加地温和除草的目的，保证枸杞多生根，快生长。

6.2 水肥、除草和病虫害防治

硬枝扦插的插穗是先发芽后生根，幼苗生长高度在15 cm以下是忌灌水，因为在土中的枸杞插穗属于皮下生根型，0～20 cm土层含水量超过16%以上，容易发生烂皮现象，形不成发根原始体，尽管新芽萌发，新枝形成，不久株苗即死亡。此期，应加强土壤管理，多中耕，深度10 cm左右，防止土表板结，增强土壤通透性，促进新根萌生。待幼苗长至15～20 cm时，可灌第1次水，灌水40～50 m^3/667m^2，地面不积水不漏灌。约20 d后结合追肥灌第2次水，667m^2施入纯氮3 kg，纯磷3 kg，纯钾3 kg，行间开沟施入，拌土封沟。枸杞苗期易发生蚜虫和负泥虫，使用1.5%苦参素1 200倍液或1.5%扑虱蚜2 000倍液喷雾防治。

6.3 除草

在管理过程中前期重点除草，应掌握除早除小，切不可造成草荒，否则发芽再好，也会因为草荒而得不到苗木。

6.4 病虫害防治

重点虫害：当发现有地下害虫时结合淌水前用辛硫磷、毒死蜱配200～300倍液用喷雾器去掉喷头，用杆孔流入苗体下部土壤后灌水，量100～125 kg/667m^2药液，然后灌水，也可用懒散的办法，结合淌水在水口上不停倒入原药，缺点用药量大，但省力。危害枸杞地上部的主要害虫有:负泥虫、蚜虫、瘿螨，多采用地上药物防治，随发现随防治即可，常用药有：氯烟酰碱类杀虫剂：吡虫啉 10% 2000～3000 倍；硫杂环噻唑烟类杀虫剂：阿克泰 1000 倍；氨基甲酸酯类：抗蚜威；阿维菌素（爱福丁），甲维盐；氯代烟碱类：啶虫脒；菊酯类：高效氯氰菊酯；有机磷类：毒死蜱；杀螨剂：达螨灵，双甲脒，克螨特，四螨嗪。

6.5 修剪

硬枝扦插育苗，当苗高生长到 20 cm 以上时，选健壮直立徒长枝做主干，将其余萌生的枝条剪除。苗高生长到 50 cm 以上时剪顶，促进苗木主干增粗生长和分生侧枝生长，提高苗木木质化质量。

6.6 增设扶干设备

枸杞苗木通过摘心、短截等措施，能及时促发出一次枝、二次枝。但由于这时苗木主干细，主干木质化程度低，支撑树冠能力很弱，留枝太多，苗木就要压倒在地面。要解决这个问题，在苗木封顶、摘心的同时，以株或以行增施扶干设备，增加主干的支撑能力，多留枝，多长叶，实现培养特级苗的目的。

9.14 沙棘育苗技术

沙棘是一种抗寒、抗旱、耐盐碱的树种，是宁夏回族自治区及周边省市生态造林最佳的树种之一。随着 2000 年退耕还林、天然林保护及生态移民迁出区植被恢复工程的进一步延伸，沙棘更加凸显乡土树种的特性，在封山育林、水土保持等方面优于其他树种。李银平（2014）总结了沙棘育苗技术。

1 种子选择

沙棘种子质量的高低，是出苗率好坏的关键。种子的来源分外调和自采 2 种途径。外调种子必须选择与当地气候条件、土壤因子等基本相同或相近的地区。不论是外调种子或自采种子，最直观的判断标准就是从外形观察，种子外壳发黑或有色斑的大多为陈年种子，这种种子发芽率极低，一般为 30%～40%，不宜播种育苗。一般当年采集的种子从外表看，多俊黄、油腻，而且颗粒大小均匀，其发芽率为 85%～90%，是育苗的最佳种子。用这样的种子育苗，可大大提高出苗率。育苗最好采用当年采集的后熟种子，如果没有采集条件需外调种子，要严格遵守调运标准。

2 种子处理

沙棘种子外壳比较坚硬，直接用于育苗，会降低发芽率。因此在育苗前，必须进行种子处理。种子处理有药物处理和自然催芽处理等方法，当地多采用自然催芽处理，即室内催芽处理。具体方法是：根据种子量的多少，先选大号或二号水缸 2～3 口，将 40～50℃的温水，倒至水缸 1/2 处，再向缸内投入少剂量的高锰酸钾搅均，用以消毒。把缸放在向阳处，然后将种子倒入缸内，至缸口 20 cm 处即可，再用木棒将倒入的种子按顺时针或逆时针方向搅动，直到瘪籽全部浮起为止，这时将漂起的瘪籽及杂物全部清理出来。然后让种子在缸内浸泡 12～24 h，捞出，用清水冲洗数遍，直到冲洗种子的水清澈为止。这时在室内地下用砖围一长方形或正方形的围栏，在下面铺上稻草或其他秸秆，再在上面用塑料袋铺垫，然后将冲洗净的种子倒入围好的砖圈内，厚度以 5～6 cm 为宜，室内温度保持在 15～20℃，每天翻搅 3～4 次为宜，且翻搅前必须用温水喷洒种子，喷洒水量以能看见地面溢出水为止。5～6 d 后种子芽将会破壳而出。

在种子处理过程中，雨天或苗床放水未干的情况下，也可人为控制种子的发芽速度，具体做法是：可降低室内温度保持在 5～10℃左右，减少喷洒水次数，1～2 次/d。关键是在种子“露白”时就要播种，若出芽太长，会影响出苗率。

3 整地

沙棘苗圃一般选择在向阳、不宜积水的开阔地带。育苗地在秋季深耕，同时施农家肥 60～75 t/hm^2 作基肥。施农家肥的同时，将二铵等一并施入。苗床采用高床。先将苗地打成长畦或方畦，再用铁耙耙平地面，清除杂草及杂物，然后作成宽 1.0～1.5 m 的床面，床与床之间留出深 20～30 cm、宽 30～40 cm 的步道，以便于人行走、锄草和多余的水流向步道。

4 播种

4.1 适时播种

春播为主。在不遭晚霜危害的前提下愈早愈好。一般在 4 月 15 日至 5 月 1 日前播种。

4.2 播种方法

种子“露白”时即可播种，沙棘育苗最好采用水洗沙覆盖。有条件的地方，备水洗沙 60～75 m^3/hm^2。育苗前，先将整好的苗床踏实，用木耙或铁耙开宽 10 cm、深 1～2 cm 的水平沟，再将种子 375 kg/hm^2 撒在沟内，覆盖厚约 1 cm 的沙子。

4.3 及时放水

播种后的第 1 次浇水至关重要。播种结束要及时放水，如果不能及时放水，太阳光线又比较强，4～5 h 后，就会出现烧芽现象，影响出苗率。第 1 次浇水应将苗畦放足。

5 苗期管理

在正常情况下，播后 1 周沙棘幼苗可将沙子全部顶起，此时是关键期，可抢时将顶起的沙子全部揭掉，然后再向幼苗根部撒细沙保护根部，以防止强光灼伤幼苗。若不能及时将沙子去掉，一旦遇到雨天，塌下去的沙子可将一部分幼苗压死。沙子去掉后 1～2 d，可灌第 2 水，第 2 水要比第 1 水少得多，将幼苗淹没即可。浇水后最好在水将幼苗淹没后随时排掉，这样有利于幼苗扎根。沙棘幼苗生长缓慢，但其木质形成比较快，当叶片有 6～8 个、高度为 5～6 cm 时，施第 1 次追肥，灌水时追尿素 15.0～22.5 kg/hm^2。灌水或雨后要及时锄草松土，蓄水保墒。苗木在 6～8 月生长最快，此时可根据苗木生长情况适当灌水。当苗木长到 30 cm 以上时，可适当减少放水次数和追肥量，以增加苗木地径的生长，促进木质化的形成，防止越冬时发生冻害。

9.15 国槐育苗技术

国槐，又名槐树、家槐，为豆科槐属落叶乔木，树冠大，高 10～15 m，干皮暗灰色，小枝绿色，皮孔明显，在园林绿化中多被用作行道树、庭院树等，也是目前嫁接龙爪槐等观赏品种的唯一砧木树种，应用前景十分广阔。姚卫国（2012）总结了国槐育苗技术。

1 种子采集

在种子成熟期（10 月）选择树形丰满、健壮、无病虫害的壮龄母树采种。此时种粒饱满，干物质充满种皮内部。

2 催芽

播种前，用 45℃温水浸种 2 d，换水频率为 1～2 次/d，捞出，去除外皮，冲洗干净后置于 20～25℃室内催芽，每天翻动 1～2 次，以利于通气，并洒水补湿，5～7 d 后有 1/3 种子裂嘴“露白”时即可播种。

3 播种

3 月下旬进行条播，行距 20～25 cm，将种子均匀播在沟内（沟深 2 cm、宽 10 cm），覆土厚 1.5～2.0 cm，用地膜将播种沟覆盖。播种量 120～150 kg/hm^2，7～10 d 后出苗。

4 苗期管理

4.1 间苗

一般结合浇水进行 3 次间苗：第 1 次间苗在苗高 3～4cm 时进行，间去过密苗和病、弱、小苗；以后根据幼苗生长状况进行第 2 次间苗；第 3 次间苗在苗高 10～15 cm 时进行，同时进行定苗和移苗，保持株距为 10～15 cm。如需移、补苗，可选阴雨天带土移补，栽后浇水。

4.2 施肥

当幼苗 3～4 片真叶后，结合浇水追肥 1 次，施尿素 75 kg/hm^2，以后结合浇水再追施 1～2 次，并结合土壤条件追施复合肥“磷酸二氢钾”120 kg/hm^2 即可。9 月以后不再浇水、施肥，以促进苗木木质化。

4.3 灌水和除草

要注意墒情，及时喷水，保持土壤湿润。若表土板结形成硬盖，可以直接用水将硬土盖浸湿，或用钉耙破除，将压在硬盖下的幼芽扶正，盖上松土。幼苗出齐后，隔 15 d 灌溉 1 次。雨季注意排水，并适当控制浇水量，以促进苗木木质化。幼苗期要随时松土除草，保持苗田清洁。在土壤封冻前进行冬灌。

4.4 整枝

4.4.1 合理整枝。控制不具竞争力的侧枝生长，当粗度达到主干粗度的 1/2 时应剪除。影响主头生长的竞争枝及时剪掉。一般不剪水平枝和接近水平枝，让其自然整枝。

4.4.2 保持合理的密度。地径 2 cm 的小苗、胸径 4 cm 以上的大苗分别留苗 4.50 万～5.25 万、1.2 万株/hm^2。

4.4.3 截干。一般 7 月上旬将顶端弯曲的部分剪断，发出新枝后，选择一个垂直向上的枝作新的主干。

4.4.4 再次截干。对 2～3 年的苗木，当春季生长时，如果没有明显的主头或是主头偏斜，应再次进行截干，剪口选在开始偏斜部位即可。

5 虫害防治

5.1 槐蚜

又名油虫，每年发生数代，以成虫或若虫群集为害嫩梢、花序及荚果，同时诱发煤污病。次年 3 月上、中旬大量繁殖，5 月迁飞危害，以 5～6 月危害最重。8 月以无翅胎生雌蚜在杂草的根基等处越冬，少量以卵越冬。

防治方法：秋冬喷石硫合剂，消灭越冬卵。蚜虫大量发生时，可用 40%乐果、10%蚜飞净可湿性粉剂 3000～4000 倍液、2.5%溴氰菊酯乳油 3 000 倍液防治。

5.2 槐花球蚧

主要以若虫刺吸枝叶的汁液危害，使枝梢干枯，严重时整株死亡。1 年发生 1 代，以若虫在固定枝条下群集越冬，第 2 年的 3 月下旬开始活动，4 月中旬雌雄分化，5 月初交配，中下旬产卵，产卵量 4000～4500 粒/头。雌虫产卵后死亡，介壳下充满卵粒，卵于 6 月中旬开始孵化，7 月中旬转移到叶片危害，9 月下旬回到枝条上固定越冬。

防治措施：（1）树木发芽前用 5°白石灰硫磺合剂喷洒树冠，消灭越冬若虫。（2）4 月中旬至 5 月上旬、7 月中旬至 8 月底喷 40%乐果 1000 倍液，或 50%马拉硫磷乳油 1000 倍液。亦可用 40%氧化乐果乳油对水（1:1），或 30%乐果原油加 70%壹缩乙二醇溶剂 3 kg/hm^2，超低容量喷雾，杀虫率达 95%左右。

另外，还有槐尺蛾、朱砂叶螨等其他害虫的危害，防治可参考以上槐蚜、槐花球蚧。

参考文献

Adams M B, Campbell R G, Allen H L, et al. Root and foliar nutrient concentrations in loblolly pine: Effects of season, site and fertilization. Forest Science, 1987, 33(4): 984-996

Aerts R, Chapin F S III. The mineral nutrition of wild plants revisited: a re-evaluation of process and patterns. Advances in Ecological Research, 2000, 30: 1-67

Andersen T, Elser J J, Hessen D O. Stoichiometry and population dynamics. Ecology Letters, 2004, 7: 884-900

Arbuckle K E, Downing J A. The influence of watershed land use on lake N:P in a predominantly agricultural landscape. Limnology and Oceanography, 2001, 46: 970-975

Arnesen G, Beck P S A, Engelskjon T. Soil acidity, content of carbonates and available phosphorus are the soil factors best correlated with alpine vegetation: evidence from Trom, North Norway. Arctic, Antarctic, Alpine Research, 2007, 39: 189-199

Baker, W. W. Progress report on life history studies of the Red-cockaded Woodpecker at Tall Timbers Research Station. In: Thompson R L. The ecology and management of the Red-cockaded Wood-pecker. Bur. Sport Fish. Wildl., U.S. Dept. of Interior, and Tall Timbers Research Station, Tallahassee, Florida, 1971, 44-59

Bazzaz F K, Acherly D D, Reekie E. Reproductive allocation in plants. In: Fenner M. Seeds: The Ecology of Regeneration in Plant Communities. CABI Publishing, 2000, 1-29

Bedford B L, Walbridge M R, Aldous A. Patterns in nutrient availability and plant diversity of temperate North American wetlands. Ecology, 1999, 80: 2151-2169

BirdLife International. Threatened Birds of the World. Barcelona and Cambridge, Lynx Edicions and BirdLife International, 2000

Blair F J, Miller M H, Mitchell W A. Nitrate and ammonium as sources of nitrogen for corn and their influence on the uptake of other ions. Agronomy Journal, 1970, 62: 530-532

Boesch D F, Rosenberg R. Response to stress in marine benthic communities. In: Barrett G W, Rosenberg R. Stress effects on natural ecosystems. John Wiley, New York, 1981, 179-200

Boesch D F. Diversity, stability and response to human disturbance in estuarine ecosystems. In: Proceedings of the first international congress of ecology. Pudoc, Wageningen, 1974, 109-114

Braakhekke, W. G. and Hooftman, D. A. P. The resource balance hypothesis of plant species diversity in grassland. Journal of Vegetation Science, 1999, 10: 187-200

Braschi I, Ciavatta C, Giovannini C, et al. Combined effects of water and organic matter on phosphorus availability in calcareous soils. Nutrient Cycling in Agroecosystems, 2003, 67: 67-74

Briand F. Environmental control of foodweb structure. Ecology, 1983, 64: 253-263

Butler J H A, Ladd J N. Symbiotically-fixed and soil-derived nitrogen in legumes grown in pots in soils with different amounts of available nitrate. Soil Biology & Biochemistry, 1985, 17: 47-55

Cairns J Jr. Recovery and restoration of damaged ecosystems. Charlottesvill: University Press of Virginia, 1977

Cairns J P, Dickson K. Recovery of streams from spills of hazardous materials. In Cairns J P, Dickson K, Herricks E. Recovery and restoration of damaged ecosystems. University Press of Virginia, Charlottesville, 1977, 24-42

Cao M K, Woodward F I. Dynamic responses of terrestrial ecosystem carbon cycling to global climate change. Nature, 1998, 393: 249-252

Carreira J A, Vinegla B, Laytha K. Secondary $CaCO_3$ and precipitation of P-Ca compounds control the retention of soil P in arid ecosystems. Journal of Arid Environments, 2006, 64: 460-473

Chapin F S III, Sala O E, Burke I C, et al. Ecosystem consequences of changing biodiversity. BioScience, 1998, 48: 45-52

Clark M B, Mills H A, Robacker C D, et al. Influence of nitrate:Ammonium ratios on growth and elemental concentration in two azalea cultivars. Journal of plant nutrition, 2003, 26: 2503-2520

Clements F E. Nature and structure of the climax. Journal of Ecology, 1936, 24: 252-284

Connell J H. Diversity in tropical rain forests and coral reefs. Science, 1978, 199: 1302-1310

Cowling R M. Species diversity, functional diversity and functional redundancy in fynbos communities. South African Journal of Science, 1994, 90: 333-337

CREO. CREO, the Committee on Recently Extinct Organisms. http://creo.amnh.org/index.html [Geo-2-066], 2001

Criddle R S, Ward M R, Huffaker R C. Nitrogen uptake by wheat seedlings, interactive effects of four nitrogen sources: NO_3^-, NO_2^-, NH_4^+ and urea. Plant physiology, 1988, 86: 166-175

Crowe A. Quebec 2000: Millennium Wetland Event Program with Abstracts. Quebec, Canada, Elizabeth MacKay, 2000

CSD. Comprehensive Assessment of the Freshwater Resources of the World. Report of the Secretary- General. United Nations Economic and Social Council http://www.un.org/documents/ecosoc /cn17/1997/ec n171997-9.htm [Geo-2-117], 1997a

CSD. Overall Progress Achieved Since the United Nations Conference on Environment and Development. Report of the Secretary-General. Addendum - Protection of the Quality and Supply of Freshwater Resources: Application of Integrated Approaches to the Development, Management and Use of Water Resources. United Nations Economic and Social Council, 1997b

Cuvin-Aralar M L, Focken U, Becker K, et al. Effects of low nitrogen- phosphorus ratios in the phytoplankton community in Laguna de Bay, a shallow eutrophic lake in the Philippines.

Aquatic Ecology, 2004, 38: 387-401

Dale V H, Brown S, Haeuber A, et al. Ecological principles and guidelines for managing the use of land. Ecological Applications, 2000, 10: 639-670

Daufrensne T, Hedin L O. Plant coexistence depends on ecosystem nutrient cycles: extension of the resource-ration theory. Proceedings of the National Academy of Sciences of the United States of America, 2005, 102: 9212-9217

De Grandpre L, Bergeron Y. Diversity and stability of understory communities following disturbance in the southern boreal forest. Journal of Ecology, 1997, 85: 777-784

Diaz S, Cabido M. Vive la différence: plant functional diversity matters to ecosystem processes. Trends in Ecology & Evolution, 2001, 6: 646-655 [Documents. Multilingual /Default. asp?DocumentID=389&ArticleID=4401&l=en, 2004]

Dowing J A. Marine Nitrogen: phosphorus stoichiometry and the global N:P cycle. Biogeochemistry, 1997, 37(3): 237-252.

Drenovsky R E, Richards J H. Critical N:P values: Predicting nutrient deficiencies in desert shrublands. Plant Soil, 2004, 259: 59-69

Dynesius M, Nilsson C. 1994. Fragmentation and Flow Regulation of River Systems in the Northern Third of the World . Science, 266: 753-762.

EC. Nutrient Additions and Their Impacts on the Canadian Environment. Ottawa, Environment Canada, 2000

Edwards J H, Horton B D. Interaction of seedlings to NO_3^-: NH_4^+ ratios in nutrient solutions. Journal of the American Society for Horticultural Science, 1982, 107: 142-147.

Eisele K A, Schimel D S, Kapustka L A, et al. Effects of available P and N:P ratio on non-symbiotic dinitrogen fixation in tallgrass prairie soils. Oecologia, 1989, 79: 471-474

Elser J J, Dobberfuhl D, MacKay N A, et al. Organism size, life history, and N:P stoichiometry: towards a unified view of cellular and ecosystem process. Bioscience, 1996, 46: 674-684

Elser J J, Sterner R W, Gorokhova E, et al. Biological stoichimetry from genes to ecosystems. Ecology Letters, 2000, 3: 540-550

Elton C S. The ecology of invasions by animals and plants. London: Chapman and Hall, 1958, 143-153

Fairchild G W, Lowe R L, Richardson W B. Algal periphyton growth on nutrient-diffusing substracts: an in situ bioassay. Ecology, 1985, 66: 465-472

FAO. Agriculture: Towards 2015/30 .Technical Interim Report April 2000. Rome, Food and Agriculture Organization http:// www. fao.org/es/ESD/at2015/chapter1.pdf [Geo-2-167], 2001a

FAO. Agriculture: Towards 2015/30 .Technical Interim Report April 2000. Rome, Food and Agriculture Organization http:// www. fao.org/es/ESD/at2015/chapter1.pdf [Geo-2-167], 2001b

FAO. AQUASTAT-FAO's information system on water and agriculture http:// www.fao.org/ waicent/faoinfo/agricult/agl/aglw/ aquastatweb/main/html/background.htm [Geo-2-119],

2001c

FAO. Global Forest Resources Assessment. FAO Forestry Paper 140. Rome, Food and Agriculture Organization http://www.fao.org/forestry/fo/fra/ [Geo-2-391], 2000

FAO. Our Land Our Future. Rome and Nairobi, Food and Agriculture Organization and United Nations Environment Programme, 1996

FAO. Planning for Sustainable Use of Land Resources: Towards a New Approach. FAO Land and Water Bulletin 2. Rome, Food and Agriculture Organization, 1995b

FAO. Prevention and disposal of obsolete and unwanted pesticide stocks in Africa and the Near East. Rome, Food and Agriculture Organization http://www.fao.org/docrep/W8419E/W8419e09.ht m#7 [Geo-2-165], 1995a

FAO/IFA. Fertilizer Strategies. Rome and Paris, Food and Agriculture Organization and International Fertilizer Industry Association ftp://ftp.fao.org/agl/agll/ch10/ch104.pdf, 1999

Finlayson C M, Davidson N C, Spiers A G, et al. Global wetland inventory -current status and future priorities. Marine and Freshwater Research, 1999, 50(8): 717-28.

Forman R T T. Land Mosaics. Cambridge: Cambridge University Press. 1995, 428

Fourqurean J W, Zieman J C, Powell G V N. Phosphorus limitation of primary production in Florida Bay: evidence from C:N:P ratios of the dominant seagrass *Thalassia testudinum*. Limnology and Oceanography LIOCAH, 1992, 37(1): 162-171

Frank D A, McNaughton S J. Stability increases with diversity in plant communities: empirical evidence from the 1988 Yellowstone drought. Oikos, 1991, 62: 360-362

Fried M, Zsoldos F, Vose P B, Shatokin I L. Characterizing the NO_3^- and NH_4^+ uptake process of rice roots by use of ^{15}N labelled NH_4NO_3. Physiologia Plantarum, 1965, 18: 313-320

Gardner M R, Ashby W R. Connectance of large dynamic (cybernetic) systems: critical values for stability. Nature, 1970, 228: 784

Gary A P. Stability is woven by complex webs. Nature, 1998, 395: 744-745

GESAMP. Protecting the Oceans from Land-Based Activities. Land-based Sources and Activities Affecting the Quality and Uses of the Marine, Coastal and Associated Freshwater Environment. GESAMP Reports and Studies No. 71. Nairobi, United Nations Environment Programme http://gesamp.imo.org /no71/index.htm [Geo-2-238], 2001

Gigon A. Typology and principles of ecological stability and instability. Mountain Rcsearch and Development, 1983, 3: 95-102

Gijsman A J, de Willigen P. Modelling ammonium and nitrate uptake by a mature Douglas-fir stand from a soil with high atmospheric NHx input. Netherlands Journal of Agricultural Science, 1991, 39: 3-20

Gitay H, Wilson J B, Lee W G. Species redundancy: a redundant concept. Journal of Ecology, 1996, 84: 121-124

Gnanasire S. Cell membrane stability and leaf water relation as affected by phosphorus nutrition under stress in Maize. Soil Science & Plant Nutrition, 1990, 36: 661-666

Goodman D. The theory of diversity-stability relationships in ecology. The Quarterly Review of

Biology, 1975, 50: 237-266

Gordon C, Wynn J M, Woodin S J. Impacts of increased nitrogen supply on high arctic heath: The importance of bryophytes and phosphorus availability. New Phytologist, 2001, 149(3): 461-471

Grace J B. The factors controlling species density in herbaceous plant communities: an assessment. Perspectives in Plant Ecology, Evolution and Systematics, 1999, 2: 1-28

Grime J P. Benefits of plant diversity to ecosystems: immediate, filter and founder effects. Journal of Ecology, 1998, 86: 902-910

Grime J P. Plant Strategies and Vegetation Processes. Chichester: John Wiley and Sons, UK, 1979

Grimm V, Schmidt E, Wissel C. On the application of stability concepts in ecology. Ecological Modelling, 1992, 63: 143-161

Güsewell S, Bailey K M, Roem W J, et al. Nutrient limitation and botanical diversity in wetlands: can fertilization raise species richness?. Oikos, 2005, 109: 71-80

Güsewell S, Koerselman W, Verhoeven J T A . Biomass N:P ratios as indicators of nutrient limitation for plant populations in wetlands. Ecological Monographs, 2003, 13: 372-384

Güsewell S, Koerselman W. Variation in nitrogen and phosphorus concentrations of wetland plants. Perspect. Plant Ecology, 2002, 5: 37-61

Güsewell S. N:P ratios in terrestrial plants: variation and functional significance. New Phytologist, 2004, 164: 243-266

Güsewell S. N:P ratios in terrestrial plants: variation and functional significance. New Phytologist, 2004, 164: 243-266

Hairston N G, Allan J D, Colwell R K. The relationship between species diversity and stability: an experimental approach with protozoa and bacteria. Ecology, 1968, 49: 1091-1101

Hall S J, Raffaelli D G. Food webs: Theory and reality. Advances in Ecological Research, 1993, 24: 187-139

Harper J L. Population biology of plants. London: Academic Press, 1977, 152-160

Harris G. Book review: ecological stoichiometry: biology of elements from molecules to the biosphere. Journal of Plankton Research, 2003, 25, 1183

Harrison, G.W. Stability under environmental stress: resistance, resilience, persistence and variability. American Naturalist, 1979, 113: 659-669

Hastings A. Food web theory and stability. Ecology, 1988, 69: 1665-1668

Hecky R E, Kilham P. Nutrient limitation of phytoplankton in freshwater and marine environments: a review of recent evidence on the evidence on the effects of enrichment. Limnology and Oceanography, 1988, 33(4): 796-822

Henry L T, Raper C D. Effects of root-zone acidity of utilization of nitrate and ammonium in tobacco plants. Journal of Plant Nutrtion, 1989, 12: 811-826

Hill A.R. Ecosystem stability: some recent perspectives. Progress in Physical Geography, 1987, 11: 315-333

Hilton-Taylor C. 2000 IUCN Red List of Threatened Species. The World Conservation Union http://www. redlist.org/info/tables/table4a.html [Geo-2-069], 2000

Ho T Y, Quigg A, Finkel Z V, et al. The elemental composition of some marine phytoplankton. Journal of Phycology, 2003, 39: 1145-1159

Hobbs R J, Norton D A. Towards a conceptual framework for restoration ecology. Restoration Ecology, 1996, 4: 93-110

Holford I C R. Soil phosphorus: its measurement, and its uptake by plants. Austrilian Jounal of Soil Research, 1997, 35: 227-240

Holling C S. Resilience and stability of ecological systems. Annual Review of Ecology, Evolution and Systematics, 1973, 4:1-23

Sennhauser E B. The concepts of stability in connection with the gallery forests of the Chaco region. Vegetation, 1991, 94: 1-13

Holmgren S. An Environmental Assessment of the Bay of Bengal Region. BOPG/REP/67. Madras, Bay of Bengal Programme, 1994

Hurd L E, Mellinger M V, Wolf L L, et al. Stability and diversity at trophic levels in terrestrial successional ecosystems. Science, 1971, 173: 1134-1136

Hurd L E, Wolf L L. Stability in relation to nutrient enrichment in arthropod consumers of old-field successional ecosystems. Ecological Monographs, 1974, 44: 465-482

ILEC (International Lake Environment Committee Foundation). World lake vision: A call to action. Htttp:// www.ilec.or.jp, 2003

Ingestad T, Lund A B. Nitrogen stress in birch seedlings. I. Growth technique and growth. Physiologia Plantarum, 1979, 45:137-148

IUCN. 2004 IUCN Red List of Threatened Species. IUCN-The World Conservation Union. http://www.redlist.org, 2004.

Jenkinson D S, Parry L C. The nitrogen cycle in the broadbalk wheat experiment: a model for the turnover of nitrogen through the soil microbial biomass. Soil Biology and Biochemistry, 1989, 21: 535-541

Jensen H. Nonsymbiotic Nitrogen Fixation. In: Bartholomew W V, Clark F E. Soil Nitrogen. Madison: American Society of Agronomy, Wisconsin, 1965: 436-480

Johason K H, et al. Biodiversity and the productivity and stability of ecosystems. Tree, 1996, 11(9): 372-377.

Johnstone I M. Plant invasion windows: a time-based classification of invasion potential. Biological Reviews, 1986, 61: 369-394

Jupp A P, Newman E I. Phosphorus uptake from soil by *Lolium perenne* during and after severe drought. The Journal of Applied Ecology, 1987, 24: 979-990

Kafkafi U. Root temperature, concentration and the ratio nitrate/ammonium effect on plant development. Journal of Plant Nutrition, 1990, 13: 1291-1306

Kawano T, Sahashi N, Takahashi K, et al. Salicylic acid induces extracellular superoxide generation followed by an increase in cytosolic calcium ion in tobacco suspension culture:

The earliest events in salicylic acid signal transduction. Plant Cell Physiology, 1998, 39: 721-730

Koerselman W, Meuleman A F M. The vegetation N:P ratio: a new tool to detect the nature of nutrient limitation. Journal of Applied Ecology, 1996, 33(6): 1441-1450

Korner Ch. Scaling from species to vegetation: the useful of functional Groups. In: (Billings W D, Golly F, Lange D L et a1. (eds.), Biodiversity and Ecosystem Function, Berlin: Springer-Verlag, 1993: 117-140

Lamb D. Relationships between growth and foliar nutrient concentrations in *Eucalyptus Deglupta*. Plant and Soil, 1977, 47: 495-508

Lambert M G, Luscombe P C, Clark D A. Soil fertility and hill country production. Proceedings of the New Zealand Grassland Association, 1982, 43: 153-160

Lammerts E J, Pegtel D M, Grootjans A P, et al. Nutrient limitation and vegetation changes in a coastal dune slack. Journal of Vegetation Science, 1999, 10: 111-122

Larkindale J, Knight M R. Prodection against heat stress-induced oxidative damage in *A rabidopsis* involves calcium, abscisic acid, ethylene, and salicylic acid. Plant Physiology, 2002, 128: 682-695

Laurence D M, Joshi A, Borash D J. Does population stability evolve? Ecology, 2000, 81: 1273-1285

Lawler S P, Worin P J. Food web architecture and population dynamics in 1aboratory microcosms of protests. The American Naturalist, 1993, 141: 675-686

Lawrence D. Nitrogen and phosphorus enhance growth and luxury consumption of four secondary forest tree species in Borneo. Journal of Tropical Ecology, 2001, 17: 859-869

Lawton J H, Brown V K. Redundancy in ecosystem. In: Schulze E D, Mooney H A. Biodiversity and Ecosystem Function. Ecological Studies Analysis and Synthesis, 1993, 99: 255-279

Li Rong, He XingDong, Xue PingPing, et al. Effects of soil nitrate: ammonium ratio on plant carbon: nitrogen ratio and growth rate of *Artemisia sphaerocephala* seedlings. Sciences in Cold and Arid Regions, 2010, 2(5): 0445-0454

Liebig J V. Organic Chemistry in its Application to Agriculture and Physiology. London: Taylor and Walton, 1840

Loreau M. Biodiversity and ecosystem functioning: recent theoretical advances. Oikos, 2000, 91: 3-17

Lovejoy T E, Bieregaard Jr R O, Rankin J M, Schubart H O R. Ecological dynamics of forest fragments. In: Sutton S L, Whitmore T C, Chadwick A C. Tropical rain forest: ecology and management. Blackwell Scientific, Oxford, United Kingdom, 1983, 377-384

Luckinbill L S. Regulation, stability, and diversity in a model experimental microcosm. Ecology, 1979, 60: 1098-1102

Lugo A E. The future of the forest ecosystem rehabilitation in the tropics. Environment, 1988, 30: 17-25

Lundgren A. Nitrogen fixation induced by phosphorus fertilization of a subarcic lake. Ecological

Bulletins, 1978, 26: 52-59

Ma B L, Morrison K, Morrison M J, et al. Canopy light reflectance and field greenness to assess nitrogen fertilization and yield of maize. Agromomy Journal, 1996, 88: 915-920

Ma B, Zhou Z Y, Zhang C P, et al. Inorganic phosphorus fractions in the rhizosphere of xerophytic shrubs in the Alxa Desert. Journal of Arid Environments, 2009, 73: 55-61

MacArthur R H. Fluctuations of animal population populations and a measure of community stability. Ecology, 1975, 36: 533-536

MacArthur R. Flucluations of animal populations, and a measure of community stability. Ecology, 1955, 36：533-536

Mace G M. Classification of threatened species and its role in conservation planning. In J. H. Lawton and R. M. May (ed.), Extinction Rates. Oxford, Oxford University Press, 1995

Mallarino A P, Wedin W F. Nitrogen fertilization effects on dinitrogen fixation as influenced by legume species and proportion in legume-grass mixtures in Uruguay. Plant and Soil, 1990, 124: 127-135

Marrs R H. Soil fertility and nature conservation in Europe: theoretical considerations and practical management solutions. Advances in Ecological Research, 1993, 24: 242-300

Marschner H, Kirkby E A, Cakmak I. Effect of mineral nutritional status on shoot-root portioning of photoassimilates and cycling of mineral nutrients . Journal of Experimental Botany, 1996, 47: 1255-1263

May R M, Lawton J H, Stork N E. Assessing extinction rates. In J. H. Lawton and R. M. May (ed.), Extinction Rates. Oxford, Oxford University Press, 1995

May R M. Stability and complexity in model ecosystems. 2nd ed. Princeton: Princeton University Press, 1974

May R M. Stability and Complexity in Model Systems. Princeton University Press, Princeton, 1973, 447

May R M. Will a large complex system be stable? Nature, 1972, 238: 413-414

McCann K S. The diversity-stability debate. Nature, 2000, 405: 228-233

McCann K, Hastings A, Huxel G R. Weak trophic interactions and the balance of nature. Nature, 1998, 794-798

McJannet C L, Keddy P A, Pick F R. Nitrogen and phosphorus tissue concentrations in 41 wetland plants: a comparison across habitats and functional groups. Functional Ecology, 1995, 9: 231-238

McNaughton S J. Diversity and stability of ecological communities: a comment on the role of empiricism in ecology. American Naturalist, 1977, 111:515-525

McNaughton S J. Stability and diversity of ecological communities. Nature, 1978, 274; 251-253

Mehne-Jakobs B, Gülpen M. Influences of different nitrate to ammonium ratios on chlorosis, cation concentrations and the binding forms of Mg and Ca in needles of Mg-deficient Norway spruce. Plant and soil, 1997, 188: 267-277

Middleton B. Wetland Restoration, Flood Pulsing, and Disturbance Dynamics. New York: John

Wiley & Sons, Inc., 1999, 1-288

Minotti P L, Williams D C, Jackson W A. Nitrate uptake by wheat as influenced by ammonium and other cations. Crop Science, 1969, 9: 9-14

Mitsch W J, Jorgensen S E. Ecological Engineering. New York: John Wiley&Sons, 1989, 78-91

Mitsch W J. Improving the success of wetland creation and restoration with know-how, time, and self-design. Ecological Applications, 1996, 6: 77-83

Moore J C, Hunt H W. Resource compartmentation and the stability of real ecosystems. Nature, 1988, 333: 263

Naeem S, Thompson L J, Lawler S P. Declining biodiversity can alter the performance of ecosystems. Nature, 1994, 368: 734-736

Naeem S. Species redundancy and ecosystem reliability. Conserveation Biology, 1998, 12(1): 39-45

Narteh L T, Sahrawat K L. Potentially mineralizable nitrogen in West African lowland rice soils. Geoderma, 1997, 76(2): 145-154

Nielsen S L, Enriquez S, Duarte C M, et al. Scaling maximum growth rates across photosynthetic organisms. Functional Ecology, 1996, 10: 167-175

Nilsson C, Reidy C A, Dynesius M, et al. Fragmentation and flow regulation of the world's large river systems. Science, 2005, 308: 405-408.

Odum E P. Basic Ecology. Saunders College Publishing. Hiladelphia, 1983, 46-50

Odum E P. The strategy of ecosystem development. Science, 1969, 164: 262-270

Oldeman L R, Hakkeling R T A, Sombroek W G. World map of the status of human-induced soil degradation. Wageningen, International Soil Reference and Information Centre, 1990

Olson J S. Rates of succession and soil changes on southern Lake Michigan sand dunes. Botanical Gazette, 1958, 119: 125-170

Orians G. Diversity, stability and maturity in natural ecosystems. In: Van Dobben W H, Lowe-McConnell R H. Unifying Concepts in Ecology. Dr. W. Junk, The Hague, 1975, 139-150

PAI. Sustaining Water: An Update. Washington DC, Population Action International, Population and Environment Programme, 1995.

Pedersen J, Fransson A M, Olsson P A. Performance of *Anisantha(Bromus)tectorum* and *Rumex acetosella* in sandy calcareous soil. Flora, 2011, 206: 276-281

Peng H X, Sivasithamparam K, Turner D W. Chlamydospore germination and fusarium wilt of banana plantlets in suppressive and conductive soils are affected by physical and chemical factors. Soil Biology & Biochemistry, 1999, 31: 1363-1374

Peterson L A, Stang E J, Dana M N. Blueberry response to NH_4^+-N and NO_3^--N. Journal of the American Society for Horticaltural Science, 1988, 113: 9-12

Phoenix G K, Booth R E, Leake J R, Read D J, Grime J P, Lee J A. Simulated pollutant nitrogen deposition increases P demand and enhances root-surface phosphatase activities of three plant functional types in a calcareous grassland. New Phytologist, 2003, 161: 279-289

Pick F R. Species specific phytoplankton responses to nutrient enrichment in limnetic enclosures. Archiv fuer Hydrobiolie. Ergebnisse der Limnologie, 1989, 32: 177-187

Pimm S I, Russell G J, Gittelman J L, et al. The future of biodiversity. Science, 1995, 269: 347-350

Pimm S L. Food webs. London: Chapman and Hall, 1982, 47-49

Pimm S L. The balance of natural. Chicago: University of Chicago Process, 1991

Pimm S L. The complexity and stability of ecosystems. Nature, 1984, 307: 321-326

Recous S, Mary B, Faurie G. Microbial immobilization of ammonium and nitrate in cultivated soils. Soil Biology and Biochemistry, 1990, 22: 913-922

Redfield A C. The biological control of chemical factors in the environment. Science, 1958, 46: 205-222

Reich P B, Oleksyn J. Global patterns of plant leaf N and P in relation to temperature and latitude. PANS, 2004, 101(30): 11001-11006.

Reich P F, Numbem S T, Almaraz R A, et al. Land resource stresses and desertification in Africa. In Bridges E M, Hannam I D, Oldeman L R, et al. Responses to Land Degradation. Proceedings of the 2nd International Conference on Land Degradation and Desertification, Khon Kaen, Thailand. New Delhi, Oxford University Press, 2001

Reiners W A. Complemetary models for ecosystems. Nature, 1986, 127: 59-73

Ren H, Wu J G, Peng S L, et al. Measure and evaluation of ecosystem health. Tropic Geography, 2000, 21: 171-175

Rhee G Y. Effects of N:P atomic ratio s and nitrate limitation on algal growth, cell composition and nitrate uptake. Limnology and Oceanography, 1978, 23: 10-25

Rice E L, Pancholy S K. Inhibition of nitrification by climax ecosystems. Botanical Society of America, 1972, 59(10): 1 033-1 040

Rice E L, Penfound W T, Rohrbaugh L M. Seed dispersal and mineral nutrition in succession in abandoned fields in central Oklahoma. Ecology, 1960, 41: 224-228

Root R B. Organization of a plant-arthropod association in simple and diverse habitats: the fauna of collards (*Brassica oleracea*). Ecological Monographs, 1973, 43: 95-124

Sah R N, Goyal S S, Rains D W. Interactive effects of exogenous combined nitrogen and phosphorus on growth and nitrogen fixation by azolla. Plant and Soil, 1989, 117: 1-8

Sala O E, Chapin III F S, Armesto J J, et al. Global biodiversity scenarios for the year 2100. Science, 2000, 287: 1770-1774

Sankaran M, McNaughton S J. Determinants of biodiversity regulate compositional stability of communities. Nature, 1999, 401: 691-693

Scherer H W, Mackown C T. Dry matter accumulation, uptake, and chemical composition of tobacco grown with different N sources at two levels of K. Journal of Plant Nutrition, 1987, 10: 1-14

Schimel J P, Jackson L E, Firestone M K. Spatial and temporal effects on plant-microbial competition for inorganic nitrogen in a California annual grassland. Soil Biology and

Biochemistry, 1989, 21: 1059-1066

Schmidt I K, Michelsen A, Jonasson S. Effects of labile soil carbon on nutrient partitioning between an arctic graminoid and microbes. Oecologia, 1997, 112: 557-565

Serna M D, Borras R, Legaz F, Primo-Millo E. The influence of nitrogen concentration and ammonium / nitrate ratio on N-uptake, mineral composition and yield of citrus. Plant and Soil, 1992, 147: 13-23

Shaver G R, Stuart F. Chapin III. Long-term responses to factorial NPK fertilizer treatment by Alaskan wet and moist tundra sedge species. Ecography, 1995, 18(3): 259-275

Sheehan P J, Winner R W. Copper gradient studies in stream systems. In: Effects of Pollutants at the Ecosystem Level. SCOPE 22. John Wiley & Sons, New York, 1984, 255-271

Shelford V E. Animal Communities in Temperate America as Illustrated by the Chicago Region. Chicago: University of Chicago Press, 1913: 326

Shiklomanov I A. World freshwater resources. In Gleick P H. Water in Crisis: A Guide to the World's Freshwater Resources. New York, Oxford University Press, 1993

Simon E W. The symtoms of calcium deficiency in plants. New Phytologist, 1978, 80: 1-15

Smith V H. Effects of nitrogen: phosphorus supply ratios on nitrogen fixation in agricultural and pastoral ecosystems. Biogeochemistry, 1992, 18(1): 19-35

Smith V H. The nitrogen and phosphorus dependence of algal biomass in lakes: An empirical and theoretical analysis. Limnology and Oceanography, 1982, 27: 1101-1112

Solbrig O T. Biodiversity: Scientific issues and collaborative research proposal. In: MAB Digest 9. Paris: UNESCO, 1991, 39-49

Sterner R W, Elser J J. Ecological Stoichiometry: the Biology of Elements From Molecules to Biosphere. Princeton University Press, Princeton, 2002

Sterner S C. Elemental stoichiometry of species in ecosystems. In: Linking Species and Ecosystems. (eds Jones C & Lawton J). Chapman & Hall, New York, NY, USA, 1995

Stock J B, Stock A M, Mottonen J M. Signal transduction in bacteria. Nature, 1990, 344: 395-400

Stockner J G, Shortreed K S. Response of Anabaena and Synechococcus to manipulation of nitrogen: phosphorus ratios in a lake ferilization experiment. Limnology and Oceanography, 1988, 33: 1348-1361

Sugiharto B, Sugiyama T. Effects of nitrate and ammonium on gene expression of phosphoenolpyruvate carboxylase and nitrogen metabolism in maize leaf tissue during recovery from nitrogen stress. Plant Physiology, 1992, 98: 1403-1408

Tabatabaei S J, Yusefia M, Hajilooa J. Effects of shading and NO_3^-:NH_4^+ ratio on the yield, quality and N metabolism in strawberry. Scientia Horticulturae, 2008, 116: 264-272

Tanner E V J, Vitousek P M, Cuevas E. Experimental investigation on nutrient limitation on forest growth on wet tropical mountains. Ecology, 1998, 79: 10-22

Taylor D R, Aarssen L W, Loehle C. On the relationship between r/K selection and environmental carrying capacity: A new habitat templet for plant life history strategies.

Oikos, 1990, 58: 239-250

Tessier J T, Raynal D J. Use of nitrogen to phosphorus ratios in plant tissue as an indicator of nutrient limitation and nitrogen saturation. Journal of Applied Ecology, 2003, 40: 523-534

Teubner K, Feyerabend R, Henning M, et al. Alternative blooming of Aphanizom enon flos-aquae or Planktothrix agardhii induced by the timing of the critical nitrogen: Phosphorus ratio in hypertrophic riverine lakes. Arch Hydrobiol SpecIssues Adv Limnol, 1997, 54: 325-344

Tilman D, Downing J A. Biodiversity and stability in grasslands. Nature, 1994, 367:363-365

Tilman D. Biodiversity: population versus ecosystem stability. Ecology, 1996, 77: 350-363

Tilman D. Causes, consequences and ethics of biodiversity. Nature, 2000, 405:208-211

Tilman D. Nitrogen-limited growth in plants from different of successional stages. Ecology, 1986, 67: 555-563

Tilman D. Nitrogen-limited growth in plants from different of successional stages. Ecology, 1986, 67: 555-563

Tilman D. Resource Competition and Community Structure. Princeton: Monographs in Population Biology, 1982: 139-149

Tomassen H B M, Smolders A J P, Limpens J, et al. Expansion of invasive species on ombrotrophic bogs: desiccation or high N deposition? Journal of Applied Ecoloy, 2004, 41: 139-150

Townsend A R, Cleveland C C, Asner G P, Bustamante M M C. Controls over foliar N:P ratios in tropical rain forests. Ecology, 2007, 88(1): 107-118

Traore A, Maranville J W. Effect of nitrate/ammonium ratio on biomass production, nitrogen accumulation, and use efficiency in sorghums of different origin. Journal of Plant Nutrition, 1999, 22: 813-825

Tunesi S, Poggi V, Gessa C. Phosphate adsorption and precipitation in calcareous soils: the role of calcium ions in solution and carbonate minerals. Nutrient Cycling in Agroecosystems, 1999, 53: 219-227

UNCCD. Fact Sheet 2: The Causes of Desertification. United Nations Secretariat of the Convention to Combat Desertification http://www.unccd.int/publicinfo/factsheets/showFS.php? Number = 2 [Geo-2-171], 2000a

UNCCD. The Social and Economic Impact of Desertification in Several Asian Countries: Inventory Study. Geneva, Interim Secretariat of the Convention to Combat Desertification, 1998

UNDP. Water resources of Kazakhstan in the new millennium. United Nations Development Programme. http://www.undp.kz/library_of_publications/ center_view.html?id=2496, 2004

UNEP. GEO year book: an overview of our changing environment 2004/2005. United Nations Environment Programme. http://www.unep.org/geo/yearbook, 2005

UNEP. GEO3 Past, present and future perspectives. United Nations Environment Programme. Earthscan Publications Ltd London, Sterling, VA, 2002

UNEP. Municipal Waste Water as a Land-Based Source of Pollution in Coastal and Marine Areas of Latin America and the Caribbean. Mexico City, United Nations Environment Programme, Regional Office for Latin America and the Caribbean, 2001

UNEP. North East Asian Dust and Sand Storms growing in scale and intensity. United Nations Environment Programme/Global Resource Information Database. http://www.unep.org/

UNEP. World Atlas of Desertification. London, Arnold, 1992

UNEP-WCMC. GEO3 Endangered Animals Snapshot. United Nations Environment Programme -World Conservation Monitoring Centre. http://valhalla.unep-wcmc.org/isdb/geo3.cfm [Geo-2-068], 2001

UNEP-WCMC. Global Biodiversity: Earth's living resources in the 21st century. Cambridge, World Conservation Press, 2000

UNESCO, WHO, UNEP. Water Quality Assessments – A Guide to Use of Biota, Sediments and Water in Environmental Monitoring. Second Edition. E&FN Spon, London. http://www.who.int /water-sanitation -health/resourcesquality/wqa/en/, 1996

van der Valk. Succession theory and wetland restoration. Proceedings of INTECOL' V International Wetlands Conference, Perth, Australia, 1999, 31-47

Van der Woude B J, Pegtel D M, Bakker J P. Nutrient limitation after long-term nitrogen fertilization application in cut grasslands. Journal of Applied Ecology, 1994, 31: 405-412

Van Duren I C, Pegtel D M. Nutrient limitations in wet, drained and rewetted fen meadows: evaluation of methods and results. Plant and Soil, 2000, 220: 35-47

Vanderhoef L N, Huang Ch Y, Musil R, et al. Nitrogen fixation (acetylene reduction) by phytoplankton in Green Bay, Lake Michigan, in relation to nutrient concentrations. Limnology and Oceanography, 1974, 19: 119-125

Venterink H O, van der Vliet R E, Wassen M J. Nutrient limitation along a productivity gradient in wet meadows. Plant and Soil, 2001, 234: 171-179

Venterink H O, Wassen M J, Verkroost A W M, *et al.* Species richness-productivity patterns differ between N-, P-, and K-limited wetlands. Ecology, 2003, 84: 2191-2199

Verhoeven J T A, Koerselman W, Meuleman A F M. Nitrogen- or phosphorus-limited growth in herbaceous, wet vegetation: relations with atmospheric inputs and management. Trends in Ecology and Evolution, 1996, 11: 494-497

Vitousek P M, Howarth R W. Nitrogen limitation on land and in the sea: how can it occur? Biogeochemistry, 1991, 13: 87-115

Vitousek P M, White P S. Process studies in succession. In: West D C, Shugart H H, Botkin D B. Forest succession: concepts and application. Springer Verlag, N.Y., 1981, 267-276

Vitousek P M. Nutrient limitation to nitrogen fixation in young volcanic sites. Ecosystems, 1999, 2: 505-510

Von Wandruszka R. Phosphorus retention in calcareous soils and the effect of organic matter on its mobility. Geochemical Transactions, 2006, 7: 6

Walker B H. Biodiversity and ecological redundancy. Conservation Biology, 1992, 6:18-23

Walker B H. Conserving biological diversity through ecosystem resilience. Conservation Biology, 1995, 9: 747-752

Walker J, Thompson C H, Fergus I. F, et al. Plant Succession and Soil Development in Coastal Sand Dunes of Subtropical Eastern Australia. Berlin: Springer-Verlag, 1981: 107-131

Ward J V. The serial discontinuity concept: extending the model to floodplain rivers. Research of Mankind, 1989, 10: 159-168

Wassen M J, Venterink H O, Elena D, et al. Endangered plants persist under phosphorus limitation. Nature, 2005, 437(22): 547-550

WCD. Dams and Development: A New Framework for Decision-Making. The Report of the World Commission on Dams. London, Earthscan http://www.damsreport.org/wcd_overview.htm [Geo-2-122], 2000.

WCED. Our Common Future: The World Commission on Environment and Development. Oxford, Oxford University Press, 1987

West N E. Biodiversity of rangelands. Journal of Range Management, 1993, 46: 2-13

Westman W E. Ecology, impact assessment, and environmental planning. John Wiley & Sons, New York, 1985, 532

Wickramasinghe K N, Rodgers G A, Jenkinson D S. Nitrification in acid tea soils and a neutral grassland soil: Effects of nitrification inhibitors and inorganic salts. Soil Biology and Biochemistry, 1985, 17: 249-252

Woodwell G M. The threshold problem in ecosystems. In: Levin S A. Ecosystem analysis and prediction. Society for Industrial and Applied Mathematics, Philadelphia, 1975, 9-23

World Commission on Water. World's Rivers in Crisis - Some Are Dying; Others Could Die. World Water Council http://www.worldwatercouncil.org/Vision/6902B03438178538C125683A004BE974.htm [Geo-2], 1999.

Worldwatch Institute. State of the World 1999: Chapter 5, Charting a New Course for Oceans. Washington DC, Worldwatch Institute and W.W.Norton, 1999.

Wu Wei, He XingDong, Ci HuaCong, et al. Effects of soil N:P ratio on growth rate of *Artemisia ordosica* seedlings. Sciences in Cold and Arid Regions, 2010, 2(4): 328-334

WWF. Rivers at Risk: Dams and the future of freshwater ecosystems. Htttp://www.panda.org/downloads /freshwater/WWF - Rivers at Risk Dams and the future of freshwater ecosystems.htm, 2004.

Yoda K, Kira T, Ogawa H, Hozumi K. Intraspecific competition among higher plants. XI. Self-thinning in overcrowed pure standa under cultivated and natural conditions. Journal of Osaka City University Institute of Polytechnics, 1963, 14: 107-129

Yodzis P. The connectance of real ecosystems. Nature, 1980, 284: 544-545

Zhang L X, Bai Y F, Han X G. Application of N:P stoichiometry to ecology studies. Acta Botanica Sinica, 2003, 45(9): 1009-1018

Zhang Ning, He XingDong, Gao YuBao, et al. Pedogenic carbonate and soil dehydrogenase activity in response to soil organic matter in *Artemisia ordosica* community. Pedosphere,

2010, 20: 229-235
Zhao Q, Zeng D H, Lee D K, et al. Effects of *Pinus sylvestris* var. *mongolica* afforestation on soil phosphorus status of Keerqin Sandy Lands in China. Journal of Arid Environments, 2007, 69: 569-582
Zohary T, Pais-Madeira A M, Robarts R, et al. Interannual phytoplankton dynamics of a hypertrophic African lake. Archiv fuer Hydrobiologie, 1996, 136: 105-126
Zuo Y, Ren L, Zhang F, et al. Bicarbonate concentration as affected by soil water content controls iron nutrition of peanut plant in a calcareous soils. Plant Physiology and Biochemistry, 2007, 45: 357-364
安耕, 王天河. 围栏封育改良荒漠化草地的效果. 草业科学, 2011, (5): 874- 876
党承林. 植物群落的冗余结构—对生态系统稳定性的一种解释. 生态学报, 1998, 18(6): 666-672
高英志, 汪诗平, 韩兴国, 等. 退化草地恢复过程中土壤氮素状况以及与植被地上绿色生物量形成关系的研究. 植物生态学报, 2004, 28(3): 285-293
何军, 焦恩宁, 巫鹏举, 曹有龙. 宁夏枸杞硬枝扦插育苗技术. 北方园艺, 2009, (2): 163-164
何兴东, 丛培芳, 董治宝, 等. 20 世纪末 30a 里全球生态退化状况. 中国沙漠, 2007, 27(2): 283-289
何兴东, 段争虎, 赵爱国, 陈珩.塔克拉玛干沙漠腹地植物固沙工程. 北京: 海洋出版社, 2001
何兴东, 高玉葆, 赵文智, 等. 科尔沁沙地植物群落圆环状分布成因的地统计学分析. 应用生态学报, 2004, 15(9): 1512-1516
侯瑞萍，张克斌，乔 锋，等. 农牧交错区土地荒漠化与生物多样性研究——以宁夏盐池县为例. 生态环境 2004, 13(3): 350-353
胡芝芳, 路萍. 干旱山区柠条育苗技术. 林业实用技术, 2002, (9): 26
黄建辉, 韩兴国. 生物多样性和生态系统稳定性. 生物多样性, 1995, 3(1): 31-37
颉洪涛，何兴东，尤万学，等. 哈巴湖国家级自然保护区油蒿群落生态化学计量特征对群落生物量和物种多样性的影响. 生态学报, 2016, 36: (12)
李斌, 张金屯. 黄土高原地区植被与气候的关系. 生态学报, 2003, 23(l): 82-89
李博. 生态学. 北京: 高等教育出版社, 2001
李贵才, 韩兴国, 黄建辉. 哀牢山木果柯林及其退化植被下土壤无机氮库的干季动态特征. 植物生态学报, 2001, 25(2): 210-217
李俊清, 王业蘧.天然红松林种群数量变化. 生态学杂志, 1986, 5(5): 1-5
李俊清. 红松的种群站构与动态过程. 生态学杂志, 1990, 9(4): 6-10
李荣, 何兴东, 张宁, 等. 沙丘固定过程中土壤铵态氮和硝态氮的时空变化. 土壤学报, 2010, 47(2): 295-302
李学斌, 陈林, 李国旗, 等. 干旱半干旱地区围栏封育对甘草群落特征及其分布格局的影响. 生态学报, 2013, 33(13): 3995-4001
李银平. 固原地区沙棘育苗技术. 现代农业科技, 2014, (2): 186
李玉霖, 毛伟, 赵学勇, 等. 北方典型荒漠及荒漠化地区植物叶片氮磷化学计量特征研究.

环境科学, 2010, 31(8): 1716-1725
李征, 韩琳, 刘玉虹, 等. 滨海盐地碱蓬不同生长阶段叶片 C、N、P 化学计量特征. 植物生态学报, 2012, 36(10): 1054-1061.
刘东艳, 孙军, 巩晶, 等. 不同氮、磷比例对球等鞭金藻生长的影响. 海洋水产研究, 2002, 23(1): 29-32
刘万德, 苏建荣, 李帅锋, 等. 云南普洱季风常绿阔叶林演替系列植物和土壤 C、N、P 化学计量特征. 生态学报, 2010, 30(23): 6581-6590.
刘新民, 吴佐祺, 等. 甘肃临泽绿洲北部沙漠化防治的探讨. 中国沙漠, 1982, 2(3): 9-15
刘媖心. 我国三北地区的植物固沙. 中国沙漠, 1988, 8(4): 11-17
刘芷宇. 植物的磷素营养和土壤磷的生物有效性. 土壤, 1992, 97-101
刘志龙, 董海霞. 杨树扦插育苗技术. 见: 吉林省第七届科学技术学会论文集（下）, 2012, 529-530
卢建国, 王海涛, 何兴东, 等. 毛乌素沙地半固定沙丘油蒿种群对土壤湿度空间异质性的响应. 应用生态学报, 2006, 17(8): 1469-1474
彭浩. 沙枣扦插育苗技术研究. 青海农林科技, 2008, (1): 60-61
彭少麟, 任海, 张倩媚. 退化湿地生态系统恢复的一些理论问题. 应用生态学报, 2003, 14(11): 2026-2030
彭少麟. 退化生态系统与恢复生态学. 中国基础科学, 2001, (3): 18-24
任海, 彭少麟, 陆宏芳. 退化生态系统恢复与恢复生态学. 生态学报, 2004, 24(8): 1756-1764
盛承发. 生物的超补偿理论. 应用生态学报, 1990, 1(1): 11-15
宋星宇, 黄良民, 张建林, 等. 大棚澳浮游植物现存量和初级生产力及 N:P 值对其生长的影响. 热带海洋学报, 2004, 23(5): 34-41
孙军, 刘东艳, 陈宗涛, 等. 不同氮磷比率对青岛大扁藻、新月柱鞘藻和米氏凯伦藻生长影响及其生存策略研究. 应用生态学报, 2004, 15(11): 2122-2126
孙凌, 金相灿, 钟远, 等. 不同氮磷比条件下浮游藻类群落变化. 应用生态学报, 2006, 17(7): 1218-1223
唐建平, 周建辉, 梁君. 河北杨嫁接育苗技术. 现代农业科技, 2013, (20): 169
王刚, 张大勇. 生物竞争理论. 西安: 陕西科学技术出版社, 1996, 28-36
王国宏. 再论生物多样性与生态系统的稳定性. 生物多样性, 2002, 10(1): 126-134
王海涛, 何兴东, 高玉葆, 等. 油蒿演替群落密度对土壤湿度和有机质空间异质性的响应. 植物生态学报, 2007b, 31(6): 1145-1153
王海涛, 薛苹苹, 何兴东, 等. 油蒿演替系列土壤基质的演变. 南开大学学报(自然科学版), 2007a, 40(1): 87-91
王海涛, 张银太, 何兴东, 等. 干旱区油蒿生物量凋落分解与土壤呼吸. 中国沙漠, 2007c, 27(3): 455-459
王蕾, 于钊, 张娜, 马晓明. 围栏封育对荒漠草原土壤种子库的影响. 黑龙江畜牧兽医, 2014, (1): 91-94
王丽红. 毛白杨常用的育苗技术. 2011, (36): 157

王瑞霞, 魏蒙, 吴银梅, 等. 青海云杉育苗技术研究. 现代农业科技, 2013, (16): 149
王涛, 赵哈林. 中国沙漠科学的五十年. 中国沙漠, 2005, 25(3): 145- 165.
王业遽. 红松林人工林的经营管理. 东北林学院学报, 1984, (2): 50-62
王勇, 焦念志. 营养盐对浮游植物生长上行效应机制的研究进展. 海洋科学, 2000, 24(10): 30-33
邬畏, 何兴东, 张宁, 等. 2009. 油蒿演替群落内植物密度对土壤 N/P 比率的响应. 土壤学报, 46(3)：472-479
邬畏, 何兴东, 周启星. 生态系统氮磷比化学计量特征研究进展. 中国沙漠, 2010, 30(2): 296-302
吴发启. 水土保持技术. 北京: 中央电视广播大学出版社, 2008
夏吾多杰. 紫穗槐播种育苗技术. 林业科技, 2013, (8): 116
徐永健, 陆开宏, 管保军. 不同氮磷浓度及氮磷比对龙须菜生长和琼胶含量的影响. 农业工程学报, 2006, 22(8): 209-213
薛娴, 王涛, 吴薇, 等. 中国北方农牧交错区沙漠化发展过程及其成因分析. 中国沙漠, 2005, 25(3): 320- 328.
阎恩荣，王希华，周武. 天童常绿阔叶林演替系列植物群落的 N:P 化学计量特征. 植物生态学报，2008, 32(1): 13-22
姚卫国. 固原地区国槐育苗技术. 现代农业科技, 2012, (22): 170
于耐芬. 榆树育苗技术. 内蒙古林业, 1985, (1): 14
云海英. 樟子松容器苗育苗技术规程. 内蒙古林业调查设计, 2011,34: (6): 84-85
张大勇, 姜新华, 赵松岭, 段舜山. 半干旱区作物根系生长冗余的生态学分析. 西北植物学报, 1995b, 15(5): 110-114
张大勇, 姜新华. 再论生长的冗余. 草业学报, 1995a, 4(3): 17-22
张金屯. 黄土高原植被恢复与建设的理论和技术问题. 见: 中国地理学会自然地理专业委员会. 土地变化科学与生态建设学术研讨会论文集. 北京: 商务印书馆, 2006, 307-313
张金屯. 黄土沟壑区小流域治理中的生态学理论及应用. 山西大学学报(自然科学版)增刊, 2000, 18-21
张金屯. 应用生态学. 北京: 科学出版社, 2003
张克斌, 李瑞, 侯瑞萍, 等. 宁夏盐池县不同荒漠化治理措施植物多样性研究. 中国水土保持科学, 2004, 2(4): 66-71
张克斌, 李瑞, 夏照华, 等. 宁夏盐池植被盖度变化及影响因子. 中国水土保持科学, 2006, 4(6): 18-22
张克斌, 王锦林, 侯瑞萍, 等. 我国农牧交错区土地退化研究—以宁夏盐池县为例. 中国水土保持科学, 2003, 1(1): 85-90
张庆费, 由文辉, 宋永昌. 浙江天童植物群落演替对土壤化学性质的影响. 应用生态学报, 1999, 10(1): 19-22
张荣, 杜国祯. 放牧草地群落的冗余与补偿. 草业学报, 1998, 7(4): 13-19
张荣, 孙国钧, 李凤民. 冗余概念的界定与冗余产生的生态学机制. 西北植物学报, 2003, 23(5): 844-851

张义清. 油松育苗技术. 农林科技, 2011, (32): 279
章家恩, 徐棋. 恢复生态学研究的一些基本问题探讨. 应用生态学报, 1999, 10(1): 109-113
章家恩, 徐棋. 生态退化研究的基本内容与框架. 水土保持通报, 1997, 17(6):46-53
赵发清, 朱必凤, 马海燕. 作物的生长冗余和生命体的节约原则. 生态学杂志, 1996, 15(1): 32-34
赵兴梁. 沙坡头地区植物固沙问题的探讨. 见：中国科学院兰州沙漠研究所沙坡头沙漠科学研究所. 腾格里沙漠沙坡头地区流沙治理研究(二). 银川: 宁夏人民出版社, 1991, 27-57
赵雪莱, 何兴东, 薛苹苹, 等. 土壤碳酸钙与有效磷比化学计量特征对油蒿群落植物密度的影响. 科学通报, 2012, 57(1): 80-87
治沙造林学编委会. 治沙造林学. 北京: 中国林业出版社, 1984
中国树木志编委会. 中国主要树种造林技术（上）. 北京: 农业出版社, 1977, 117-125
周铁军，赵廷宁. 宁夏盐池县土地利用变化分析研究. 水土保持研究, 2005, 12(6): 116-118
朱震达, 赵兴梁, 凌裕泉, 等. 治沙工程学. 北京: 中国环境科学出版社, 1998
朱震达. 中国北方沙漠化现状及发展趋势. 中国沙漠, 1985, 5(3): 3- 11.
邹厚远, 关秀琦, 韩蕊莲, 等. 关于黄土高原植被恢复的生态学依据探讨. 水土保持学报, 1995, 9(4): 1-4

附：宁夏盐池种子植物名录

裸子植物门　GYMNOSPERMAE

松科 Pinaceae

落叶松属 *Larix* Mill.

*华北落叶松 *L. principis-rupprechtii* Mayr.

云杉属 *Picea* Dietr.

*青海云杉 *P. crassifolia* Kom.

松属 *Pinus* L.

*樟子松 *P. sylvestris* var. *mongolica* Litv.

*油松 *P. tabulaeformis* Carr.

柏科 Cupressaceae

侧柏属 *Platycladus* Spach

*侧柏 *P. orintalis* (L.) Franch

圆柏属 *Sabina* Mill.

*圆柏 *S. chinensis* (L.) Ant.

*垂枝圆柏 S. chinensis f. pendula (Franch) Cheng et W. T. Wang

*叉子圆柏（沙地柏）*S. vulgaris* Antoine

麻黄科 Ephedraceae

麻黄属 *Ephedra* Tourn. et L.

木贼麻黄 *E. epuisetina* Bge.

中麻黄 *E. intermedia* Schrenk ex Mey.

膜果麻黄 *E. przewalskii* Stapf

草麻黄 *E. sinica* Stapf

被子植物门　ANGIOSPERMAE

双子叶植物纲　DICOTYLEDONEAE

杨柳科 Salicaceae

杨属 *Populus* L.

*银白杨 *P. alba* L.

*新疆杨 *P. alba* var. *pyranmidalis* Bunge

*二白杨 *P. gansuensis* C.Wang et H.L.Yang

*河北杨 *P. hopeiensis* Hu et Chou

*箭杆杨 *P. nigra* var. *thevestina* (Dode) Bean

*小黑杨 *P.* × *xiaohei* T. S. Huang et Y. *Liang*

*小青杨 *P. pseudo simonii* Kitag.

*小叶杨 *P. simonii* Carr.
*毛白杨 *P. tomentosa* Carr.
*椅杨 *P. wilsonii* Schneid.
*合作杨 *P.* × *xiaozuanica* W.

柳属 *Salix* L.
*垂柳 *S. babylonica* L
乌柳（毛柳）*S. cheilophila* Schneid.
黄柳（砂柳）*S. gordejevii* Chang et Skv.
*筐柳 *S. linearistipularis* (Franch.) Hao
*旱柳 *S. matsudana* Kaidz.
*龙爪柳 *S. matsudana* Koidz f. *tortuosa* (Vilm.)Rehd.
小红柳（变种）*S.microtachya* var. *bordensis* (Nakai) C.F.Fang
*北沙柳（沙柳）*S. psammophila* C. Wang et Ch. Y. Yang

胡桃科 Juglandaceae

核桃属 *Juglans* L.
*核桃 *J. regia* L.

榆科 Ulmaceae

榆属 *Ulmus* L.
*榆树 *U. pumila* L.
*垂榆 *U. pumila* L. cv. pendula.

桑科 Moraceae

大麻属 *Cannabis* L.
*大麻（麻子）*C. sativa* L.

桑属 *Morus* L.
*桑树 *M. alba* L.

蓼科 Polygonaceae

针枝蓼属 *Atraphaxis* L.
东北针枝蓼 *A. manshurica* Kitag.
*沙木蓼 *A. bracteata* A.Los.
*宽叶沙木蓼 *A. bracteat* var. *latifolia* H. C. Fu et M. H. Zhao

沙拐枣属 *Calligonum* L.
*白皮沙拐枣 *C. leucocladum* (Schrenk) Bge.
*红皮沙拐枣 *C. rubicundum* Bge.

荞麦属 *Fagopyvum* Gaertn.
*荞麦 *F. sagittatum Gilib.*
*苦荞麦 *F. tataricum* (L.) Gaertn.

蓼属 *Polygonum* L.
萹蓄 *P. aviculare* L.
*红蓼 *P. orientale* L.

西伯利亚蓼 *P. sibiricum* Laxm.

大黄属 *Rheum* L.

*波叶大黄 *R. franzenbachii* Munt

藜科 Chenopodiaceae

沙蓬属 *Agriophyllum* Bieb.

沙蓬（沙米、灯索）*A. squarrosum* (L.) Moq.

滨藜属 *Atriplex* L.

中亚滨藜 *A. centralasiatica* Iljin

西伯利亚滨藜 *A. sibirica* L.

雾冰藜属 *Bassia All.*

雾冰藜（星状刺果藜）*B. dasyphylla* (Fisch. et Mey.) O. Kuntze

梭梭属 *Haloxylon* Bunge

*梭梭 *H. ammodendron* (C.A.Mey.) Bunge

甜菜属 *Beta* L.

*甜菜 *B. vulgaris* L.

驼绒藜属 *Ceratoides* (Tourn.) Gagne.

驼绒藜 *C. latens* (J. F. Gmel.) Reveal et Holmg.

*华北驼绒藜 *C. arborescens* Tsien et C.G.Ma

藜属 *Chenopodium* L.

尖头叶藜 *C. acuminatum* Willd.

刺藜（灯笼草）*C. aristatum* L.

藜 *C. album* L.

菊叶香藜 *C. foetidum* Schrad.

灰绿藜 *C. glaucum* L.

杂配藜 *C. hybridum* L.

小藜 *C. serotinum* L.

红叶藜 *C. rubrum* L.

虫实属 *Corispermum* L.

烛台虫实 *C. candelabrum* Iljin

毛果兴安虫实 *C. chinganicum* var. *stellipile* Tsien et C.G.Ma

绳虫实 *C. deslinatum* Steph ex Steven

毛果绳虫实 *C. declina* var. *tylocarpum* (Hance.) Tsien et C. G. Ma

中亚虫实 *C. heptapotamicum* Iljin

软毛虫实（红棉蓬）*C. puberulum* Iljin

瘤果虫实 *C. tylocarpum* Hance

盐生草属 *Halogeton* C. A. Mey.

白茎盐生草 *H. arachnoideus* Moq.

盐爪爪属 *Kalidium* Moq.

尖叶盐爪爪 *K. Cuspidatum* (Ung.-Sternb.) Grub.

盐爪爪 *K. Foliatum* (Pall.) Moq.

细枝盐爪爪 *K. gracile* Fenzl

地肤属 *Kochia* Roth

木地肤 *K. Prostrata* (L.) Schrad.

地肤 *K. Scoparia* (L.) Schard.

扫帚苗 *K.scoparia f. Trichophylla* (Hort.) Schinz et Thell.

碱地肤 *K. scoparia* var. *sieversiana* (Pall.) Ulbr. ex Aschers. et Graebn.

盐角草属 *Salicornia* L.

盐角草 *S. europaea* L.

猪毛菜属 *Salsola L.*

木本猪毛菜 *S. arbuscula* Pall.

展翅猪毛菜 *S. ikonnikovii* Iljin

松叶猪毛菜 *S. laricifolia* Turcz. ex Litv.

珍珠猪毛菜 *S. passerina* Bunge

刺沙蓬（刺蓬）*S. pestifer* A. Nelson

菠菜属 *Spinacia* L.

*菠菜 *S. oleracea* L.

碱蓬属 *Suaeda* Forsk. ex Scop.

碱蓬 *S. glauca* Bge.

翅碱蓬 *S. heteroptera* Kitag.

平卧碱蓬 *S.prostrata* Pall.

茄叶碱蓬（阿拉善碱蓬）*S. przewalskyii* Bge.

盐地碱蓬 *S. salsa* (L.) Pall.

苋科 Amaranthaceae

苋属 *Amaranthus* L.

*反枝苋 *A. retroflexus* L.

青箱属 *Celosia* L.

*鸡冠花 *C. cristata* L.

紫茉莉科 Myctaginaceae

紫茉莉属 *Mirabilis* L.

*紫茉莉 *M. jalapa* L.

马齿苋科 Portulacaceae

马齿苋属 *Portulaca* L.

马齿苋 *P. oleracea* L.

*半枝莲 *P. grandiflora* Hook.

石竹科 Caryophyllaceae

石竹属 *Dianthus* L.

*石竹 *D. chinensis* L.

霞草属（石头花属）*Gypsophila* L.

尖叶细石竹（百布根）*G. acutifolia* Fisch ex Spreng.
草原石头花（草原霞草）*G. davurica* Turcz. Ex Fenzl
圆锥石头花 *G. Paniculata* L.
女娄菜属 *Melandrium* Roehl.
女娄菜（小猪耳朵）*M. apricum* (Turcz.) Rohrb.
繁缕属 *Stellaria* L.
叉繁缕（银柴胡）*S. dichotoma* var. *lanceolata* Bge.
麦瓶草属 *Silene* L.
麦瓶草 *S. conoidea* L.
毛萼麦瓶草（匍生蝇子草）*S. repens* Patr.

毛茛科 Ranunculaceae

侧金盏花属 *Adonis* L.
甘青侧金盏花 *A. bobroviana* Sim.
铁线莲属 *Clematis* L.
芹叶铁线莲 *C. aethusifolia* Turcz.
短尾铁线莲 *C. brevicaudata* DC.
灌木铁线莲 *C. fruticosa* Turcz.
黄花铁线莲 *C. intricata* Bunge
翠雀花属 *Delphinium* L.
翠雀 *D. grandiflorum* L.
碱毛茛属 *Halerpestes* Green
圆叶碱毛茛（水葫芦苗）*H. cymbalaria* (Pursh) Green
长叶碱毛茛（黄戴戴）*H. ruthenica* (Jacq.) Ovcz.
芍药属 *Paeonia* L.
*芍药 *P. lactiflora Pall.*
唐松草属 *Thalictrum* L.
展枝唐松草 *T. squarrosum* Steph.
箭头唐松草 *T. simplex* L. Mant.

小檗科 Berberidaceae

小檗属 *Berberis* L.
*紫叶小檗 *B. jabonica* var. *trucathum*
西伯利亚小檗 *B. sibirica* Pall.

罂粟科 Papaveraceae

角茴香属 *Hypecoum* L.
角茴香 *H. erectum* L.
罂粟属 *Papaver* L.
*虞美人 *P. rhoeas* L.

十字花科 Cruciferae

芸苔属 *Brassica* L.

*油菜 *B. campestris* L.
*苤蓝 *B. caulorapa* Pasq.
*青菜（小白菜）*B. chinensis* L.
*芥菜 *B. juncea* (L.) Czern. et Coss
*结球甘蓝 *B. oleracea* var. *capitata* L.
*白菜 *B. pekinensis* Rupr.
*芜菁 *B. rapa* L.

荠属 *Capsella* Medic.
荠菜 *C. bursa-pastoris* (L.) Medic.

芝麻菜属 *Eruca Adans.*
*芝麻菜（芸芥）*E.sativa* Cars.

独行菜属 *Lepidium* L.
独行菜 *L. apetalum* Willd.
宽叶独行菜 *L. latifolium* L.

燥原芥属 *Ptilotrichum* C. A. Mey.
燥原荠 *P. Canescens* (DC.) C. A. Mey

沙芥属 *Pugionium* Gaertn.
沙芥 P. *cornutum* (L.) Gaertn.
宽翅沙芥 *P. dolabratum* Maxim.

萝卜属 *Raphanus* L.
*萝卜 *R. sativus* L.

扭果芥属 *Torularia* (Cosson) O. E. Schulz
蚓果芥 *T. humilis* (C.A.Mey.) O. E. Schulz

播娘蒿属 Descurainia Webb et Berth.
长果播娘蒿 *D. sophia* var. *longisiliqua* (Gruner) O. E. Schulz

景天科 Crassulaceae

瓦松属 *Orostachys* Fisch.
瓦松 *O. fimbriatus* (Turcz.) Berger

景天属 *Sedum* L.
费菜（土三七）*S. aizoon* L.

虎耳草科 Saxifragaceae

茶藨子属 *Ribes* L.
*香茶藨子 *R. odoratum* Wendl.

蔷薇科 Rosaceae

苹果属 *Malus* Mill.
*花红（沙果）*M. asiatica* Nakai
*苹果 *M. pumila* Mill.
*海棠花（海棠）*M. spectabilis* (Ait.) Borkh.

委陵菜属 *Potentilla* L.

鹅绒委陵菜 *P. anserina* L.
星毛委陵菜 *P. acaulis* L.
二裂委陵菜 *P. bifurca* L.
矮二裂委陵菜 *P. bifurca* var. *humilior* Rupr. et Osten.
委陵菜 *P. chinensis* Ser.
多茎委陵菜 *P. multicaulis* Bge.
葡匐委陵菜 *P. sapina* L.
西山委陵菜 *P. sishanensis* Bge. ex Lehm.

李属 *Prunus* L.
*杏 *P. armeniaca* L.
*紫叶李 *P. cerasifera* f. *atropurpurea*. (Jacq.) *Rehd.*
*山桃 *P. davidiana* (Carr) Franch.
*蒙古扁桃 *P. mongolica*
*柄扁桃 *P. pedunculata* (Pall.)Maxim.
*桃 *P. persica* (L.) Batsch.
*李 *P. salicina* Lindl.
*山杏 *P. sibirica* L.
*榆叶梅 *P.triloba* Lindl.

梨属 *Pyrus* L.
*杜梨 *P. betulaefolia* Bge.
*白梨 *P. bretschneideri* Rehd.

蔷薇属 *Rosa* L.
*月季 *R. chinensis* Jacq.
*多花蔷薇 *R. multifolra* Thunb.
*玫瑰 *R. rugosa* Thunb.
*黄刺玫 *R. xanthina* Lindl.

珍珠梅属 *Sorbaria* (Ser.) A. Br.
*珍珠梅 *S. kirilowii* (Regel) Maxim.

豆科 Leguminosae

沙冬青属 *Ammopiptanthus* Cheng f.
*沙冬青 *A .mongolicus* (Maxim.) Cheng f.

紫穗槐属 *Amorpha* L.
*紫穗槐 *A. fruticosa* L.

花生属 *Arachis* L.
*花生 *A. hypogaea* L.

黄芪属 *Astragalus* L.
直立黄芪（沙打旺）*A. adsurgens* Pall.
宁夏黄芪 *A. alaschanensis* H. C. Fu
鄂尔多斯黄芪 *A.chianus* Pet.-Stib.

扁茎黄芪 *A. complanatus* R. Br.

单叶黄芪 *A. efoliolatus* Hand. Mzt.

乳白花黄芪 *A. galactites* Pall.

草木犀状黄芪 *A. melilotoides* Pall.

细茎黄芪 *A. miniatus* Bge.

短毛黄芪 *A. puberulus* Ledb.

盐生黄芪 *A.salsugineus* var. *multijugus* Ho

锦鸡儿属 *Caragana* Lam.

狭叶锦鸡儿 *C. stenophylla* Pojark.

矮锦鸡儿 *C. pygmaea* (L.) DC.

*多刺锦鸡儿 *C. spinosa* (L.) DC.

白毛锦鸡儿 *C. licentiana* Hand. Mazz

*中间锦鸡儿 *C. intermedia* Kuang et H. C. Fu

甘肃锦鸡儿 *C. kansuensis* Pojark.

柠条锦鸡儿（毛条）*C. korshinskii* Kom.

小叶锦鸡儿（柠条）*C. microphylla* Lam.

甘蒙锦鸡儿 *C. opulens* Kom.

毛果锦鸡儿（荒漠锦鸡儿、猫耳刺）*C. roborovskyi* Kom.

毛刺锦鸡儿（川青锦鸡儿、垫状锦鸡儿）*C. tibetica* Kom.

皂角属 *Gleditsia*

*山皂荚 *G. japonica* Miq.

大豆属 *Glycine* L.

*大豆 *G. max* (L.) Merr.

甘草属 *Glycyrrhiza* L.

甘草 *G. uralensis* Fisch.

米口袋属 *Gueldenstaedtia* Fisch.

甘肃米口袋 *G. gansuensis* H. P. Tsui

狭叶米口袋 *G. stenophylla* Bge

岩黄芪属 *Hedysarum* L.

短翼岩黄芪 *H. brachypterum* Bge

费尔干岩黄芪 *H. ferganense* Korsh.

塔塔岩黄芪 *H. leave* Maxim.

蒙古岩黄芪（杨柴）*H. mongolicum* Turcz.

*细枝岩黄芪（花棒）*H. scoparium* Fisch. et Mey.

胡枝子属 *Lespedeza* Michx.

*胡枝子 *L. bicolor* Turcz.

达乌里胡枝子（兴安胡枝子）*L.davurica* (Laxm.) Schindl.

牛枝子 *L. potaninii* Vass.

细枝胡枝子 *L..virgata* (Thunb.) DC.

百脉根属 *Lotus L.*

*光叶百脉根 *L. corniculatus* var. *japonicus* Waldos ex. Willd.

苜蓿属 *Medicago* L.

*紫花苜蓿 *M.sativa* L.

草木樨属 *Melilotus* Adans.

*白香草木樨 *M. albus* Medic. ex Desr.

*黄香草木樨 *M. officinalis* (L.) Desr.

扁蓿豆属 *Melissitus* Medic.

花苜蓿 *M. ruthenicus* (L.) C. W. Chang

棘豆属 *Oxytropis* DC.

刺叶柄棘豆（猫头刺）*O. aciphylla* Ledeb.

小花棘豆 *O. glabra* DC

宁夏棘豆 *O. ninghsiaensis* C. W. Chang

砂珍棘豆（放炮花）*O. psammocharis* Hance

多枝棘豆 *O. ramosissima* Kom.

菜豆属 *Phaseolus* L.

*绿豆 *P. radiatus* L.

*菜豆 *P. vulgaris* L.

豌豆属 *Pisum* L.

*豌豆 *P.sativum* L.

刺槐属 *Robinia* L.

*毛刺槐 *R .hispida* L.

*刺槐 *R. pseudocacia* L.

槐属 *Sophora* L.

苦豆子 *S. alopecuroides* L.

*槐树 *S. japonica* L.

*龙爪槐 *S. japonica* L. var. *pendula* Loud.

苦马豆属 *Swainsonia* Salisb.

苦马豆 *S. salsula* (Pall.) Taub.

黄华属 *Thermopsis* R. Br.

披针叶黄华 *T. lanceolata* R. Br.

车轴草属 *Trifolium* L.

*红车轴草 *T. pratense L.*

*白花车轴草 *T. repens* L.

野豌豆属 *Vicia* L.

广布野豌豆 *V. cracca* L.

*蚕豆 *V. faba* L.

*毛苕野豌豆 *V. villosa* Roth.

牻牛儿苗科 Geraniaceae

牻牛儿苗属 *Erodium* L.

牻牛儿苗（红根子）*E. stephanianum* Willd.

旱金莲科 Tropaeolaceae

旱金莲属 *Tropaeolum* L.

*旱金莲 *T. majus* L.

亚麻科 Linaceae

亚麻属 *Linum* L.

黑水亚麻（野生麻）*L.amurense* Alef.

宿根亚麻 *L. perenne* L.

*亚麻（胡麻）*L. usitatissimum* L.

蒺藜科 Zygophyllaceae

白刺属 *Nitraria* L.

*大白刺 *N. roborowskii* Kom.

小果白刺（西伯利亚白刺）*N. sibirica* Pall.

白刺 *N. tangutorum* Bobr.

骆驼蓬属 *Peganum* L.

多裂骆驼蓬（大臭蒿）*P. harmala* var. *muttisecta* Maxim.

匍根骆驼蓬 *P. nigellastrum* Bunge

蒺藜属 *Tribulus* L.

蒺藜 *T. terrestris* L.

霸王属 *Zygophyllum* L.

*霸王 *Z. xanthoxylum* (Bge.) Maxim.

芸香科 Rutaceae

拟芸香属 *Haplophyllum* A. Juss.

北芸香 *H. dauricum* (L.) G. Don

针枝芸香 *H.tragacanthotdes* Diels

花椒属 *Zanthoxylum* L.

*花椒 *Z. bungeanum* Maxim.

苦木科 Simarubaceae

臭椿属 *Ailanthus* Desf.

*臭椿 *A. Altissima* (Mill.) Swingle

远志科 Polygalaceae

远志属 *Polygala* L.

远志（燕鸡草）*P. tenuifolia* Willd

大戟科 Euphorbiaceae

铁苋菜属 *Acalypha* L.

铁苋菜 *A. australis* L.

大戟属 *Euphorbia* L.

乳浆大戟 *E. esula* L.

泽漆（羊奶泡）*E. helioscopia* L.
地锦 *E. humifusa* Willd.
沙生大戟 *E. kozlovi* Prokh.
狭叶沙生大戟 *E.* kozlovi var. *angustifolia* S. Q. Zhou
银边翠 *E. marginata* Pursh.
钩腺大戟 *E. sieboldiana* Morr. et Decne.
蓖麻属 *Ricinus* L.
*蓖麻 *R. communis* L.
地构叶属 *Speranskia* Baill.
地构叶（珍珠透骨草）*S. tuberculata* Baill.

漆树科 Anacardiaceae

盐肤木属 *Rhus* (Tourn.) L.
*火炬树 *R. typhina* L.

卫矛科 Celastraceae

南蛇藤属 *Celastrus* L.
*南蛇藤 *C. orbiculatus* Thunb.
卫矛属 *Euonymus L.*
*桃叶卫矛（白杜、丝棉木）*E. bungeanus* Maxim.
*大叶黄杨 *E. japonicus* Thunb.

槭树科 Aceraceae

槭属 *Acer* L.
*复叶槭 *A. negundo* L.

无患子科 Sapindaceae

文冠果属 *Xanthoceras* Bge.
*文冠果 *X. sorbifolia* Bge.

鼠李科 Rhamnaceae

枣属 *Zizyphus* Mill.
*枣 *Z. jujuba* Mill.
*酸枣 *Z. jujuba* var. *spinosa* (Bge.) Hu ex H. F. Chow

葡萄科 Vitaceae

葡萄属 *Vitis* L.
*葡萄 *V. vinifera* L.

锦葵科 Malvaceae

蜀葵属 *Althaea* L.
*蜀葵 *A. Rosea* (L.) Cavan.
苘麻属 *Abutilon* Adans.
*苘麻 *A. theophrasti* Medic.
木槿属 *Hibiscus* L.
野西瓜苗（和尚头）*H. trionum* L.

锦葵属 *Malva* L.

*锦葵 *M. sylvestris* var. *mauritiana* Boiss.

*冬葵 *M. verticillata* L.

柽柳科 Tamaricaceae

水柏枝属 *Myricaria* Dsev.

宽叶水柏枝 *M. platyphylla* Maxim.

红砂属 *Reaumuria* L.

红砂（红沙）*R. soongorica* (Pall.) Maxim.

黄花红砂（黄花红沙）*R. trigyna* Maxim.

柽柳属 *Tamarix* L.

*短穗柽柳 *T.amarix Laxa*

*甘蒙柽柳 *T. austromogolica* Nakai

*柽柳（红柳）*T. chinensis* Lour.

*多花柽柳 *T. hohenackeri* Bge.

堇菜科 Violaceae

堇菜属 *Viola* L.

裂叶堇菜 *V. dissecta* Ledeb

紫花地丁 *V. yedoensis* Makino.

瑞香科 Thymelaeaceae

粟麻属 *Diarthron* Turcz.

草瑞香 *D. linifolium* Turcz.

胡颓子科 Elaeagnaceae

胡颓子属 *Elaeagnus* L.

*沙枣 *E. angustifolia* L.

*翅果油树 *E. mollis* Diels

*大叶胡颓子 *E. umbellata* Thunb.

沙棘属 *Hippophae* L.

沙棘（黑刺）*H. rhamnoides* L.

柳叶菜科 Onagraceae

月见草属 *Oenothera* L.

*夜来香 *O. biennis* L.

锁阳科 Cynomoriaceae

锁阳属 *Cynomorium* L.

锁阳 *C. songaricum* Rupr.

伞形科 Umbelliferae

芹属 *Apium* L.

*旱芹 *A. graveolens* L.

柴胡属 *Bupleurum* L.

红柴胡 *B. scorzonerifolium* Willd.

葛缕子属 *Carum* L.
葛缕子 *C.* carvi L.
芫荽属 *Coriandrum* L.
*芫荽（香菜）*C. sativum* L.
胡萝卜属 *Daucus* L.
野胡萝卜 *D. carota* L.
*胡萝卜 *D. carota* var. *sativa* DC.
阿魏属 Ferula L.
沙茴香 *F. bungeana* Kitag.
茴香属 *Foeniculum* Mill.
*茴香 *F. vulgare* Mill.
报春花科 Primulaceae
点地梅属 *Androsace* L.
点地梅 *A.umbellata* (Lour.) Nerr.
海乳草属 *Glaux* L.
海乳草 *G.maritima* L.
蓝雪科 Plumbaginaceae
补血草属 *Limonium* Mill.
金色补血草 *L. aureum* (L.) Hill.
二色补血草 *L. bicolor* (Bge.) Kuntze
木犀科 Oleaceae
雪柳属 *Fontanesia* Labill.
*雪柳 *F. fortunei* Carr.
连翘属 *Forsythia* Vahl.
*连翘 *F. suspense* (Thunb.) Vahl
白蜡树属 *Fraxinus* L.
*白蜡树 *F. chinensis* Roxb.
*洋白蜡 *F. pennsylvanica* Marsh .
女贞属 *Ligustrum* L.
*小叶女贞 *L. quihoui* Carr.
*金叶女贞 *L. vicaryi*
丁香属 *Syringa* L.
*北京丁香 *S. pekinensis* Rupr.
*洋丁香 *S. vulgaris* L.
马钱科 Loganiaceae
醉鱼草属 *Buddleia* L.
*互叶醉鱼草 *B.alternifolia* Maxim.
龙胆科 Gentianaceae
龙胆属 *Gentiana* L.

达乌里龙胆 *G. dahurica* Fisch.

小龙胆 *G. squarrosa* Ledeb.

夹竹桃科 Apocynaceae

夹竹桃属 *Nerium* L.

*夹竹桃 *N. indicum* Mill.

萝藦科 Asclepiadaceae

鹅绒藤属 *Cynanchum* L.

牛皮消 *C. auriculatum* Royle ex Wight

鹅绒藤 *C. chinenese* R. Br.

牛心朴子（老瓜头、牛心草）*C. komarovii* Al. Iljin.

地梢瓜（蒿瓜子）*C. thesioides* (Freyn) K. Schum.

雀瓢 *C. thesioides* var.*australe* Tsiang et Li

杠柳属 *Periploca* L.

杠柳 *P. sepium* Bunge.

旋花科 Convolvulaceae

打碗花属 *Calystegia* R. Br.

打碗花 *C.hederacea* Wall.

旋花属 *Convolvulus* L.

银灰旋花 *C. ammaennii* Desr.

田旋花 *C. arvensis* L.

刺旋花 *C. tragacanthoides* Turcz.

菟丝子属 *Cuscuta* L.

菟丝子 *C. chinensis* Lamk.

牵牛属 *Pharbitis* Choisy

*裂叶牵牛 *P. nil* (L.) Choidy

*圆叶牵牛 *P. purpurea* (L.) Voigt.

紫草科 Boraginaceae

假紫草属 *Arnebia* Forsk

灰毛假紫草 *A. fimbriata* Maxim.

斑种草属 *Bothriospermum* Bge.

狭苞斑种草 *B. kusnezowii* Bge.

琉璃草属 *Cynoglossum* L.

大果琉璃草 *C. divaricatum* Steph.

鹤虱属 *Lappula* V. Wolf.

鹤虱 *L. myosotis* Moench.

劲直鹤虱 *L. stricia* (Ledeb.) Giirke

假狼紫草属 *Nonea* Medic

假狼紫草 *N. caspica* (Willd.) G. Don.

狼紫草属 *Lycopsis* L.

狼紫草 *L. orientalis* L.
砂引草属 *Messerschmidia* L.
砂引草 *M. sibirica* subsp. *angustior* (DC.) Kitag.
紫筒草属 *Stenosolenium* Turcz.
紫筒草（领草）*S. saxatile* (Pall.) Turcz.

马鞭草科 Verbenaceae
莸属 *Caryopteris* Bge.
蒙古莸 *C. mongolica* Bge.
牡荆属 *Vitex* L.
*荆条 *V. negundo* var. *heterophylla* (Franch.) Rehd.

唇形科 Labiatae
青兰属 *Dracocephalum* L.
白花枝子花 *D. heterophyllum* Benth.
香青兰（炒面花）*D. mordavica* L.
香薷属 *Elsholtzia* Willd.
密花香薷 *E. densa* Benth.
兔唇花属 *Laguchilus* Bunge
冬青叶兔唇花 *L. ilicifolius* Bunge
益母草属 *Leonurus* L.
细叶益母草 *L. sibiricus* L.
脓疮草属 *Panzeria* Moench
脓疮草 *P. alaschanica* Kupr.
紫苏属 *Perilla* L.
*紫苏 *P. frutesccns* (L.) Britton
糙苏属 *Phlomis* L.
串铃草（野山芋）*P. mongolica* Turcz.
鼠尾草属 *Salvia* L.
*一串红 *S. splendens* Ker. Cawl.
黄芩属 *Scutellaria* L.
多毛并头黄芩 *S. scordifolia* var. *villossima* Wu et Tang
百里香属 *Thymus* L.
百里香（地椒花）*T. mongolicus* Ronn.

茄科 Solanaceae
辣椒属 *Capsicum* L.
*辣椒 *C. annuum* L.
*菜椒（变种）*C. annuum* var. *grossum* (L.) Sendt.
天仙子属 *Hyoscyamus* L.
天仙子（巴豆）*H. niger* L.
枸杞属 *Lycium* L.

*宁夏枸杞 *L. barbarum* L.
枸杞（枸杞刺）*L. chinense* Mill.
番茄属 *Lycopersicon* Mill.
*番茄 *L. esculentum* Mill.
烟草属 *Nicotiana* L.
*黄花烟草 *N. rustica* L.
*烟草 *N. tabacum* L.
酸浆属 *Physalis* L.
小酸浆 *P. angulata* L.
茄属 *Solanum* L.
*茄子 *S. melongena* L
龙葵 *S. nigrum* L.
*青杞 *S. septemlobum* Bge.
*马铃薯 *S. tuberosum* L.

玄参科 Scrophulariaceae
大黄花属 *Cymbaria* L.
光药大黄花（老酒花）*C. mongolica* Maxim.
疗齿草属 *Odontites* Ludwig.
疗齿草 *O. serotina* (Lam.) Dum.
马先蒿属 *Pedicularis* L.
弯管马先蒿 *P. curvituba* Maxim.
中国马先蒿 *P. chinensis* Maxim.

紫葳科 Bignoniaceae
梓树属 *Catalpa* Scop
*梓树 *C. ovata* G. Don
角蒿属 *Incarvillea* Juss.
角蒿 *I. sinensis* Lam.
黄花角蒿 *I. variabilis* var. *latifolh* Batl.

列当科 Orobanchaceae
列当属 *Orobanche* L.
列当 *O. coerulescens* Steph.
黄花列当 *O. pycnostachya* Hance
肉苁蓉属 *Cistanche* Hoff. et Link
沙苁蓉 *C. sinensis* G. Beck

车前科 Plantaginaceae
车前属 *Plantago* L.
车前 *P. asiatica* L.
平车前 *P. depressa* Willd.
细叶车前 *P. lessingii* Fisch. et Mey.

大车前 *P. major* L.

茜草科 Rubiaceae

拉拉藤属 *Galium* L.

蓬子菜 *G. verum* L.

茜草属 *Rubia* L.

茜草 *R. cordifolia* L.

黑果茜草 *R. cordifolia* var. *pratemis* Maxim.

忍冬科 Caprifoliaceae

忍冬属 Lonicera L.

*金银忍冬 *L.maackii Maxim.*

接骨木属 *Sambucus* L.

*接骨木 *S. williamsii* Hance

败浆科 Valerianaceae

败浆属 *Patrinia* Juss.

糙叶败浆 *P. scabra* Bunge.

异叶败浆 *P. heterophylla* Bge.

葫芦科 Cucurbitaceae

西瓜属 *Citrullus* Neck.

*西瓜 *C. vulgaiis* Schrad.ex Eckl. et Zeyh.

甜瓜属 *Cucumis* L.

*甜瓜 *C.melo* L.

*黄瓜 *C.sativus* L.

南瓜属 *Cucurbita* L.

*南瓜 *C.moschata* (Duch.) Duch. ex Poil.

*西葫芦 *C. pepo* L.

桔梗科 Campanulaceae

沙参属 *Adenophor*a Fisch.

泡沙参 *A. potanini* Korsh.

长柱沙参 *A. stenanthina* (Ledeb.) Kitag.

菊科 Compositae

顶羽菊属 *Acroptilo*n Cass.

顶羽菊（苦蒿、苦参）*A. repens* (L.) DC.

亚菊属 *Ajania* Poljak.

蓍状亚菊 *A. achilloides* (Turcz.) Ling.

灌木亚菊 *A. fruticulosa* (Ledeb.) Poljak.

牛蒡属 *Arctium* L.

*牛蒡 *A.lappa* L.

蒿属 *Artemisia* L

碱蒿 *A. anethifolia Mattf*

黄花蒿 *A. annua* L.
艾蒿 *A. argyi* Levl. et Van.
野艾 *A argyi* var. *gracilis* Pamp.
糜蒿（百里蒿）*A. blepharolepis* Bge.
沙蒿（漠蒿）*A. desertorum* Spreng
大籽蒿 *A. sieversiana* Ehrhart ex Willd.
毛莲蒿 *A. vestita* Wallich.
*差不嘎蒿 *A. halodendron* Turcz. ex Bess.
冷蒿 *A. frigida* Willd.
大花蒿 *A.macrocephala* Jacq.ex Bess.
蒙古蒿 *A. mongolica* (Fisch. ex Bess.) Nakai
油蒿（黑沙蒿）*A. ordosica* Krasch.
籽蒿（白沙蒿）*A. sphaerocephala* Krasch.
猪毛蒿 *A. scoparia* Waldst. et Kit.
绢毛黄蒿 *A. scoparia f. villosa* Korsch.
茵陈蒿 *A. capillaris* Thunb.
山蒿 *A. brachyloba* Franch.
甘肃蒿 *A. gansuensis* Ling et Y. R. Ling
宁新蒿 *A. pontica* L.
绢毛蒿 *A. sericea* Web. ex stechm.
莳萝蒿 *A. anethoides* Mattf.
紫菀属 *Aster* L.
*荷兰菊 *A.novae-belgii* L.
短星菊属 *Brachyactis* Ledeb.
*短星菊 *B. ciliata* Ledeb.
金盏花属 *Calendula* L.
*金盏花 *C. officinalis* L.
飞廉属 *Carduus* L.
飞廉 *C. crispus* L.
刺儿菜属 *Cephalanoplos* Necker
刺儿菜 *C. segetum* (Bge) Kitam.
大蓟 *C. setosum* (Willd.) Kitam.
波斯菊属 *Cosmos* Cav.
大波斯菊 *C. bipinnata* Cav.
翠菊属 *Callistephus* Cass.
*翠菊 *C. chinensis* (L.) Nees
白酒草属 *Conyza* L.
小白酒草 *C. canadensis* (L.) Cronq..
大丽花属 *Dahlia* Cav.

*大丽花 *D. pinnata* Cav

菊属 *Dendranthema* (DC.) Des-Moul

甘菊 *D. lavandulifolium* (Fisch.ex Trautv.) Ling et Shih

百花蒿属 *Stilpnolepis* Krasch.

百花蒿 *S. centiflora* (Maxim.) Krasch.

蓝刺头属 *Echinops* L.

砂蓝刺头 *E. gmelini* Turcz.

紊蒿属 *Elachanthemum* Ling et Y. R. Ling

紊蒿 *E. intricatum* (Franch.) Ling et Y.R. Ling

向日葵属 *Helianthus* L.

*向日葵 *H. annuus* L.

*菊芋（洋姜）*H. tuberosus* L.

女蒿属 *Hippolytia* Poljak.

女蒿 *H. Trifida* (Turcz.) Poljak.

狗哇花属 *Heteropappus* Less.

阿尔泰狗哇花 *H. altaicus* (Willd.) Novopokr.

狗哇花 *H. hispidus* (Thunb.) Less.

旋覆花属 *Inula* L.

大花旋覆花 *I. britanica* L.

蓼子朴（沙地旋覆花）*I.salsoloides* (Turcz.) Ostenf.

苦荬菜属 *Ixeris* Cass.

山苦荬 *I.chinensis* (Thunb.) Nakai

丝叶山苦荬 *I.chinensis* var. *graminifolia* (Ledeb.) H. C. Fu

狭叶山苦荬 *I. chinensis* var. *intermedia* (Kitag.) Kitag.

苓菊属 *Jurinea* Cass.

蒙疆苓菊（野棉花）*J. mongolic*a Maxim.

莴苣属 *Lactuca* L.

蒙山莴苣（苦苦菜）*L. tatarica* (L.) C. A. Mey

火绒草属 *Leontopodium* R. Br.

矮火绒草 *L.nanum* (Hook. f. et Thoms) H.-M.

火绒草 *L.opcdium leontopodioides* (Willd.) Beauv.

栉叶蒿属 *Neopallasia* Poljak.

栉叶蒿 *N. pectinata* (Pall.) Poljak.

鳍蓟属 *Olgaea* Iljin

鳍蓟 *O. Leucophylla* (Turcz.) Iljin

青海鳍蓟（刺疙瘩）*O. tangutica* Iljin

风毛菊属 *Saussurea* DC.

草地风毛菊 *S. Amara* (L.) DC.

翼茎风毛菊 *S. japonica* var. *alata* Regl.

裂叶风毛菊 *S. laciniata Ledeb.*
白花裂叶风毛菊 *S. laciniata f. albiflorida* D. Z. Lu et Z. Bian
碱地风毛菊 *S. runcinata* DC.
盐地风毛菊 *S. salsa* (Pall.) Spreng.
鸦葱属 *Scorzonera* L.
叉枝鸦葱 *S.divaricata* Turcz.
蒙古鸦葱 *S. mongolica* Maxim.
麻花头属 *Serratula* L.
麻花头 *S. centauroides* L
球苞麻花头 *S.marginata* Tausch
蕴苞麻花头 *S. stranglata* Iljin
苦苣菜属 *Sonchus* L.
苣荬菜（甜苦苦菜）*S. brachyotus* DC.
苦苣菜 *S. oleraceus* L.
蒲公英属 *Taraxacum* Weber.
红梗蒲公英 *T. erythropodium* Kitag.
蒲公英 *T. mongolicum* Hand.- Mazz.
华蒲公英 *T. sinicum* Kitag.
万寿菊属 *Tagetes* L.
*红黄草 *T. patula* L.
*万寿菊 *T. erecta* L.
碱菀属 *Tripolium* Nees
碱菀 *T. vulgare* Nees
苍耳属 *Xanthium* L.
苍耳 *X. sibiricum* Patriin ex Widder
百日菊属 *Zinnia* L.
*百日草 *Z. elegans* Jacq.

单子叶植物纲 MONOCOTYLEDONEAE

香蒲科 Typhaceae

香蒲属 *Typha* L.
狭叶香蒲 *T. angustifolia* L.
蒙古香蒲 *T. davidiana* Hand.-Mazz.
小香蒲 *T. minima* Funck. - Hoppe

眼子菜科 Potamogetonaceae

眼子菜属 *Potamogeton* L.
浮叶眼子菜 *P. natans* L.
龙须眼子菜 *P. pectinatus* L.
穿叶眼子菜 *P. perfoliatus* L.
角果藻属 *Zannichellia* L.

角果藻 *Z. palustris* L.

茨藻科 Najadaceae

茨藻属 *Najas* L.

短果茨藻 *N. marina* var. *brachycarpa* Trautr.

水麦冬科 Juncaginaceae

水麦冬属 *Triglochin* L.

海韭菜 *T. maritimum* L.

水麦冬 *T. palustre* L.

禾本科 Gramineae

芨芨草属 *Achnatherum* Beauv.

醉马草 *A. inebrians* (Hance) Keng

芨芨草 *A. splendens* (Trin.) Nevski

冰草属 *Agropyron* Gaertn.

冰草 *A. cristatum* (L.) Gaertn.

沙生冰草 *A. desertorum* (Fisch.) Schult.

沙芦草（蒙古冰草）*A. mongolicum* Keng

剪股颖属 Agrostis L.

匍茎翦股颖 *A. stolonifera* L.

赖草属 *Aneurolepidium* Nevski

窄颖赖草 *A. angustus* (Trin.) Nevski

羊草 *A. chinense* (Trin.) Kitag.

赖草（宾草）*A.dasystachys* (Trin.) Nevski

三芒草属 *Aristida* L.

三芒草 *A. adscensionis* L.

燕麦属 *Avena* L.

野燕麦 *A. fatua* L.

*燕麦 *A. sativa* L.

雀麦属 *Bromus* L.

*无芒雀麦 *B. inerm*is Leyss.

薏苡属 *Coix* L.

*薏苡 *C. lacrymajobi* L.

拂子茅属 *Calamagrostis* Adans.

拂子茅 *C. epigejos* (L.) Roth.

大拂子茅 *C. gigantes* Roshev

假苇拂子茅 *C. pseudophragmites* (Hall.f) Koel.

虎尾草属 *Chloris* Swartz

虎尾草 *C. virgata* Swartz

隐子草属 *Cleistogenes* Keng

包鞘隐子草 *Cleistogenes kitagawai* var. *Foliosa* -

(Keng) S. L. Chen et C. P. Wan

细弱隐子草 *C. gracilis* Keng ex Keng f. et Liou

无芒隐子草 *C. songorica* (Trin.) Ohwi

糙隐子草 *C. squarrosa* (Trin.) Keng

隐花草属 *Crypsis* Aiton

隐花草 *C. aculeata* (L.) Ait.

马唐属 *Digitaria* Heist.

止血马唐 *D. ischaemum* (Schreb.) Schreb.

稗属 *Echinochloa* Beauv..

稗（稗子）*E. crusgalli* (L.) Beauv.

无芒稗 *E. crusgalli* var. *mitis* (Pursh) Petero.

披碱草属 Elymus L.

圆柱披碱草 *E. cylindricus* (Franch.) Honda

画眉草属 *Eragrostis* Beauv.

小画眉草（香莠子）E. *poaeoides* Beauv.

羊茅属 *Festuca* L.

*高羊茅 *F. elata* Keng

毒麦属 *Lolium* L.

*黑麦草 *L. Perenne* L.

臭草属 *Melica* L.

臭草 *M. scabrosa* Trin.

稷属 *Panicum* L.

*稷（糜子）*P. miliaceum* L.

冠芒草属 *Pappophorum* Schreb

冠芒草 *P. brachystachyum* Jaub.et Spach

狼尾草属 *Pennisetum* Rich.

狼尾草 *P. alopecuroides* (L.) Spreng.

白草 *P. centrasiaticum* Tzvel.

芦苇属 *Phragmites Trin.*

芦苇（芦草）*P. communis* Trin.

早熟禾属 *Poa* L

细长早熟禾 *P. prolixior* Rendle

华灰早熟禾 *P. sinoglauca* Ohwi

硬质早熟禾（扫帚草）*P. sphondylodes* Trin. ex Bge.

棒头草属 *Polypogon* Desf.

长芒棒头草 *P. bifidum* (Thunb.) Ohwi

沙鞭属 *Psammochola* Hitchc.

沙鞭（沙竹）*P. mongolica* Hitchc.

碱茅属 *Puccinellia* Parl.

碱茅 *P. Distans* (L.) Parl.

微药碱茅 *P. hauptiana* (Krecz.) Kitag.

小林碱茅 *P. kobayashii* Ohwi

星星草 *P. tenuiflora* (Turcz.) schribn. et Merr.

狗尾草属 *Setaria* Beauv.

断穗狗尾草 *S. arenaria* Kitag.

狗尾草（谷莠子）*S. viridis* (L.) Beauv.

偃狗尾草 *S. viridis* var.*depresa* (Honda) Kitag.

厚穗狗尾草 *S. viridis* var. *pachystachys* Mokinoet Nemoto

紫穗狗尾草 *S. viridis* var. *purpurascens* Maxim.

*谷子 *S. italica* (L.) Beauv.

蜀黍属 *Sorghum* Moench

*苏丹草 *S. sudanense* (Piper) Stapf

*高粱 *S. vulgare* Pers.

针茅属 *Stipa* L.

贝加尔针茅（狼针草）*S .baicalensis* Roshev

短花针茅 *S. breviflora* Griseb.

本氏针茅（长芒草）*S. bungeana* Trin.

沙生针茅 *S. glareosa* P. Smirn

大针茅 *S. grandis* Smirn.

戈壁针茅 *S. tianshanica* var. *gobica* (Roshev.)

锋芒草属 *Tragus* Haller

锋芒草（大虱子草）*T. mongolorum* Ohwi

虱子草 *T. berteronianus* Schult.

小麦属 *Triticum* L.

*小麦 *T. aestivum* L.

玉蜀黍属 *Zea* L.

*玉米 *Z. mays* L.

莎草科 Cyperaceae

扁穗草属 *Blysmus* Panz. ex Schult.

内蒙古扁穗草 *B. rufus* (Hunds.) Link

华扁穗草 *B. sinocompressus* Tang et Wang

苔草属 *Carex* L.

卵穗苔草（寸草苔）*C. duriuscula* C. A. Mey.

中亚苔草（砾苔草）*C. stenophylloides Krecz.*

荸荠属 *E. eleocharis* R. Br.

针蔺 *E. intersita* Zinserl

水莎草属 *Juncellus* Clarke

花穗水莎草 *J. pannonicus* (Jacq.) C. B. Clarke

水莎草 *J. serotinus* (Rottb.) C. B.Clarke

藨草属 *Scirpus* L.

扁秆藨草 *S. planiculmis* Fr. Schmidt

藨草 *S. triqueter* L.

灯心草科 Juncaceae

灯心草属 *Juncus* L.

小灯心草 *J. bufonius* L.

鸭跖草科 Commelinaceae

鸭跖草属 *Commelina* L.

鸭跖草 *C. communis* L.

百合科 Liliaceae

葱属 *Allium* L.

矮韭 *A. anisopodium* Ledeb.

*葱 *A. fistulosum* L.

山韭 *A. longistylum* Baker.

蒙古葱（沙葱、蒙古韭）*A. mongolicum* Regel.

碱韭 *A. polyrhizum* Turz.

*蒜 *A. sativum* L.

细叶韭 *A. tenuissimum* L.

白花葱 *A. yanchiese* Xu

*韭（韭菜）*A. tuberosum* Rottl. ex Spreng.

知母属 *Anemarrhena* Bunge

知母 *A. asphodeloides* Bge.

天门冬属 *Asparagus* L.

攀缘天门冬 *A. brachyphyllus* Turcz.

兴安天门冬 *A. dauricus* Fisch ex Link

甘肃天门冬 *A.kansuensis* Wang et Tang

戈壁天门冬 *A. gobicus* Ivan.ex Grubov

长花天门冬 *A. longiflorus* Franch.

西北天门冬 *A. persius* Baker.

金针菜属 *Hemerocallis* Baroni

*金针菜（黄花菜）*H. citrina* Baroni

百合属 *Lilium* (Tourn.) L.

细叶百合（山丹丹花）*L. pumilum* DC.

鸢尾科 Iridaceae

鸢尾属 *Iris* L.

大苞鸢尾 *I. bungei* Maxim.

射干鸢尾（假黄花）*I. dichotoma* Pall.

细叶鸢尾 *I. tenuifolia* Pall.

马蔺 *I. lactea* var. *chinensis* Koidz

美人蕉科 Cannaceae

美人蕉属 *Canna* L.

*大花美人蕉 *C. generalis* Bailey